自然灾害风险治理

李 宁 张正涛 黄承芳 等 编著

—— 本书研究获 ——

1. 国家自然科学基金项目"设防水平对减少洪涝灾害间接损失贡献度研究"（42171074）

2. 国家重点研发计划重点专项课题"全球变化人口与经济系统风险评估模型与模式研究"（2016YFA0602403）

3. 国家自然科学基金项目"符合我国救助与重建特征的间接损失模型构建及韧性提升测度研究"（42271076）

4. 国家自然科学基金项目"'双碳'目标下省间能源供需协同的间接经济效益研究"（42401335）

5. 北京师范大学"十四五"高等教育领域教材重大项目

—— 支持 ——

科学出版社

北 京

内 容 简 介

灾害风险治理是国家灾害治理体系和治理能力现代化的主要内容。面对其复杂性、动态性，人类需要超越传统的治理局限，采取更智慧的理论范式、制度结构和运行机制来应对新的挑战，切实减少灾害损失、维护社会安全和发展活力。本书从自然科学和社会科学相结合的视角，阐述自然灾害风险治理的基本内容、自然灾害风险治理主要环节的基础知识和发展动态，内容涉及理论视野、创新范式、工具选择、统筹治理等，探索中国特色灾害风险治理的有效路径。

本书可作为高等院校相关专业的本科生、研究生和教师的参考书，还可作为国家安全、灾害应急管理、政策研究、司法等政府部门及相关企事业单位人员的参考读本。

图书在版编目(CIP)数据

自然灾害风险治理 / 李宁等编著 . -- 北京：科学出版社，2025. 5.
ISBN 978-7-03-081670-2

Ⅰ. X43

中国国家版本馆 CIP 数据核字第 2025TM2784 号

责任编辑：林　剑／责任校对：樊雅琼
责任印制：赵　博／封面设计：无极书装

科 学 出 版 社 出版
北京东黄城根北街 16 号
邮政编码：100717
http://www.sciencep.com

北京天宇星印刷厂印刷
科学出版社发行　各地新华书店经销
*
2025 年 5 月第 一 版　开本：787×1092　1/16
2025 年 10 月第二次印刷　印张：12 1/4
字数：300 000
定价：128. 00 元
（如有印装质量问题，我社负责调换）

前　　言

中华人民共和国成立 70 多年来，伴随着人民生活水平逐渐提高、国家从落后到富强的历史性跨越，我国的灾害风险治理能力和水平有了长足的进步与发展。习近平总书记提到"同自然灾害抗争是人类生存发展的永恒课题"。生命至上、以人为本的灾害治理理念贯穿于每次的救灾中。

对比以往的灾害发生后需要几天才能把灾情传到中央，救灾部队扛着铁锹日夜兼程前往灾区救援，现在我们有了更加智能与高效的灾害预警、应急预案和应急机制，救灾力量可以第一时间到达灾区。先进的救灾技术，有效减少了伤亡和损失，灾害治理能力发生了惊人的改变。21 世纪灾害风险治理面临更加复杂、更加不确定和更加困难的未来，如何将灾害安全治理、社会公平治理等关系到生命的问题放在更加优先和更加突出的位置，应该成为更核心的议题。

灾害造成的灾害损失仍然存在，如何围绕减少损失的目标，避免已建立的良好治理制度在实施过程中失效，当下并没有寻找到满意的解决方案。其中，最重要的原因无疑是灾害治理本身所具有的复杂性。在灾害治理进程中，如何应对多变性和不确定性；如何应对气候变化、人口变化；如何提高灾害管理水平，满足人们对美好生活的需求；如何维护防灾减灾权益的公平正义等，目前正面临着比以往任何时候都更加多阶段、多维度、系统性和严峻性的挑战。科学地认识新形势下自然灾害风险的发生机理，增强对未来灾害风险的认识，采取有效的治理行动化解风险，已成为全社会的共识。

目前，我国高校开展自然灾害风险治理的课程不多，教材也缺乏，一些包含自然灾害原理、自然灾害风险、灾害管理、风险分析等内容的多数是专著类书籍，且侧重于理学视角的风险分析，缺少与社会学交叉视角的风险治理的内容。针对新型交叉学科门类设置的一级学科的国家安全学，建设符合国家安全学所涵盖的社会安全、资源安全、生态安全等领域的专业知识，以理学为基础、以工学和社会学为手段，培养出适应现代化国家应急管理领域国家急需的复合型专业人才，为尽快编写本教材提出了新的、更急迫的要求。

《自然灾害风险治理》是北京师范大学"十四五"高等教育领域教材校级重大项目成果，具有跨学科、多主体、广范围、共性和包容性的特点，既可以帮助学生识别自然灾害致灾、成害原理及其可能的风险治理的基本理论知识，又能够使学生掌握治理化解这些风险的工程与非工程的基本方法和手段，充分认识"敬畏自然，科学减灾"的意义。

全书共 6 章：第 1 章和第 2 章阐述灾害风险治理基本概念、灾害的物理危害和社会功能危害，以及我国的灾情和灾害管理基本情况。第 3 章总结归纳了灾害风险治理的科学体系，分析了自然科学视角和社会科学视角对于灾害风险治理的主体理论；阐述了社会灾害学将灾害视为突然发生的重大事故并足以破坏或瓦解社会体系，从而引发集体性灾害响应行动之外，灾害本身也应被视为是社会建构的产物的观点。第 4 章全面呈现了减轻灾害风险涉及的信息管理、风险识别与评估模型及减灾决策的主要方法。第 5 章展现了近年在灾害应急响应中的应急响应、应急储备、紧急救援、灾情快速评估的知识和研究成果。第 6 章重点阐述恢复重建的经济意义和社会意义，直接经济损失的估值研究对灾后恢复重建规划建设的重要作用，强调综合减灾应该成为核心准则和关键概念。

本书的特色表现在：一是综合研究与专门研究相结合。本书既密切关注和总结提炼灾害综合研究的学术进展、发展历程、重大标志性事件和研究成果，又深入到灾害学研究的各专门领域中，探寻其各自的发展轨迹和理论特色，并注意分析综合研究与专门领域研究间的相互关系，展现学科成长的完整历程。二是社会科学与自然科学相结合。既体现人文社会科学研究的特色，讲好我国灾害研究 70 多年的动人故事，又运用文献整理、数据库等方面的技术手段，可视化、定量化地分析和展现自然灾害风险治理研究领域的学术成果、集成性数据库，丰富社会科学和自然科学交叉的研究形式，特别关注灾害对社会体系的破坏或瓦解。三是区域与整体相结合。充分考虑到我国显著的区域差异、复杂的区域特征，深入发掘区域性、整体性灾害学研究理论和实践成果，探讨区域经验转化为国家战略和学术理论的过程与路径，总结其间的经验教训。四是面与点相结合。既在宏观视野下总结概括我国灾害学研究的主要成就、发展阶段、研究特色，又注意各个时期、各个地区、各个领域涌现出的理论和方法，通过对个案的深入研究和分析，更完整地呈现我国自然灾害风险治理学研究的整体情况，为本书增添更生动的学术信息。

全书由李宁、张正涛和黄承芳集体撰写大纲，统稿和定稿。在全书撰写过程中，从近百篇国内外参考文献中获得了重要的理论借鉴、事实支持和创新思维，在此对引用文献的作者表示特别感谢，并对这些学者的所有成果怀有浓厚而长久的敬意。错讹之处，尚祈国内外学者不吝赐教！

在这世界多变性和不确定性的今天，人类需要超越传统的治理局限，从原点开始重新审视，重构灾害风险治理的理论范式、制度结构和运行机制，深度评估灾害治理机制设计的有效性和可靠性。要依据政府、市场、社会三类行动主体的职能作用和相互驱动与制衡关系，深度理解灾害的物理结构、环境结构、法制结构及它们的综合结构，将绿色发展、高质量发展、协调发展、可持续发展内生为灾害治理的思维结构，将灾害治理公共性、整体性、规律性、生命性和适度性上升为灾害治理的核心准则和关键概念。

展望 21 世纪的未来，是一个由人类科技占主导地位的、各类风险快速涌现且影响深远的时期。我们扪心自问，灾害治理作为一项需要综合智慧的工程，人类是否有能力采取一些更智慧的措施来应对不确定性并切实减少灾害损失来维护"社会的生命安全和发展活力"？虽然新形势下维护社会系统生命性和活力性的灾害风险治理需求正在持续增加，但唾手可得的解决方案是不存在的。本书作为一种探索和努力，我与两位作者共同撰写此书，希望我们的努力能为灾害风险治理能力的可持续推进贡献自身力量。

李 宁

2024 年 10 月

目　　录

第1章 | 灾害风险治理基本概念

📖 **学习目标**：了解灾害风险治理的宏观背景、主要目的和研究内容，理解灾害风险治理能力提高的重要性。认识灾害、灾害风险治理及决策相关的基本概念和术语，了解灾害治理的周期和灾害治理决策的过程。

📖 **本章主要内容**：1949～2023 年中国自然灾害与灾害防治的历程；灾害风险治理的基本概念，包括定义与范畴、目的与原则、重要术语；自然灾害的基本概念，包括灾害的定义、分类及特征；灾害造成的危害，包括承灾体的人和物质的危害、社会功能的危害以及加大贫富差距的危害。

1.1 中国重大自然灾害回顾

1.1.1 中国 1949～2023 年重大自然灾害

1. 1949～1958 年

（1）1954 年长江、淮河大水

1954 年，长江中下游、淮河流域发生了百年罕有的特大洪水，长江汉口水文站最高洪水水位超过历史最高水位 1.45m，长江中下游地区遭受严重水灾，湘、鄂、赣、皖、苏 5 省有 123 个县（市、区）受灾，受灾人口达 1888 万人，死亡 3 万余人，京广铁路 100 天不能正常通车。同时，淮河流域发生了特大洪水，淮北大堤失守，堤防普遍溃决，淮北平原大片被淹，其中以安徽省灾情最重。

（2）1956 年浙江象山台风

1956 年 8 月 1 日第 12 号超强台风以中心最大风速 55m/s、中心最低气压 923hPa 的强度登陆浙江象山县，是当年登陆我国的最强台风。台风期间东南沿海出现的特大海潮，其中浙江象山县最高潮位达 4.7m，纵深 10km 范围内一片汪洋，造成 3084 人被海水卷走的重大人员伤亡。

（3）1958 年黄河大水

1958 年 7 月，黄河中下游地区发生特大洪水，花园口水文站的洪峰流量达 22 300m³/s，约 400km 河段超过保证水位，整个黄河下游的堤防工程面临重大考验，横贯黄河的京广铁路桥因洪水威胁中断交通 14 天，仅山东、河南两省的黄河滩区和东平湖湖区，有 1708 个村庄被淹没，74 万余人受灾，淹没耕地 304 万亩[①]，房屋倒塌 30 余万间。

2. 1959～1968 年

（1）1963 年海河大水

1963 年 8 月，海河流域发生了连续 7 天的特大暴雨，雨区范围广，大大超过了该流域历次发生过的暴雨雨区面积，造成海河流域下游平原严重的洪涝灾害，冀中、冀南平原及天津南郊广大地区一片汪洋。海河流域有 104 个县（市、区）受灾，其中 35 个县（市、区）被淹，36 座县城被水包围；漳卫、子牙、大清三大水系主要堤防决口 2396 处；京广铁路被冲毁 75km，中断行车 27 天；全流域受灾人口达 2200 余万人，死亡 5600 余人，直接经济损失约 60 亿元。

（2）1966 年邢台地震

1966 年 3 月 8 日 5 时 29 分，河北省邢台地区隆尧县发生了 6.8 级强烈地震，震源深度 10km，震中烈度 9 度。3 月 8～29 日的 21 天时间里，邢台地区连续发生 5 次 6 级以上地震，是 1949 年后首次发生我国内陆人口密集地区、破坏性极强的地震，导致 8064 人死亡，262 万间房屋倒塌。地震还导致火灾不断发生，烧毁山林约 800hm^2，经济损失惨重。

3. 1969～1978 年

（1）1970 年云南通海地震

1970 年 1 月 5 日凌晨 1 时，云南通海发生了 7.8 级特大地震，震中烈度 10 度，其后发生 5～5.9 级余震 12 次，致灾面积约 4500hm^2，造成 15 621 人死亡、26 783 人受伤，地震波及地区房屋倒塌率达 56%，死亡大牲畜 16 638 头，直接经济损失 38.4 亿元，是 1949 年至今仅次于 1976 年唐山大地震、2008 年汶川大地震造成万人以上人员死亡的地震灾难。

（2）1975 年海城地震

1975 年 2 月 4 日 19 时 36 分，辽宁海城县（现海城市）、营口县（现大石桥市）一带发生 7.3 级强烈地震，震源深度 16km，震中烈度 9 度。幸运的是，地震发生的两个半小时前，我国发布了地震预报，使得辽宁省南部的 100 多万人撤离了他们的工作地点和住宅，躲过了这场灾难。在地震烈度 7 度范围内的人口达 834.8 万人，由于及时转移，死亡人数为 1328 人，占总人口数的 0.02%。

（3）1976 年唐山地震

1976 年 7 月 28 日凌晨 3 时 42 分 53.8 秒，河北唐山发生了 7.8 级强烈地震，震源深度 12km，以唐山市为中心的极震区，烈度达 11 度。地震裂缝带从唐山市穿越而过，给唐山市造成毁灭性破坏，倒塌和严重破坏的民用建筑有 65 万余间，城乡建筑破坏率分别达 96% 和 91%，造成 24.3 万人死亡，直接经济损失达 300 亿元。

4. 1979～1988 年

（1）1981 年四川暴雨洪涝

1981 年 6～9 月，四川省受多次暴雨和特大暴雨袭击，严重的洪水及滑坡、泥石流等

---

① 1 亩≈666.67m^2

灾害使38个县（市、区）受灾，淹没城乡房屋237万间，其中倒塌153.4万间，冲走42万余间。全省受灾人口约2000万人，因灾死亡1358人，117万hm²农作物受灾，3115个工业企业停产，直接经济损失在25亿元以上。

（2）1987年大兴安岭火灾

1987年5月6日，黑龙江省大兴安岭地区的西林吉、图强、阿木尔和塔河4个林业局所属的几处林场同时起火，引起了1949年以来最严重的一次特大森林火灾，5.88万军、警、民经过28个昼夜扑救，于6月2日彻底扑灭大火。大火共造成211人死亡，5万多人无家可归，过火面积130万hm²，直接经济损失达5亿多元。

（3）1988年云南澜沧—耿马地震

1988年11月6日21时3分，云南澜沧县发生震级为7.6级的大地震，13分钟后，云南耿马县发生了7.2级大地震，澜沧—耿马地震的两个震中相距120km，余震千余次，为少见的双主震型地震。两次地震波及思茅、临沧、德宏等市（州），造成748人死亡，3759人重伤，倒塌房屋73.35万间，损坏7万间，两座县城被夷为平地，直接经济损失达20.5亿元。

5. 1989～1998年

（1）1991年江淮大水

1991年5～7月，长江中下游和淮河流域梅雨不断、暴雨频发，导致江淮流域发生水灾，并且因为上海、浙东北、苏南一带人口密度和财富密度都较以往大为增加，因而损失巨大。其中，安徽省和江苏省是受灾程度和损失最大的地区之一，安徽省受灾人口超4800万人，因灾死亡267人，农作物受灾面积超430hm²，直接经济损失约70亿元；江苏省受灾人口超4200万人，因灾死亡164人，农作物受灾面积超300hm²，直接经济损失约90亿元。

（2）1998年长江大水

1998年6月至8月，长江全流域持续强降雨，导致干流和支流出现8次洪峰，中下游水位全线超历史记录。此次水灾波及众多省份，受灾人数达到2.23亿多人，受灾农田3.18亿亩，成灾面积1.96亿亩，死亡4150人，倒塌房屋685万间，直接经济损失1660亿元。

6. 1999～2009年

（1）2008年南方雨雪冰冻灾害

2008年1月8日起，持续近1个月的低温雨雪冰冻灾害袭击了我国南方大部分地区，湖南、贵州、湖北、广西、江西、安徽等地受灾严重。灾害影响范围之广、造成的损失之重均为历史罕见。共造成129人死亡，4人失踪，倒塌房屋48.5万间，直接经济损失1516.5亿元。

（2）2008年汶川地震

2008年5月12日14时28分，四川汶川发生8级特大地震，四川、甘肃、陕西、重庆等省（自治区、直辖市）有417个县、4667个乡镇受灾。受灾人口达4625.6万人，因灾死亡 69 227 人，失踪 17 923 人，倒塌房屋 796.7 万间，损坏 245 403 万间，直接经济损失达 8523.09 亿元，是 1949 年以来影响最为严重的地震，伤亡人数仅次于唐山地震，经济损失和救灾难度远超前者。

7. 2010～2019 年

（1）2010 年玉树地震

2010 年 4 月 14 日 7 时 49 分，青海玉树藏族自治州玉树县县城附近发生 7.1 级地震。这次地震属于浅源地震，造成 2698 人死亡，270 人失踪，地震受灾面积 3.58km²，受灾人口 24.6 万人，直接经济损失达 228 亿元。

（2）2010 年舟曲特大泥石流

2010 年 8 月 7 日 22 时左右，甘南藏族自治州舟曲县城东北部山区发生特大暴雨，引发三眼峪、罗家峪等四条沟系特大山洪地质灾害，泥石流长约 5000m，平均宽度 300m，平均厚度 5m，总体积约 750 万 m³，流经区域被夷为平地。这次泥石流造成 1557 人死亡，208 人失踪，直接经济损失 133 亿元，是 1949 年以来我国最严重的山洪泥石流。

（3）2013 年芦山地震

2013 年 4 月 20 日 8 时 2 分，四川省雅安市芦山县发生 7.0 级地震，震源深度 13km，四川省成都市、雅安市、乐山市、陕西省宝鸡市、汉中市、安康市等地均有较强震感。震中芦山县龙门乡 99% 以上的房屋倒塌，受灾人口达 152 万人，受灾面积 1.25 万 km²，至少 196 人死亡，21 人失踪，1.48 万人受伤，直接经济损失达 422.6 亿元。

（4）2014 年鲁甸地震

2014 年 8 月 3 日 16 时 30 分，云南昭通市鲁甸县发生 6.5 级地震，震中龙头山镇的震源深度 12km，造成云南、四川、贵州三省的 617 人死亡，112 人失踪，116.5 万人受灾，32.7 万人紧急转移安置，约有 21 万间房屋倒塌或严重损坏，26.1 万间房屋一般损坏，直接经济损失为 201.4 万元。

（5）2017 年九寨沟地震

2017 年 8 月 8 日 21 时 19 分，四川阿坝藏族羌族自治州九寨沟县发生 7.0 级地震，震源深度 20km，绵阳、阿坝两市（自治州）5 个县 21.66 万人受灾，29 人死亡，1 人失踪，8.889 万人紧急转移安置；5500 间房屋严重损坏，7.1 万间一般损坏，直接经济损失为 80.43 亿元。

（6）2019 年超强台风"利奇马"

2019 年 8 月 4 日第 9 号超强台风"利奇马"极端性特征明显，是 1949 年以来登陆我国大陆地区强度第五位超强台风，登陆时中心附近最大风力达 16 级（52m/s），浙江、安徽、江苏、山东部分地区降水量达到 350～600mm，远超当地历史极值，造成浙江、安徽、福建、山东等 9 省（市）209.7 万人紧急转移安置，1.5 万间房屋倒塌，13.3 万间房屋不同程度损坏。

8. 2020～2023 年

（1）2021 年郑州暴雨洪涝

2021 年 7 月 17～23 日，河南省遭遇历史罕见特大暴雨，发生严重洪涝灾害，特别是

7 月 20 日郑州市遭受重大人员伤亡和财产损失。这次暴雨洪涝灾害共造成河南省 150 个县（市、区）1478.6 万人受灾，因灾死亡失踪 398 人，其中郑州市占 380 人；直接经济损失 1200.6 亿元，其中郑州市损失 409 亿元。

（2）2023 年京津冀等地暴雨洪涝

2023 年 7 月底 8 月初，受台风"杜苏芮"残余环流影响，京津冀等地遭受极端强降雨，引发严重暴雨洪涝、滑坡、泥石流等灾害，造成北京、河北、天津 551.2 万人不同程度受灾，因灾死亡失踪 107 人，紧急转移安置 143.4 万人；倒塌房屋 10.4 万间，严重损坏房屋 45.9 万间，一般损坏房屋 77.5 万间；农作物受灾面积 41.61 万 hm^2；直接经济损失 1657.9 亿元。

1.1.2 灾害防治的历程[①]

人类社会不可能完全摆脱自然灾害，灾害风险治理就显得尤为重要。在党的领导下，我国在自然灾害应对中取得了令世界瞩目的突出成就，探索出了一条具有中国特色的自然灾害治理道路。

（1）新民主主义革命时期的艰苦奋斗和破旧立新

新民主主义革命时期，我国自然灾害防治经济基础薄弱，技术手段落后。1931 年中华苏维埃临时中央政府成立，内务部下辖的社会保障科成为中国共产党第一个负责灾荒救济的机构。国共第二次合作之后，由各级民政部门主管灾荒救济工作；互救会、救灾会和中国解放区救济总（分）会等一批群众性救荒团体相继成立；灾荒严重时，因地制宜成立了各灾种、各地域的救济（灾）委员会。党政军、社会和群众合力防治自然灾害的格局初步形成。

鉴于水旱灾害是威胁传统农业社会的两大"杀手"，利用有限的人力物力资源，培固堤圩、整治河道、兴修水利，找到具中国特色的"生产救灾"方式，战胜了一系列特大水、旱、虫灾，为中华人民共和国成立后灾害防治工作奠定了基础。

（2）社会主义革命和建设时期的努力探索和奠基立业

中华人民共和国的成立，通过明确全国救灾主管机构，制定救灾根本方针和江河治理规划，颁布救灾规范以及开展全国动员的运动式救灾等举措，具有中国特色的自然灾害防治体制机制初步构建。

在继承"生产救灾"方针的基础上，顺应经济社会发展形势，形成了"依靠群众，依靠集体，生产自救为主，辅之以国家必要的救济"的救灾方针，这一方针一直延续到 1983 年，为国家自然灾害防治工作提供了基本遵循。机构设置方面，1949～1968 年，一直由内务部[②]主管全国的救灾工作，其中，1950～1958 年成立了具有应急协调作用的中央救灾委员会，使党领导救灾工作具有了组织保证。江河治理规划方面，《关于治淮方略的初步报告》《关于根治黄河水害和开发黄河水利的综合规划的决议》等相继出台，为防治

---

① https://www.workercn.cn/c/2022-01-09/6941065.shtml.
② 已撤销机构，现职能由民政部行使。

当时威胁最大的水旱灾害作了长远规划。救灾规范方面，针对救灾、报灾、费用管理等问题，中央生产救灾委员会《关于生产救灾的指示》《关于统一灾情计算标准的通知》《抚恤、救济事业费管理使用办法》等一批法律法规相继出台，为救灾提供了法律保证。其间根治了海河，修建了荆江分洪主体工程、三门峡水利枢纽工程、治淮工程等战略性骨干工程，并组织抗旱大军，打井、疏浚河道，防洪灌溉体系基本形成。这些举措为我国自然灾害防治奠定了工程基础，灾害防治能力大大提高，应对了 1954 年江淮大水、1959 年黄河大水、1966 年邢台地震、1976 年唐山大地震等重特大灾害。

（3）改革开放和社会主义现代化建设新时期的快速发展和建章立制

党的十一届三中全会后，自然灾害防治体系不断完善，体制机制更加灵活，基本形成了"统一领导、综合协调、分类管理、分级负责、属地管理为主"的灾害管理体制，形成了协调有序、运转高效的运行机制。

机构设置方面，1978 年组建民政部，成为全国救灾救济主管机构；1989 年设立了中国"国际减灾十年"委员会，2000 年更名为"中国国际减灾委员会"，2005 年再更名为"国家减灾委员会"；其间还成立了国务院抗震救灾指挥部、国家森林防火指挥部等议事协调机构，这些机构在指导全国防灾减灾、加强国际社会减灾合作方面发挥了重要作用。2005 年成立国务院应急管理办公室，担负应急值守、信息汇总和综合协调等职责。

2006 年救灾指导方针修订为"政府主导，分级管理，社会互助，生产自救"。"社会互助"首次排在"生产自救"之前，表明救灾工作更加强调社会化，注重调动地方积极性和主动性。

大江大河治理规划不断修订完善，《长江流域综合利用规划简要报告》《黄河治理开发规划纲要》等相继出台。灾害防治法治化进程加快，如《中华人民共和国防震减灾法》《中华人民共和国防洪法》《中华人民共和国气象法》等基本法相继出台并多次修订；1999 年有助于社会广泛参与救助的《中华人民共和国公益事业捐赠法》公布实施；2007 年灾害应急管理领域的基本法《中华人民共和国突发事件应对法》实施，这些法规为我国自然灾害防治提供了制度保障。一批重大工程有力促进了防洪抗旱事业的发展，小浪底工程全面竣工，基本建成了黄河下游防洪工程体系；长江三峡工程截流和南水北调工程稳步开工；灾害防治体系更为完善，管理体制建设成绩显著，法制框架基本确立，体制机制更加高效。

（4）中国特色社会主义新时代的高质量发展和理念更新

由民政部主管的救灾工作转移到 2018 年组建的更加专业化的应急管理部，初步缓解了应急管理部门与专门职能部门以及高层次议事协调机构之间关系不清、职责交叉的困境，开启了依靠制度、统一协调的科学管理模式。

2016 年 12 月 19 日，《中共中央 国务院关于推进防灾减灾救灾体制机制改革的意见》出台，该文件对未来自然灾害防治提出了"以防为主、防抗救相结合，坚持常态减灾和非常态减灾相统一"的总要求。

灾害治理的法制化进程向纵深推进，慈善方面的基础性、综合性法律《中华人民共和国慈善法》2016 年颁布实施，首部志愿服务专门行政法规《志愿服务条例》2017 年公布，首部流域法律《中华人民共和国长江保护法》2021 年全面实施。

自然灾害治理工作强化了风险意识，从注重灾害救助向注重灾情预防转变，从应对单一灾种向综合减灾转变，从减少灾害损失向减轻灾害风险转变。2021 年 6 月，由应急管理部牵头，开展了第一次全国自然灾害综合风险普查。应急预案体系建设更加重视部门预案与专项预案的界限的清晰划分。应急管理的工作重点由信息、舆情向预案、队伍和装备扩展，公安、消防、武警、森林部队组建成国家消防综合性应急救援队伍，完善了军地协调联动制度，大大提升了应急救援能力。

中华人民共和国成立以来的灾害研究以汶川地震为转折点，从零星的片段研究，走向多学科、多领域的研究，丰硕的研究成果为提高自然灾害治理工作法制化、规范化、现代化水平，提升全社会抵御自然灾害的综合能力提供了重要保障。

1.1.3　灾害管理体制变迁

中国从秦至清，在灾害管理的理念上，强调兴修水利、重农贵粟、扩大积储，并注重灾后安抚灾民，维护社会稳定。在行政管理层面有较为明确的部门分工灾害管理事务，主要负责赈济、抚恤、治荒和救荒。在灾害管理的具体措施上，灾后普遍采取赈济（给钱款）、调粟（调运粮食）、养恤（施粥、居养、赎子等）、安辑（防外流措施，如给田等）、蠲缓（免赋、停租、宽刑罚等）、放贷等措施救助灾民，保障民众休养生息。

中华人民共和国成立以来，应急管理体制在三个维度发生了重大变化，变化主线是放权协调，即政府向社会放权，中央向地方放权，强化跨部门协调。

（1）向外放权：政社之间关系的变化

中华人民共和国成立至改革开放前，我国在政府与社会之间的关系上，表现出政府全面控制社会生活的"总体性"特征，应急管理领域形成了政府主导、集中力量办大事的中国特色举国动员体制，政府是应急管理的绝对主体，掌握了绝大部分的社会资源和社会空间，社会的自主性受到一定程度的制约。全国总动员、全面齐发动，各种资源在短时间内集中、救灾快速高效。

改革开放以来，伴随政社关系的变化，政府开始探索建立多元式主体合作共治机制，2007 年颁布实施的《中华人民共和国突发事件应对法》规定，"国家建立有效的社会动员机制""公民、法人和其他组织有义务参与突发事件应对工作"，参与灾难救援的社会力量开始发展起来，救援专业水平、与政府之间的协同水平不断提升，参与阶段也从单纯的抢险救援转向防灾减灾、灾后重建等灾害治理的全过程。2015 年《民政部关于支持引导社会力量参与救灾工作的指导意见》强调，统筹协调社会力量高效有序参与救灾工作。2016 年印发的《中共中央 国务院关于推进防灾减灾救灾体制机制改革的意见》，将坚持党委领导、政府主导、社会力量和市场机制广泛参与列为推进灾害管理机制改革的基本原则之一。

（2）向下放权：层级之间关系的变化

改革开放前，我国中央和地方的关系表现出中央统一调配资源，中央各部门对各自所管辖事务实行垂直领导；地方是中央政府机构的延伸，是中央计划的执行者，形成了"受灾群众找政府、下级找上级、全国找中央"的应急管理格局。

改革开放以来，随着社会主义市场经济制度的建立、分税制的实行、政府机构与职能的改革等，中央不断向地方放权。《中华人民共和国突发事件应对法》确立了"分级管理、属地管理为主"的基本原则，在发挥好中央统筹指导作用的同时，强化地方各级政府在应急管理中的主体意识、主体责任和主体功能。

2013 年芦山"4·20"强烈地震发生后，中央首次明确地方主体的新机制，实现了由中央直接安排部署向地方具体负责的转变。2018 年应急管理部组建后，《关于国务院机构改革方案的说明》明确指出，"按照分级负责的原则，一般性灾害由地方各级政府负责，应急管理部代表中央统一响应支援；发生特别重大灾害时，应急管理部作为指挥部，协助中央指定的负责同志组织应急处置工作，保证政令畅通、指挥有效"。

（3）强化协调：部门间关系的变化

改革开放前，我国实行单灾种管理为主的分类管理模式，按照事件类型单独设置相应机构。针对涉及跨部门协调的特定问题和个别领域，成立了中央救灾委员会、中央防汛总指挥部、中央地震工作小组等由高级领导牵头负责的临时性非常设机构。2003 年前，与应急管理相关国务院议事协调机构共有 16 个，其中指挥部 7 个，领导小组 5 个，委员会4 个。

2006 年，国务院应急管理办公室成立，各级政府开始建立应急管理办公室，履行值守应急、信息汇总和综合协调职能；所有的省级政府和 96% 的市级政府、81% 的县级政府，都成立或明确了应急管理办事机构。

2018 年国家机构调整中，将应急管理相关职能部门和议事机构的职责进行整合，组建应急管理部，各地陆续组建应急管理部门，形成统一指挥、专常兼备、反应灵敏、上下联动、平战结合的中国特色应急管理体制。这标志着我国开始探索建立由强力核心部门牵头进行协调的模式。

1.1.4 加大灾害风险治理的直接原因

（1）我国是世界上自然灾害最为严重的国家之一

灾害风险是指潜在的生命、健康状况、生计、资产和服务系统的灾害损失，它们可能会在未来某个时间段里、在某个特定的社区或社会发生。

我国灾害种类多、分布地域广、发生频率高、造成损失重。据统计，我国 70% 以上的城市、50% 以上的人口分布在气象、地震、地质、海洋等灾害的高风险区；约 58% 的国土、82% 的省会城市、60% 的地级市、54% 的县城处于 7 度及以上的地震高烈度区；69%的陆地面积存在较高滑坡、泥石流、崩塌等地质灾害风险。改革开放以来，我国年均因自然灾害造成的直接经济损失占 GDP 的比例稳步下降，20 世纪 80 年代在 7% 以上，2010 年以来在 0.7% 左右，平均每年低 0.15 个百分点。但是，年均自然灾害直接经济损失的上升趋势明显，从 20 世纪八九十年代的 2321 亿元上升到 2018 年超 4200 亿元，并长期处于高位徘徊。据李莹和赵珊的《2001—2020 年中国洪涝灾害损失与致灾危险性研究》数据，2001 ~ 2020 年，我国洪涝灾害造成的年均受灾人口超过 1 亿人次，直接经济损失 1678.6亿元。据应急管理部统计，2022 年，我国气象灾害造成农作物受灾面积 1206.8 万 hm^2，死亡失踪 296 人，直接经济损失 2147.5 亿元。

（2）自然灾害的突发性、异常性愈发明显

随着全球气候变化，灾害的突发性和异常性愈发明显，重特大灾害风险形势严峻复杂。20世纪以来，平均每五年发生一次7.5级以上地震，每十年发生一次8级以上地震。21世纪以来，年均登陆我国的12级及以上台风4.1个，比20世纪90年代增加了46%。极端灾害事件给社会带来严峻的考验，亟待在灾害风险治理上增强行动。

（3）大灾巨灾风险积聚，风险防控难度更大

随着城镇化、工业化的持续推进，我国中心城市、城市群迅猛发展，人口、生产要素更加集聚，高层建筑不断涌现，城市空间组织更加紧凑。高坝大库与梯级水库不断建设，高铁里程和速度不断增加，交通、电力、通信、供气、供油等重大基础设施、生命线工程大量建设。据统计，地震高烈度区的64个百万人口以上规模的大城市累计建成区面积为16.4万km²，人口数量达2.5亿人，GDP达20万亿元。因此，灾害链条不断延长，脆弱性、衍生性、复杂性不断变强，防控与处置更加复杂。各种不同类型的灾害在一定程度上交织出现，使灾害治理呈现出复杂性与交互性的显著趋势。

1.1.5 灾害风险治理研究的条件

灾害风险评估偏重自然属性，风险治理研究偏重社会属性。灾害学的发展已经具备了灾害风险治理研究的条件。灾害学可进一步划分为基础灾害学、应用灾害学和区域灾害学。

1）从自然属性理论看，在区域灾害系统的"致灾"成因机理与"成害"形成过程评估自然属性的理论研究上取得了很大的成果，在特定的孕灾环境条件下，能够揭示灾害系统中各因子的相互作用，科学解释自然灾害的时空分异规律，致灾因子与承灾体相互作用的机理和过程，探索灾害链、灾害群的形成机制、灾害区划等基本科学问题，为综合减灾提供科学依据。研发了灾害应急监测、灾情评估、应急信息等技术，支撑重大自然灾害应急响应、灾害救助与恢复重建。

灾害监测预报预警水平稳步提升，国产高分辨率卫星、北斗导航等民用空间基础设施在防灾减灾救灾领域得到广泛应用。自然灾害防治能力明显增强。山水林田湖草沙生态保护修复工程试点、海岸带保护修复工程、特大型地质灾害防治取得新进展，房屋市政设施的减隔震工程和城乡危房改造等加快推进建设。

2）从社会属性理论看，在灾害影响的社会秩序、社会组织、灾害社会分层、社会脆弱性、灾害易损性、灾害冲击与心理冲击、灾后恢复重建的社会资本与人力资本、灾害与社会变迁等方面开展的灾害社会学理论研究，在自然灾害领域发挥了不可忽视的作用。

人们抗御灾害的斗争包含种种社会现象与社会行为，除了社会学首当其冲承担外，还需要社会体系中的多学科，如经济学、政治学、伦理学等参与。灾害社会学是社会学的新兴分支，它以社会调查、统计分析为工具，研究自然灾害对人类社会的经济结构、科技发展、社会组织、角色行为、生活方式等方面的影响；揭示灾害与社会的关系；探讨预防、控制或减轻灾害的措施和对策。社会学研究对数学、统计学、计算机技术等方法的引入，使社会学对灾害发生、演变规律的研究具有了更高、更深的科学性和可靠性，对人们抗御

灾害的指导作用更大。

2008 年汶川地震以来，越来越多的中国人文社会科学研究者开始关注灾害、参与灾害救助、研究灾害。中国社会救灾史、中国社会救灾思想、救灾政治、应急管理、灾害社会工作、灾害心理干预、灾害经济学等多角度、多学科的研究取得丰硕成果，涵盖的学科广泛、内容丰富，提升了中国灾害研究的水平。

3）从灾害风险治理的实践看，研究与建立灾害风险防范的标准、法律，编制并完善灾害应急预案、区域减轻灾害风险的战略与规划，拟定综合灾害风险防范的各项政策，建设并优化综合灾害风险防范的信息平台和网络服务系统，为综合减灾提供制度与服务保障。图 1-1 给出了目前开展综合灾害风险治理的基本手段和技术体系。

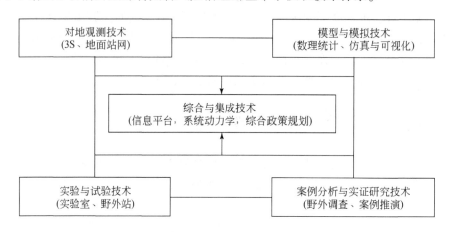

图 1-1　自然灾害风险治理科学研究技术（史培军，2009）

注：3S 指遥感（remote sensing，RS）、全球导航卫星系统（global navigation satellite system，GNSS）和
地理信息系统（geographic information system，GIS）

面对复杂严峻的多灾种巨灾风险形势，在系统梳理国际综合风险防范经验和我国防灾减灾救灾已取得重要进展的基础上，针对我国现阶段综合减灾与风险防范工作中存在的问题与不足，有研究构建了如图 1-2 所示的综合风险治理"五维"范式，强化了全灾种全过程综合管理和应急力量资源优化管理，灾害信息报送更加及时，综合监测预警、重大风险研判、物资调配、抢险救援等多部门、跨区域协同联动更加高效。基本建成中央、省、市、县、乡五级救灾物资储备体系，中央财政自然灾害生活补助标准不断提高，灾害发生12 小时内受灾人员基本生活得到有效保障。

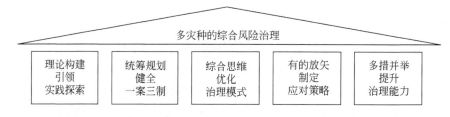

图 1-2　综合风险治理"五维"范式（王军，风险防范五范式）

4) 从风险治理的社会控制看，研究是在基础非常薄弱的情况下开展的，且带有明显的应急反应痕迹。灾害社会控制系统的结构包含灾害预警系统、灾害应急反应系统、灾害应急处置系统、灾害信息传导系统等，在每个系统中社会控制都发挥着动员社会力量和配置社会资源的作用，反映着政府工作效能，是实现灾害治理目标的关键因素。

灾害社会控制系统的基本要素，包括以政府为主导的灾害应急管理控制体系；综合处置和应对突发事件的法律和法规体系；媒体在灾害控制中的作用。社会公众既是灾害受体，也是抗御灾害的主体，社会公众的生命和财产安全是灾害治理的重要研究对象。同时，社会公众自身的灾害应急意识、灾害预防能力、灾害应急处置能力，是决定整个灾害应急管理效能的重要因素。从这个意义上说，社会公众还是灾害应急管理过程中能够发挥重要作用的主体。灾害风险治理的社会控制研究中，对公众在灾害管理中的行为准则、公众防灾减灾意识的培养、应急避险技术的培训、灾后行为的社会疏导与组织、灾害对公众的心理伤害和心理恢复、公众在灾害救援中的作用及组织问题等开展了系列研究。

1.2　灾害风险治理基本概念

1.2.1　灾害风险治理的定义与目的

广义的灾害风险治理，应贯穿于灾害发生发展的全过程，包括灾害发生前的日常风险治理、灾害发生过程中的应急风险治理和灾后恢复与重建过程的风险治理。主要包括建立风险管理目标、风险分析、风险决策、风险处理等几个基本步骤，即在灾前的备灾、灾害发生后的应急响应和救助、灾后的恢复重建等各个阶段。它是通过一系列技术方法和手段，改善有关灾害防御、减灾、备灾、预警、响应和恢复能力的一门应用科学。

灾害治理的范畴不仅涉及灾后的应急响应救助与恢复重建，还涉及灾前的监测预警、社区减灾能力建设等。灾害治理的内容包括对各种物理危害、精神危害、灾害的全部影响、灾害利益相关者等所有灾害相关活动领域的治理，包括灾害风险分析、防灾减灾活动、灾害监测预警与备灾、灾害应急救助响应和灾后灾民安置及恢复重建等内容。

灾害治理的目的是利用科学的方法和合理的手段来调度或整合协调社会资源，减轻社区或社会的脆弱性，提高应对灾害的能力。采取最优决策减轻或者避免个人痛苦、社会功能瘫痪和国家经济损失，加速灾后恢复重建进程，并改进和加强社区或社会的抗灾能力、备灾能力，以及从危害或现实的自然灾害或引发的其他人为灾害中恢复的能力，逐步提高社会规避风险的能力，减轻灾害风险，最大限度地减轻灾害给人类造成的生命、财产和经济的损失，促进社会进步、政治与社会稳定、经济增长、文化繁荣和生态系统保护，实现社会的可持续发展。

灾害风险治理必须遵循以下原则：①全面性。对涉及灾害的所有危害、灾害各个时段、所有利害相关者和整个影响加以考虑和重视。②先进性。预测将来的灾害并采取预防性和准备性措施构建抗灾与灾害恢复能力强的社区。③风险驱动。利用有效的风险管理原理，包括危害识别、风险分析和影响分析等，进行优先权和资源分配。④综合性。确保不同级别政府部门和社区其他要素之间的团结和统一，便于综合管理。⑤协作性。要在个人和机构之间、机构与机构之间创造和维持广泛而和睦的关系，利于达成意见的一致性并促进交流通畅。⑥协调配合。同步进行所有灾害利害相关活动来达到一个共同的目的。⑦灵活性。利用创造性和创新性的方法来面对灾害问题的挑战。⑧专业性。将以知识为基础的科学方针立足于教育、培训、经验、道德实践、公共管理和自身的不断改进。

1.2.2 灾害风险治理研究对象

灾害风险治理的研究对象可以从研究领域、研究内容和研究任务三方面界定。

1. 灾害风险治理的研究领域

对于国家或地区灾害的总体研究，从理论上讲可以有两种方式：一是自然科学的；二是社会科学的。对于灾害总体研究的现实性，社会科学比自然科学更大些。因为就灾害的自然原因、自然形态等自然方面而言，不同灾害的差别相去甚远，难以进行抽象，而在社会学角度上，不管灾害的自然属性有多大差别，就其面临的社会客体而言，都是相同的，不管是地震灾害还是水旱灾害，都是对人及社会生存的破坏与妨碍，因而就有了共同性，就可以抽象。

（1）灾害社会学的研究对象

1）研究灾区的社会生活与社会现象。灾害社会学研究领域是灾区社会，对灾区社会的研究，是在国家整体这个大背景上进行的，每一场具体灾害所造成的受灾地区，有着明显的地理界线，从而使它同非灾区区别开来。灾害社会学研究灾区的社会生活与社会现象，社会因灾非常态恶性运行的形成原因，表现形态、社会后果、人和社会做出的反应等。

2）研究灾区灾时的社会生活与社会现象，即研究一个地区遭受灾害的那段时间内发生的社会生活和社会现象。对灾时的研究并不能脱离灾害发生之前和之后的社会状态。灾区受灾程度、灾后社会救援不能脱离灾前社会经济文化发展水平。灾害后果消除之后，社会生活要转入正常发展轨道，因而对灾区的研究同样也不能不同受灾地区的未来联系起来。

3）公众行为反应研究，即研究灾前公众对法律法规的理解、公众防灾减灾意识的培养和技术的培训、公众在灾害救援中的作用及组织、灾后公众行为的社会疏导与组织、灾害对公众的心理伤害和心理恢复等。

4）研究灾害个案与灾害总体。对具体某场灾害的研究是个案研究，研究造成具体的灾难性后果。例如，1976 年的唐山大地震，死亡 24 万人，重伤 16 万人；1877 ~ 1879 年的长江下游大水灾，波及长江以北 9 个省，灾民达 1.6 亿 ~ 2 亿人。针对这些个案，研究由此产生的具体社会现象。

灾害总体研究指的是在国家总体层面上的研究，目的在于获得对灾害演变规律的整体概念，探求其发生、发展的规律性，如灾害发生、发展、演变的总趋势；不同种类灾害之间的连带关系；灾害同社会制度以及政治经济状况的关系；人及社会灾害观念、抗御灾害的方式与手段等。总体研究可分为两种类型：一是对国家或地区内各种灾害进行综合研究；二是对国家或地区内的某种特定种类的灾害，如水旱灾害、地震灾害研究，揭示特定种类灾害的发生、演变的趋势与规律。

（2）自然灾害学的研究对象

1）自然灾害基础科学研究。研究巨型灾害与多灾种、复合链生灾害的孕育、发生、演进过程及致灾成灾机理，开展它们的综合风险识别与防治基础理论研究。

2）水旱灾害研究。研究防汛抗旱基础理论与技术，包括防汛抗旱应急规划、标准及预案编制、水旱灾害风险识别、监测预警、应急抢险处置、灾害调查评估等技术与方法模型研究等。

3）森林草原防灭火研究。研究森林草原火灾发生机理、演化规律等基础理论，包括森林草原火险预警指标体系，森林草原火灾发生、发展和蔓延及火灾处置动态模拟与推演模型研究。

4）气象灾害研究。研究台风、暴雨、风雹、雪灾、低温、雨雪、冰冻等气象灾害的基础理论和减灾技术，包括灾害性天气的预测理论与方法、气象灾害影响评估技术与应急处置技术、致灾天气形成机理及检测预测预警技术，气象灾害风险模拟与预防。

5）地震地质灾害研究。研究地震孕育机制、发生过程、演进传播、致灾机理与复合链生灾害成灾规律，包括地震灾害风险识别、监测预警、损失快速评估与应急处置等关键技术和评估模型。研究崩塌、滑坡、泥石流、地面塌陷等灾害的发育演化规律与致灾机理，包括感知识别、监测预警、风险防控、应急处置救援技术研发。

6）城市灾害研究。研究城市灾害风险防控基础理论、监测预警技术、风险防范技术、应急处置救援技术等及其推广应用，以及重点城市灾害监测预警、灾害综合风险评估体系建设。

7）自然灾害数据信息研究。研究天空地一体化自然灾害信息感知理论、应急响应模型方法与应用技术，研发通信–导航–遥感一体化灾害应急救援技术。

8）战略规划研究。开展国家自然灾害防治工作发展战略、方针政策、体制机制、法律法规标准研究等工作，提供自然灾害防治技术咨询与建议。

9）针对"区域灾害系统"的结构与功能体系研究。研究综合灾害风险制图、综合灾害损失仿真模拟、综合灾害损失评估指标体系与模型等。

2. 灾害风险治理研究的挑战

（1）灾害本身所包含的社会内容和自然内容随着社会的发展在增加

自然灾害由致灾因子、承灾体、灾害后果及其承灾体受到的破坏及对人的生存产生的影响等因素构成。对这些因素均可做出自然科学和社会科学的分析。例如，对于水旱灾害，起因于气象致灾因子异常，是自然现象。对承灾体造成的破坏性后果却包含着自然的和社会的两方面。承灾体的自然性属性包括农田与作物、城乡房屋、道路交通等基础设施等自然物质财富受到破坏，还包括修复自然物质财富付出的经济损失成本。承灾体包含着构成社会的各要素发展水平的"质"，和构成社会的各要素的数量与规模的"量"；包含着静态的社会集体的政治、经济、文化要素与动态中的运行动力与约束力等动态机制。

灾害引发社会问题，灾害中的非理性行为值得重视。灾害降临时，人们会有什么样的反应变得不可预测，往往会出现过度惊悚、恐慌逃窜、心理依赖等"社会失范"现象，以往对人们的社会行为具有约束力的社会规范在灾害的环境下失去了应有的作用。因此，当灾害发生时如果急于通知灾民迅速疏散离开灾区可能反而会引起民众的集体恐慌。

（2）灾害研究是跨学科的，涉及社会科学和自然科学

全球性的日益加重的灾害趋势，为灾害治理科学研究的出现提供了宏观背景或前提。但这还不是这一学科产生并取得发展的全部原因。其发展前提是人类在同自然灾害斗争的过程中所包含的社会性内容的增加与提高。自古以来，灾害就是相对于人的生存而提出的命题，是在人的生存与发展的意义上对水旱灾害、地震灾害等自然现象做出的一种价值判断。因此，就灾害而言，无论起源于什么样的具体原因，其本身从来就不单是自然属性的，而是包含着社会属性。以水旱灾荒为例，一个地区一个时期的降水量的多与少，是纯粹的自然现象，即使是极端事件也并不意味着灾害。只有当这种自然现象伤害到诸如农田作物、房屋建筑、生命财产时，才会成为水灾或旱灾。而被损坏的农田作物、房屋建筑、生命财产，就不仅仅是自然现象而已经是社会存在了。社会存在是指社会物质生活条件的总和。不同的是，古代的灾害中包含的这种社会性内容比今天的现代社会要小得多，当今社会历史条件下，灾害中包容和反映的社会内容越来越多，呈现出一种增加的趋势。社会学家的一个重要贡献是研究灾害对社会群体和社区的影响，以及社区或地方资源对灾后恢复的影响。对社区的强调一直是社会学对灾难后果探究的重心。

灾害学者提出综合灾害风险治理学科体系，其中，"灾"强调各种致灾因子，主要关注自然致灾因子及其引发的次生致灾因子的成因机理；"害"强调因"灾"造成的人员伤亡、财产损毁和资源及生态环境破坏的成害过程；"风险"强调在未来一定时期内特定地区或部门及个人由于"致灾"并"成害"的可能性水平。在这一学科体系中，可进一步划分为灾害科学、应急技术和风险管理三个二级学科（李学举等，2005）。

（3）对灾害认识的误区和后果

突发灾害事件导致人们的非理性行为，其危害程度有时会大于灾害事件本身。这一现象在灾害历史中不乏其例。美国社会学家 Quaranteli 认为人们对灾害应急行为的认知有以下三个误区：一是当灾害来临时人们会出现非理性逃生行为；二是受灾者会因过度惊悚而不知所措，产生依赖外援的心理，缺乏自救能力；三是无论是非理性逃窜行为还是过分依赖心理，都是可控的。灾害社会学研究的最早议题之一便是研究人们对灾害预警的反应问题。人们是否会听从灾害预警部门的提示并采取相应的行动？这关系到灾区的人们是否有充分的准备来应对灾害，在灾害来临前提前采取措施，如修建设施提高设防水平、转移人员和财产等。这比等到灾害已经迫在眉睫时再采取行动要好得多。人们的灾害应急行为认知上的误区所引发的非理性行为最终可能导致"次生性灾害"的发生。

"次生性灾害"是指引人们错误地应对灾害而导致的新的灾害性后果。有时"次生性灾害"造成的损失甚至会超过"原生性灾害"。例如，发生地震时，人们出于本能而慌不择路的逃生行为引发踩踏而致死致伤。

典型案例 **恐慌逃生引发的"次生性灾害"**

1994年9月16日，台湾海峡发生了7.3级地震，震中距广州和汕头90km，波及的震级多为6级，不会有大的破坏。但广东省饶平县黄岗镇正在上课的小学生乱作一团，挤出教室，一名女学生被挤伤致死。汕头市某中学两名学生在逃生过程中被挤成重伤，在送往医院的途中死亡。这些学生的伤亡都是临震惊慌和争抢逃生中挤压踩踏造成的悲剧，不是地震使房屋倒塌原生灾害造成的。相反，在震灾较重的福建东山实验小学，在学校老师组织下，全校学生情绪稳定，有序疏散，无一伤亡。

2006年5月27日，印度尼西亚（简称印尼）日惹市遭遇6.2级地震。沉睡中的人们被瞬间倒塌的建筑物夺去了生命，死亡人数近6000千人。雪上加霜的是一个恐怖的谣言在惊慌失措的灾民中迅速传开：地震引发的海啸将在未来两小时内横扫整个日惹地区，而且最近几天一直显得活跃的默拉皮火山也将喷发。对于2004年印度洋海啸记忆犹新的当地人顷刻慌了手脚，纷纷驾车向城外逃离，希望抢在海啸到来之前跑到城外的高山上。没料到的是，谣言同时也传到日惹海滨居民的耳中，他们也随即向同一高山逃难。两股逃难的人流在日惹主干公路上迎头相撞，交通顷刻瘫痪，现场一片混乱，死亡人数迅速突破5100人。局面濒临失控，印尼政府不得不宣布国家进入紧急状态。6.2级地震并不十分强烈，哪怕没有预报，如果群众情绪稳定，政府处理得当，损失是可以降低的，后续的次生性灾害更是可以避免。

3. 灾害中的社会秩序与社会变迁研究

许多研究表明，灾害发生后的亲社会行为会广泛出现，受灾地区的民众更加关心他人并努力促进社区正常生活的恢复。这种亲社会行为主要表现为主人行为，如自发地、非正式地对受灾者施予帮助，或参与正式的应急救援组织等。但由于灾害事件的突发性和人们参与救援的自发性，难免在一定程度上或一定时间内造成灾害救援活动的无序化。有研究称其后救援秩序的维持也是灾害社会学研究者关注的重要问题。灾后人们的抗御行为越来越多地呈现出社会性，行为灾害本身所包含的社会性内容也随着社会的发展而提高和加强。

社会学视角的研究包括灾害的社会学本质、引发灾害的社会原因、灾害本体的社会属性、灾害的社会后果与影响、灾害条件下人的心理与行为、抗御灾害的社会学对策、灾害引发的诸种社会问题等。例如，社会机体破坏、疫病流行、社区分化、家庭破裂、残障孤老失养等。

4. 灾害风险治理的研究任务

（1）灾害社会学研究任务

灾害社会学研究任务是运用社会学理论与方法，研究灾害发生、后果及减灾的整个过程中所发生的社会现象与社会行为。通过对灾害引发的社会现象和社会行为的研究，揭示抗御灾害过程中人及社会活动的规律性，从而为制定灾害对策提供社会学的理论依据和指导思想。

运用社会学的调查方法和手段，广泛收集有关灾害的社会现象和事实材料，取得第一手资料；分析、寻求、揭示灾害中的社会现象之间、社会现象与自然现象之间的内在联系，把握其规律；总结历史经验教训，探索抗御灾害的战略、途径与方式。

在认识论上揭示灾害发生演变及消除的规律性，在实践论上推动抗御灾害有效进行，在学科建设上促进灾害科学与社会学的发展。理论性任务，是提出和阐述有关灾害社会学的基本概念与原理，初步建立起学科理论体系。实践性任务，是为人类抗御灾害提供社会学的指导思想、基本原则、途径和方法。

1）灾害学的社会学原理研究。从自认与社会互动的视角，探讨、拓展和深化灾害社会属性的认识，形成关于灾害及防灾减灾的社会学理念。

2）灾害对社会系统的影响研究。探讨社会运行过程中主要灾害对政治经济可能产生的影响，以及对这些影响进行社会评估的方法。

3）防灾减灾的社会体系研究。从法律、制度和组织等方面，探讨如何在社会发展规划、社会设置、社区建设中不断建立和完善防灾减灾社会体系。

4）赈灾救灾的社会机制研究。从社会救助、社会保障、社会保险、社会政策、社会组织等方面，探究建立稳定、可持续和高效的赈灾救灾社会机制。

5）灾后重建体制的社会学研究。着重从文化、社会网络、系统功能的视角考虑灾区社会重建的原则、策略和解决途径。

6）灾害社会史的研究。梳理和总结本国和外国灾害社会影响的历史规律，以及历史上人类在灾害预防、减灾、抗灾、救灾和灾后重建方面的成功经验及失败教训。

7）灾害次生性社会问题的应用研究。主要考察不同灾害所次生出的各种具体社会问题，如心理问题、救助救济问题、生活秩序恢复问题等，分析和探讨不同灾害社会问题的形成机制和社会影响，以及解决这些问题的社会策略。

灾害社会学应当回答的问题如下。

1）在灾害起因中究竟哪些社会因素在起作用，主要问题包括当代日益加重的灾害趋势同社会经济及科学技术的发展是一种怎样的关系；人的行为及社会的运行与灾害之间是一种什么样的关系；社会性因素起着什么样的作用；自然因素同社会性因素是如何共同制约着灾害的发生。

2）在灾害本体中，究竟有着哪些社会性要素或者灾害中有哪些属于社会灾害，主要问题包括灾害的社会学本质是什么，如何界定它的社会属性；灾害种类根据哪些条件划分为自然灾害和社会灾害；在灾害的本体中，自然灾害与社会灾害的基本区别是什么，二者如何结合在一起；等等。

3）灾害形成和运行机制问题，主要问题包括从社会学角度分析灾害形成机制中的社会因素；如何把握灾害的形成和运行机制，用来为抗御灾害提供理论和方法指导。

4）人及社会在灾害面前的心理与行为特征是什么，人及社会能够做的是什么，人的主体精神和主体行为如何表现出来；救灾的社会目标如何规定，物质救灾同精神救灾的关系如何；在灾害面前人如何规范自己的行为和把握自己同灾害的关系，政府在救灾中的地位与作用如何；等等。

（2）自然灾害学研究任务

对自然灾害学理论的探讨将为人类和社会的可持续发展发挥重要作用。运用地理学的对地观测技术、数理统计和模型模拟技术，研究灾害系统中各因子的相互作用，通过研发灾害风险分析与定量评估技术，探索灾害链、灾害群、灾情形成机制、灾害区划等基本科学问题，构建灾害科学的理论体系。以安全科学与工程学相关学科为基础，研发灾害应急监测、灾情评估、应急信息等技术，支撑重大自然灾害应急响应、灾害救助与恢复重建。

1）研究灾害系统中各因子的相互作用，探索灾害链、灾害群、灾情形成机制、灾害区划等基本科学问题，构建和完善灾害科学的理论体系。高度重视并妥善处理好生产与环境、发展与减灾以及灾害与社会、灾害与管理等多方面的关系。

2）研究灾害的致灾因子，如灾害暴露、脆弱性、易损性等主要影响因素的时空变化及其未来发展趋势，包括灾前的预估、灾中的实时评估和灾后的效果或效益评估等全流程评估。

3）自然损失程度的评价，包括人员伤亡和直接及间接经济损失。对于单次灾害过程，灾害发生时，需快速判断损失的强度和影响范围，了解灾区需求才能及时有效地开展灾害应急救助；灾情稳定或灾害过程结束后需综合评估灾害损失情况，为灾区恢复重建和备灾工作提供重要的决策依据；损失强度的大小决定着减灾行动方案的制定，并可作为建立致灾因子与灾情间关系的基础数据，为今后进一步发展完善灾情评估模型提供条件。

4）预警技术和综合防控技术研发与应用示范，在已有灾害监测预警体系基础上，加强灾前信息发布和预警能力。

自然灾害学应当回答的问题如下。

1）不同种类自然灾害的发生和发展规律是什么？影响因素是什么？如何用科学且系统的自然灾害学理论进行定性和定量的解释。

2）提供有效的技术手段支撑各级政府和部门采取工程与非工程措施，减轻灾害对社会经济发展和人民生命财产造成的危害。

1.3 自然灾害特征及其危害

1.3.1 自然灾害特征

根据中华人民共和国国家标准《自然灾害分类与代码》（GB/T 28921—2012），自然灾害（natural disaster）定义是：由自然因素造成人类生命、财产、社会功能和生态环境等损害的事件或现象。灾害具有如下特征。

1）严重性。重大自然灾害必然会对人类生命、财产及其赖以生存的环境和其他条件产生严重的危害，其破坏程度往往是本社区或地区难以承受而需要向外界求援。全球每年发生可记录的地震约 500 万次，其中有感地震约 5 万次，造成破坏的近千次，而里氏 7 级以上足以造成惨重损失的强烈地震，每年约发生 15 次。干旱、洪涝两种灾害造成的经济损失也十分严重，全球每年可达数百亿美元。

2）突发性和永久性。绝大部分灾害是在短暂的时间里发生的，当致灾因素的变化超过一定强度时，有些会在几天、几小时、几分钟，甚至几秒钟内就导致灾害行为，造成惨重损失，对此人们往往无能为力，或者能力不够，或者根本来不及做出反应，如地震、滑坡、泥石流等。另外，许多种类的灾害是由自然界的运动变化造成的，如地震、台风和洪水等，只要人类存在，它就不会消失。

3）渐发性。在致灾因素长期发展的情况下，逐渐显现成灾。例如，长时期无降水或降水量少而造成空气干燥、土壤缺水的干旱，具有渐发性特征。

4）频繁性和连锁性。各种灾害都按照自身的规律频繁发生，相互间又可交织诱发。许多灾害，特别是大的灾害，常常诱发其他次生灾害。灾害常常在某一地区某一时间相对集中或先后出现，形成群发性，使得灾情通过累计放大效应不断加重。例如，2008 年汶川地震后的几个月时间内，受灾地区的地貌不断发生改变，泥石流不断发生，滑坡体迅速扩大，有的地方出现堰塞湖，原来的河道变宽加重了灾情。等级高、强度大的自然灾害常常诱发其他灾害，灾害可以互为条件，形成灾害群或灾害链，如地震–海啸–水灾–核事故、台风–暴雨–内涝。

5）广泛性与区域性。自然灾害的分布范围很广，海洋、陆地，地上、地下，城市、农村，平原、丘陵、山地、高原，只要有人类活动，自然灾害就有可能发生，几乎遍及地球的每一个角落。但是，自然地理环境的区域性决定了自然灾害的区域性，自然灾害在地球上不是均匀分布的，特定种类的灾害集中发生在特定区域。不同的地区，由于自然环境、人类活动、经济基础和社会政治等方面存在着差别，灾害的类型、特性及其产生的影响也存在地区差异，如风暴潮分布在海岸附近、滑坡分布在山区。

6）不确定性。全世界每年发生的大大小小的自然灾害非常多。近几十年来，自然灾害的发生次数还呈现出增加的趋势，而自然灾害的发生时间、地点和规模等的不确定性，又在很大程度上增加了人们抵御自然灾害的难度。

7）周期性和不重复性。主要自然灾害中，无论是地震还是干旱、洪水，其发生均具有周期特征。例如，洪水通常发生在每年的雨季，这体现了自然灾害的周期性。自然灾害的不重复性主要是指灾害过程、损害结果的不可重复性。对于所有自然灾害，灾害越大，发生频率越低，重复周期越长；灾害越小，发生频率越高，发生周期越短。

8）不可避免性和可减轻性。由于人与自然之间始终充满着矛盾，只要地球在运动、物质在变化，只要有人类存在，自然灾害就不可能消失。由于人类认识水平的有限性，即使在科技发达的今天，人类依然不能非常准确地预测某些自然灾害。从这一点看，灾害是不可避免的。但人们可以通过在自然灾害发生之前采取抗灾工程等工程性措施和减灾方针政策、法规、管理、教育等非工程性防御措施，趋利避害、兴利除害、化害为利、害中求利，防止或延迟灾害带来的后果，减轻灾害发生时造成的危害和损失。从这一点看，自然灾害又是可以减轻的。

9）公众对紧急救助的需求性。灾害发生后，公众往往需要避难场所、衣服、食物、营救、医疗援助和社会照顾。

1.3.2 灾害分类

《自然灾害分类与代码》（GB/T 28921—2012）将自然灾害分为气象水文灾害、地质地震灾害、海洋灾害、生物灾害、生态环境灾害等五大灾类。其中，气象水文灾害具体包括干旱灾害、洪涝灾害、台风灾害、暴雨灾害、大风灾害、冰雹灾害、雷电灾害、低温灾害、冰雪灾害、高温灾害、沙尘暴灾害、大雾灾害和其他气象水文灾害等灾种，而暴雨等气象因素引起的滑坡灾害、泥石流灾害归属于地质地震灾害灾类下的灾种。同时，雷电等引起的森林/草原火灾也归属于生物灾害灾类。从中可以看出气象相关的滑坡、泥石流和森林草原火灾与传统的气象灾害灾种归属于不同的灾类（表1-1）。

表1-1　自然灾害分类与代码

代码	名称	含义
010000	气象水文灾害	由于气象和水文要素的数量或强度、时空分布及要素组合的异常，对人类生命财产、生产生活和生态环境等造成损害的自然灾害
010100	干旱灾害	因降水少、河川径流及其他水资源短缺，对城乡居民生活、工农业生产以及生态环境等造成损害的自然灾害
010200	洪涝灾害	因降雨、融雪、冰凌、溃坝（堤）、风暴潮等引发江河洪水、山洪、泛滥以及渍涝等，对人类生命财产造成损害的自然灾害
010300	台风灾害	热带或副热带洋面上生成的气旋性涡旋大范围活动，伴随大风、暴雨、风暴潮、巨浪等，对人类生命财产造成损害的自然灾害
010400	暴雨灾害	因每小时降雨量16mm以上，或连续12h降雨量30mm以上，或连续24h降雨量50mm以上的降水，对人类生命财产等造成损害的自然灾害
010500	大风灾害	平均或瞬失风速达到一定速度或风力的风，对人类生命财产造成损害的自然灾害
010600	冰雹灾害	强对流性天气控制下，从雷雨云中降落的冰雹，对人类生命财产和农业生物造成损害的自然灾害
010700	雷电灾害	因雷雨云中的电能释放，直接击中或间接影响到人体或物体，对人类生命财产造成损害的自然灾害
010800	低温灾害	强冷空气入侵或持续低温，使农作物、动物、人类和设施因环境温度过低而受到损伤，并对生产生活等造成损害的自然灾害
010900	冰雪灾害	因降雪形成大范围积雪、暴风雪、雪崩或路面、水面、设施凝冻结冰，严重影响人畜生存与健康，或对交通、电力、通信系统等造成损害的自然灾害
011000	高温灾害	由较高温度对动植物和人体健康，并对生产、生态环境造成损害的自然灾害
011100	沙尘暴灾害	强风将地面尘沙吹起使空气混浊，水平能见度小于1km，对人类生命财产造成损害的自然灾害
011200	大雾灾害	近地层空气中悬浮的大量微小水滴或冰晶微粒的集合体，使水平能见度降低到1km以下，对人类生命财产特别是交通安全造成损害的自然灾害
019900	其他气象水文灾害	除上述灾害以外的气象水文灾害
020000	地质地震灾害	由地球岩石圈的能量强烈释放剧烈运动或物质强烈迁移，或是由长期累积的地质变化，对人类生命财产和生态环境造成损害的自然灾害

代码	名称	含义
020100	地震灾害	地壳快速释放能量过程中造成强烈地面振动及伴生的地面裂缝和变形，对人类生命安全、建（构）筑物和基础设施等财产、社会功能和生态环境等造成损害的自然灾害
020200	火山灾害	地球内部物质快速猛烈地以岩浆形式喷出地表，造成生命和财产直接遭受损失，或火山碎屑流、火山熔岩流、火山喷发物（包括火山碎屑和火山灰）及其引发的泥石流、滑坡、地震、海啸等对人类生命财产、生态环境等造成损害的自然灾害
020300	崩塌灾害	陡崖前缘的不稳定部分主要在重力作用下突然下坠滚落，对人类生命财产造成损害的自然灾害
020400	滑坡灾害	斜坡部分岩（土）体主要在重力作用下发生整体下滑，对人类生命财产造成损害的自然灾害
020500	泥石流灾害	由暴雨或水库、池塘溃坝或冰雪突然融化形成强大的水流，与山坡上散乱的大小块石、泥土、树枝等一起相互充分作用后，在沟谷内或斜坡上快速运动的特殊流体，对人类生命财产造成损害的自然灾害
020600	地面塌陷灾害	因采空塌陷或岩溶塌陷，对人类生命财产造成损害的自然灾害
020700	地面沉降灾害	在欠固结或半固结土层分布区，由于过量抽取地下水（或油、气）引起水位（或油、气）下降（或油、气田下降）、土层固结压密而造成的大面积地面下沉，对人类生命财产造成损害的自然灾害
020800	地裂缝灾害	岩体或土体中直达地表的线状开列，对人类生命财产造成损害的自然灾害
029900	其他地质灾害	除上述灾害以外的其他地质灾害
030000	海洋灾害	海洋自然环境发生异常或激烈变化，在海上或海岸发生的对人类生命财产造成损害的自然灾害
030100	风暴潮灾害	热带气旋、温带气旋、冷锋等强烈的天气系统过境所伴随的强风作用和气压聚变引起的局部海面非周期异常升降现象造成沿岸涨水，对沿岸人类生命财产造成损害的自然灾害
030200	海浪灾害	波高大于4m的海浪对海上航行的船舶、海洋石油生产设施、海上渔业捕捞和沿岸及近海水产养殖业、港口码头、防波堤等海岸和海洋工程等造成损害的自然灾害
030300	海冰灾害	因海冰对航道阻塞、船只损坏及海上设施和海岸工程等造成损害的自然灾害
030400	海啸灾害	由海底地震、火山爆发和水下滑坡、塌陷所激发的海面波动，波长可达几百公里，传播到滨海区域时造成岸边海水陡涨，骤然形成"水墙"，吞没良田和城镇村庄，对人类生命财产造成损害的自然灾害
030500	赤潮灾害	海水中某些浮游生物或细菌在一定环境条件下，短时间内爆发性增殖或高度聚集，引起水体变色，影响和危害其他海洋生物正常生存的海洋生态异常现象，对人类生命财产、生态环境等造成损害的灾害。见生物灾害中的赤潮灾害
039900	其他海洋灾害	除上述灾害之外的其他海洋灾害
040000	生物灾害	在自然条件下的各种生物活动或由于雷电、自燃等原因导致的发生于森林或草原，有害生物对农作物、林木、养殖动物及设施造成损害的自然灾害
040100	植物病虫害	致病微生物或害虫在一定环境下暴发，对种植业或林业等造成损害的自然灾害

续表

代码	名称	含义
040200	疫病灾害	动物或人类由微生物或寄生虫引起突然发生重大疾病，且迅速传播，导致发病率或死亡率高，给养殖业生产安全造成严重的危害，或者对人类身体健康与生命安全造成损害的自然灾害
040300	鼠害	害鼠在一定环境下暴发或流行，对种植业、畜牧业、林业和财产设施等造成损害的自然灾害
040400	草害	杂草对种植业、养殖业或林业和人体健康造成严重损害的自然灾害
040500	赤潮灾害	海水中某些浮游生物或细菌在一定环境条件下，短时间内爆发性增殖或高度聚集，引起水体变色，影响和危害其他海洋生物正常生存的海洋生态异常现象，对人类生命财产、生态环境等造成损害的自然灾害
040600	森林/草原灾害	由于雷电、自燃或在一定有利于起火的自然背景条件下由人为原因导致的，发生于森林或草原，对人类生命财产、生态环境等造成损害的火灾
049900	其他生物灾害	除上述灾害之外的其他生物灾害
050000	生态环境灾害	由于生态系统结构破坏或生态失衡，对人地关系和谐发展和人类生存环境带来不良后果的一大类自然灾害
050100	水土流失灾害	在水力等外力作用下，土壤表层及母质被剥蚀、冲刷搬运而流失，对水土资源和土地生产力造成损害的自然灾害
050200	风蚀沙化灾害	由于大风吹蚀导致天然沙漠扩张、植被破坏和沙土裸露等，导致土壤生产力下降和生态环境恶化的自然灾害
050300	盐渍化灾害	易溶性盐分在土壤表层累积的现象或过程对土壤和植被造成损害的灾害
050400	石漠化灾害	在热带、亚热带湿润、半湿润气候条件和岩溶极其发育的自然背景下，因地表植被遭受破坏，导致土壤严重流失，基岩大面积裸露或砾石堆积，使土地生产力严重下降的灾害
059900	其他生态环境灾害	除上述灾害之外的其他生态环境灾害

《自然灾害管理基本术语》（GB/T 26376—2010）指出自然灾害是由自然因素造成人类生命、财产、社会功能和生态环境等损害的事件或现象。自然灾害包括气象灾害、地震灾害、地质灾害、海洋灾害、生物灾害、森林或草原火灾等。

目前，国际上广泛使用的全球灾害数据库（EM-DAT）将自然灾害分为地球物理灾害、气象灾害、水文灾害、气候灾害和生物灾害五大类。其中，气象灾害是指由短暂的小到中尺度的大气过程引起的灾害，包括台风、雷暴/雷电、雪暴、龙卷风等灾害。气候灾害是指长期的中到大尺度气候异常引起的灾害，包括极端温度、干旱和野火灾害。水文灾害包括了洪水，以及由降水等气象条件引起的滑坡、泥石流、崩塌、地表塌陷。按照灾害发生的主要原因，可将灾害划分为自然灾害、人为灾害。自然灾害又可分为气象水文灾害、地质灾害和生物灾害。

根据突发公共事件的发生过程、性质和机理，中国在《国家突发公共事件总体应急预案》中将灾害（突发公共事件）主要分为以下四类。

1）自然灾害。自然灾害是指给人类生存带来危害或损害人类生活环境的自然现象，包括洪涝、干旱灾害，台风、冰雹、雪、沙尘暴等气象灾害，火山、地震灾害，山体崩塌、滑坡、泥石流等地质灾害，风暴潮、海啸等海洋灾害，森林草原火灾和重大生物灾害等自然灾害。

2）事故灾难。主要包括工矿商贸等企业的各类安全事故、交通运输事故、公共设施和设备事故、环境污染和生态破坏事件等。

3）公共卫生事件。主要包括传染病疫情、群体性不明原因疾病、食品安全和职业危害、动物疫情，以及其他严重影响公众健康和生命安全的事件。

4）社会安全事件。主要包括恐怖袭击事件、经济安全事件和涉外突发事件等。

1.3.3　灾害损失

灾害损失大体可分为物理性损失、人员损失和间接经济损失。

1. 物理性损失

承灾体是自然灾害直接威胁和影响的对象，包括人类本身及其赖以生存的经济基础和空间环境。承灾体上的物理性损失是指工厂、建筑物、基础设施、机械、设备、库存等的损毁情况。一般指生产原材料的损失，出货前及销售前的库存损失，开展业务所需的办公器材、计算机等的损失。

有的灾害虽然没有带来直接损失，但由于警戒区的设定，以及随之而来的长期避难生活，使家畜普遍遭受损失。这些虽然属于物品损失，却属于行政措施带来的间接损失。

2. 人员损失

人员损失也称身体损害，是指灾害造成受伤者、死亡者的出现带来的经济损失。由于包含伦理、道义方面的问题，我国在进行灾害经济损失推算和预估时，一般不将此项包含在内。

受灾地区的人口外流和人口减少，会缩小地区的经济规模，给商业和消费经济带来很大冲击，损失越大的地区这种趋势越明显。例如，极端高温、低温等气象要素剧烈变化直接威胁人的身体机能而致人死亡；因地震引起的火灾间接造成人员伤亡。

从死亡人口看，全球史上最严重的十大自然灾害（表1-2）我国上榜5个，它们分别是唐山地震、海原地震、陕西地震、黄河洪水和华中洪水。

表1-2　史上最严重的十大自然灾害（选择基于死亡人口）

类型	年份	发生地	死亡人口	排序
海地地震	2010	海地首都太子港	100 000～230 000	10
印度洋海啸	2004	印度洋	230 000～280 000	9
唐山地震	1976	中国河北唐山	255 000	8
海原地震	1920	中国宁夏海原	273 400	7
安条克地震	526	叙利亚安条克	250 000～300 000	6
科林加风暴	1839	印度的科林加	300 000	5

续表

类型	年份	发生地	死亡人口	排序
孟加拉国博拉气旋	1970	孟加拉国	500 000	4
陕西地震	1556	中国陕西	830 000	3
黄河洪水	1887	中国河南郑州、开封	900 000	2
华中洪水	1931	中国黄河、长江、珠江和淮河流域	2 000 000 ~ 3 700 000	1

3. 间接经济损失

间接经济损失是指在物理性损失、人员损害未发生的情况下出现的经济损失，包括灾害使生产线受损而停产、员工不能上班或店铺停业而导致的损失；电、煤气、水、通信等城市生命线的中断造成的停工；灾害使商品滞销、无法成交、游客减少、来访者减少等而遭受的损失。

4. 资源环境和文化破坏

灾害可造成水、土地、生物、矿产、海洋、旅游等生态环境破坏。生态环境恶化，植被、水体、土壤等自然环境被破坏，使次生灾害隐患增多，导致生存发展条件变差，大量文化自然遗产遭到严重破坏。生态环境破坏会导致资源环境承载能力下降，人均耕地减少，耕地质量下降，以及森林大片损毁，野生动物栖息地丧失与破碎，生态功能退化。

1.3.4　社会功能的危害

灾害会破坏社会秩序，包括工业生产、农业生产、文化教育、科学研究、商业贸易、军事活动等受到影响。大范围的灾害往往导致社会群体离散、社会秩序混乱，如果救助措施失当和不及时，可能造成大量人员伤亡和损失。巨灾的发生会导致成百上千乃至数万人在灾害中遇难，许多家庭失去世代生活的家园，多年辛勤劳动积累的财富毁于一旦。为了消除突发事件的社会影响，恢复重建需要恢复社会生活秩序，为社会公众提供基本保障，使整个社会呈现常态运转状态，如修复卫生设施、为灾民提供临时住宅和必要的生活用品等。在此过程中，恢复重建需要注意三个方面的问题：一是严防次生、衍生灾害的发生，确保灾区公众的安全；二是保障灾后重要物资的供应；三是特别关注老人、儿童、残疾人等特殊群体，满足其特殊的需要。

人类是自然灾害事件的受害者，社会对人的生存与发展的价值，是通过社会功能表现出来的。社会功能包括生产功能、消费功能、管理功能等。灾害破坏了社会功能，就使得社会价值大为降低或减弱。灾害对社会功能的破坏，主要表现在生产活动停顿、居民消费生活不能正常运行、社会管理混乱、社会秩序无序化、社会动乱等。没有社会功能的恢复，救灾以及救灾之后的社会全面恢复与发展是困难的。

政府作为公共权力机构，拥有统治和管理社会的职能，这就决定了政府是参与灾害治理的主体。人类社会发展至今，仍然未能十分有效地抵御各类自然灾害的侵袭和破坏，普通的灾害救援者，如个人、家庭、社会群体等都不能完全承担灾害治理的责任以及救助失败或导致损失所带来的风险代价，政府是所有社会力量中相对最能承担灾害救助责任和风险的主体。对政府而言，社会稳定和发展是政权得以巩固的条件，社会稳定为社会发展提供了可能性环境。

灾害是一个社会性事件，其实体性内容是社会物质财富的损失与人的伤亡，这表明了它的基本属性。其发生是由自然界和社会生活内部关系及其相互作用引起的；而它发生和存在的影响或后果，则在于直接地妨碍和影响人的生存及社会的发展。显然，这是一个包含了致灾因素、灾害特点、灾害后果等内容的全面定义。可以概括为天灾是导因，人祸是后果。实际上，灾害发生只有与人类产生联系，才可能对人类社会生活造成伤害，人迹罕至的荒山野岭暴发的山洪地震，只要不影响到人类就不是灾害，这是灾害社会性的一个方面。

1.3.5　社会关系的危害

灾害研究是跨学科的，涉及社会科学和自然科学。除了探索灾害对承灾体的物理破坏和社会功能障碍之外，灾害被社会学家认为是外生冲击，使一些幸存者暴露在创伤中，暴露在对一系列个人结果有影响的风险和资源的其他有意义的变化中。灾害可能会特定地暴露出社会进程和不平等现象，贫富差距的拉大使社会阶层问题更加凸显。

社会阶层（social stratum）是由具有相同或类似社会地位的社会成员组成的相对持久的群体。社会阶层是根据各种不平等现象把人们划分为若干个社会等级。西方社会学家普遍认为区别社会阶层的三大基本标志是权力、财产和职业名望，这使得一个阶层在很多方面都明显异于另一个阶层。

决定社会阶层的决定因素分为经济变量、社会互动变量和政治变量。经济变量包括职业、收入和财富；社会互动变量包括个人声望、社会联系和社会化程度；政治变量则包括权力、阶层意识和流动性。分级使用的具体方法是采用"国际社会经济地位指数"测量。

1）职业。在大多消费者研究中，职业被视为表明一个人所处社会阶层的最重要的一项指标。一个人的工作会极大地影响他的生活方式，并赋予他相应的声望和荣誉。

2）成就。个人取得的成就越高，就会获得越高的荣誉与尊重。个人业绩或表现也涉及非工作方面的活动。也许某人的职业地位并不高，但他或其家庭仍可通过热心社区事业、关心他人、诚实善良等行为品性来赢得社会的尊重从而取得较高的社会地位。

3）社会互动。大多数人习惯于与具有类似价值观和行为的人交往，在社会学里，群体资格和群体成员的相互作用是决定一个人所处社会阶层的基本力量。

4）财物。财物是一种社会标志，它向人们传递有关拥有者处于何种社会阶层的信息，有用财物的多寡、财物的性质也反映了一个人的社会地位。

5）价值取向。个体的价值观和信念是表明他属于哪一社会阶层的又一重要指标。由于同一阶层内的成员互动更频繁，他们会发展起类似和共同的价值观。

6）阶层意识。阶层意识是指某一社会阶层的人，意识到自己属于一个具有共同的政治和经济利益的独特群体的程度。

社会上所有人都占有一定的资源，但其占有多少是不同的。多数的社会结构是金字塔型的（图1-3），金字塔型的结构来自自然界，比人类社会的历史更古老，它是人类社会至今最基本的组织结构。金字塔型社会是相对于橄榄型社会而言的，是一种穷人占绝大多数而富人占少数，同时贫富差距较大的社会结构。

图1-3　金字塔社会阶层结构

根据社会学的理论，"金字塔型"社会结构是一种很不理想的结构，由于底层巨大容易产生社会矛盾，社会就更不稳定，更容易产生社会冲突。

当我们从社会分层的角度观察社会时，显然，作为社会下层的弱势群体往往在应对灾害事件的过程中处于劣势地位。弱势群体主要包括那些在社会生活中比较脆弱、容易受到外部冲击的群体，这类群体的劳动力低下，甚至没有劳动能力，普遍缺乏满足基本生活需求的经济收入和抵御风险的资产、工具。贫富两端的分化会在灾害影响下会有所提高。弱势群体往往总是处在相对劣势的环境中，这种环境不仅包括生态环境，还包括社会环境。越是弱势的人群，越是处于生态条件恶劣、经济状况差、政治诉求难以实现、文化落后、遭受歧视等不利环境中，而这些不利环境又加剧了他们的弱势性。社会不公平的"马太效应"产生贫富差距，灾害又成为加速贫富差距的催化剂。弱势群体在对稀缺社会资源的争夺中明显不如强势群体，政治权力、经济资源、文化权力、教育机会、社会支持等方面的弱势，使他们在社会系统中占据不了有利的位置。当灾害发生时，他们的脆弱性便会充分暴露出来，无法得到更多的经济资源和社会网络资源的支持，最终导致更严重的贫困。

人类对灾害具有恐惧心理，特别是地震等重大灾害，灾害发生后身边人员的较大伤亡，会使经历者出现严重的心理失衡，从而产生思维不清、意志失控、情感紊乱等心理危机，给一定数量的社会公众造成负面的心理影响，甚至造成严重的心理创伤。如果这类心理疾病得不到及时疏导和矫正，轻者将导致神经衰弱，重者将可能导致抑郁症或精神分裂等严重的精神疾病，甚至引发骚乱，这对灾难后的幸存者来说，无疑是雪上加霜。

社会经济恢复研究表明，灾害会给个人带来短期的经济风险，但从长远来看，灾害也可能带来长期的经济利益，振兴地方经济，对未受灾害影响的地区具有溢出效应，特别是当灾害伤害了物质资本而不是人的时候。受损地区的长期生态后果取决于灾害的类型和严重程度，取决于灾后投资和决策的方式，以及灾前条件，当损失超过一个地区的重建能力时，灾害会造成贫困陷阱。卡特里娜飓风的研究表明，飓风使灾后人员的劳工市场参与度降低了3.5%，失业率上升了6.3%，而且这种影响随着时间的推移而变得更加严重。

有研究认为，灾害是一种社会过程，其成因和影响都可能是很长时间的，其本质是社会性的，而不仅仅是环境或自然事件。这些研究强调了社区凝聚力、社会资本和经济投资的作用。社会科学家们得出结论：灾难重塑了地方，但也为强大的利益集团提供了一个机会窗口，使他们能够为自己的利益，塑造灾难恢复过程的不平等。

1.4　灾害风险治理的重要术语

1.4.1　自然灾害风险与风险评估

自然灾害风险是指自然或人为因素诱发的灾害和脆弱条件导致的不利后果或期望损失（伤亡、财产损失、经济活动中断或环境破坏）发生的可能性。通常的概念模型可以表示为：风险（risk）=致灾因子（hazards）×脆弱性（vulnerability）/减灾能力（capacity）。

风险作为自然灾害风险研究的一个非常基础同时又是非常核心的概念，其定义仍未得到普遍认同，仍需进一步探讨。针对目前国际上较有影响的自然灾害风险的定义，将其归纳为三类，即可能性和概率类定义、期望损失类定义和不利事件情景类定义：①可能性和概率类定义的核心是用"损失的概率"来定义"风险"，内涵仅仅是某种概率。由于风险的内涵绝不仅限于概率，"损失的概率"只能作为某些风险的描述工具。②期望损失类定义认为风险是一种对灾害后果（人员伤亡、财产损失等）的"预期"或"期望值"。由于"预期"是个模糊的概念，因而用此类定义表达风险的内涵存在不足。③不利事件情景类定义认为自然灾害风险是由自然事件或力量为主因导致的未来不利事件情景。该定义未能充分揭示自然灾害风险和自然灾害系统两者间的关系，并且情景是人们脑海中思维抽象的场景或图画，具有一定的模糊性。

自然灾害风险内涵非常丰富，但其最本质、最核心的内涵有三个，即"未来性""不利性""不确定性"（图1-4）。

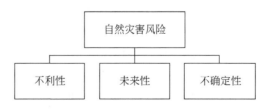

图1-4　风险的内涵

如果对风险的内涵作进一步的限制，可定义出外延只有一个元素的最具体的自然灾害风险。例如，未来 100 年内在 31°N、103°E 发生地震导致四川省汶川县再次遭受破坏的情景，就是将地震因素锁定在 2008 年 5 月 12 日发生 8 级特大地震的位置，时间是未来 100 年内，承受不利后果的对象是四川省汶川县的损失。未来 100 年中的哪一年发生地震是不确定的。

风险因素，是指促使和增加损失发生的频率或严重程度的条件，它是事故发生的潜在原因，是造成损失的内在或间接原因。例如，房屋存在易燃易爆物品、灭火设施不灵等，是增加火灾损失频率和损失幅度的条件，是火灾的风险因素。根据风险因素的性质，可以将其分为有形风险因素和无形风险因素。

有形风险因素，是指直接影响事物物理功能的物质风险因素，又称实质风险因素。例如，建筑物的结构及灭火设施分布等对于火灾来说就属于有形风险因素。建筑物的结构，如木质结构与水泥结构，对损失概率有影响；灭火设施分布，如灭火设施齐全与不齐全，虽然不能对损失频率产生作用，但可以影响损失幅度。

无形风险因素，是指文化、习俗和生活态度等非物质的、影响损失发生可能性和受损程度的因素，它进一步分为道德风险因素和心理风险因素两种类型。道德风险因素是与人的品德修养有关的无形因素，指人们以不诚实或不良企图或欺诈行为故意促使风险事故发生，或扩大已发生的风险事故所造成的损失的原因或条件，如投保人员制造虚假赔案等属于道德风险因素。心理风险因素虽然也是无形的，但与道德风险因素不同的是，它是与人的心理有关的，是指人们对风险认知的偏差产生的行动，增加风险事故发生的概率或扩大损失程度的因素。由于无形因素具有很大的隐蔽性，企业在对风险进行管理时，不仅要注重那些有形的危险，更要严密防范这些无形的隐患。

风险评估/分析（risk assessment/analysis）是基于致灾因子位置、强度、频率和发生概率的技术特征及物理的、社会的、经济和环境承载体的脆弱性和暴露（exposure）上的风险分析过程，同时特别考虑风险可能情况下的应对能力。

通常用一个二维的表格定性地表示风险的大小（图 1-5），危险等级判定分为：①非常严重，导致灾难性的伤害。该类伤害可导致死亡、身体残疾等。②严重，会导致不可逆

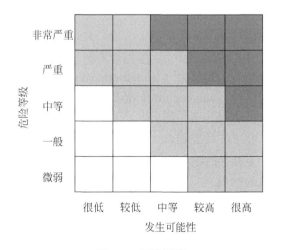

图 1-5　风险矩阵

转的伤害（如疤痕等），这种伤害需要在急诊室治疗或住院治疗。该类伤害对人体将造成较严重的负面影响。③中等，需要通过门诊治疗，对人体将造成一定程度的影响。④一般，在门诊对伤害进行处理即可。该类伤害对人体造成的影响一般。⑤微弱，可在家里对伤害自行处理，不需就医治疗，但对人体造成某种程度的不舒适感。该类伤害对人体的影响较轻。灾害发生可能性的判定分为：①很高，灾害事件发生的可能性极大，在任何情况下都会重复出现。②较高，有一定的灾害事件发生可能性，不属于小概率事件。③中等，有一定的灾害事件发生可能性，属于小概率事件。④较低，会发生少数灾害事件，但可能性极小。⑤很低，不会发生，但在极少数特定情况下可能发生。

1.4.2　自然灾害风险要素

（1）危害

危害（hazards）是指具有潜在破坏力的自然事件、现象或人类活动，它们可能造成人的伤亡、财产损失、社会经济混乱或环境退化。危害可包括将来可能产生威胁的各种隐患，原因各种各样，有自然的（地质、水文气象和生物），也有人类活动引起的（环境退化和技术危害）。危害可以是单个的，也可以是连续的或者在起因和影响上组合。每种危害以其位置、强度、频率和发生概率为特征。危害分析是对任何灾害进行识别、研究和监测，从而确定其发生可能性、起因、特征和特性。

（2）致灾因子

致灾因子（hazard factor）是指可能造成灾害的因素。这里的因素可以是任何一种力量、条件或影响等。任何致灾因子都需要时间、空间、强度三个参数才能完整地刻画：时间是指灾害源出现或发生作用的时间；空间是指灾源所在的地理位置；强度是指灾源强度。例如，台风的致灾因子包括：台风发生位置、结束位置、路径、频数、影响范围、中心附近最大风速、中心气压、风场分布、降水量及其分布等。

研究致灾因子成灾的孕育、发生、发展、突变及演化过程的动力学机理和规律，可以了解和掌握致灾因子的特性，以及灾害作用的类型、强度及时空规律，从而实现对突发灾害事件发生发展的科学预测和预警。

（3）脆弱性

联合国政府间气候变化专门委员会（Intergovernmental Panel on Climate Change，IPCC）第五次工作报告认为，脆弱性（vulnerability）是指自然社会系统易受不利影响的倾向或习性，以及对环境的敏感性、应对和适应能力。

自然灾害脆弱性表示在承灾体受到自然灾害影响时抗御、应对和恢复的能力，侧重灾害产生的人为因素，在一定社会政治、经济、文化背景下，特定承灾体面对自然灾害表现出的易于受到伤害和损失的性质。

社会脆弱性（social vulnerability）是指某一特定地区关于灾害暴露、备灾、预防的情况及其响应特征，它是对能够承受某些自然灾害的一系列要素能力的测度。除了物理根源，社会脆弱性的概念越来越多地被用来理解灾害的社会根源，包括遭受危害和灾害的负面影响的概率，也包括一些群体比其他群体更难成功度过恢复过程的可能性。研究人员通常使用人口和住房特征等指标来表征社会脆弱性。

（4）恢复力

恢复力（resilience）是一个系统、社区或社会遭受威胁时的潜在适应能力，它通过内在抵抗力或者转移威胁来使自身机能与结构达到和维护在一个可接受的水平。这种能力由社会系统能够组织自身从以往灾害学习能力的程度来决定，从而使其在将来得到更好的保护，并改进减轻风险的措施。

恢复力包括个体及社会团体基于备灾和其他措施下响应和恢复的能力。对灾害的恢复弹性意味着一个地方在没有外部重大援助下，能够经受住极端自然灾害事件并使损失控制在一个可接受的水平。共同的社区灾害价值观、志向和目标，健全的社会基础设施，良好的社会经济发展趋势，社会和经济生活的可持续性，伙伴关系，健全的网络以及资源和技能，这些因素可以使个人、家庭和社会团体减少受灾害的影响，增加其在灾害发生期间的恢复力。除了物理根源，恢复力的概念越来越多地被用来理解灾害的社会根源，也被广泛用于社会科学和灾害的工程研究中。恢复力概念从主要描述社区承受、吸收或从冲击中反弹的能力发展到包含了系统适应不良事件、在不良事件后蓬勃发展，甚至从不良事件中获益的能力。学者们试图确定与恢复力相关的能力，包括预防、预测、适应和改造灾害的能力。

（5）抗灾能力

抗灾能力（capacity）是指可能受到危害的一个社区、社会或组织利用自身拥有的资源和力量，能够降低风险，或者减少灾害破坏影响的能力。这种能力可能包括物理的、制度上的、社会的或者经济的措施以及个人或集体明智的领导和管理能力。

（6）能力建设

能力建设（capacity building）是指在一个社区或组织下，通过提高人的技能或加强社会基础设施建设，来努力降低风险的水平。更宽泛来说，能力建设也包括制度上、金融政策、行政策略及其他手段的改善，如社会不同发展水平和部门层次下的技术提高。

（7）灾害意识

灾害意识（public awareness）是人们对灾害发生前后的客观事实有所认识以后，在某一特定社会历史条件下形成的反映在心理上和思想上的人类特有的一种危机意识。它是人们对灾害这种特定的客观现象的主观反映，具有主观性。总体来看，灾害意识可分为灾前意识（防灾意识）、灾中意识（抗灾救灾意识、灾害心理意识）和灾后意识（生产自救意识、等靠意识、节约意识和治理灾害意识等）。公众灾害意识是减轻风险的首要因素。

（8）防灾意识

防灾意识（awareness of disaster prevention）是在灾害尚未发生之前就有了预报和减轻灾害损失的警觉，它是灾害意识构成的基础因素；人们在灾害过程中有勇气丧失、消极等待救援的消极灾害意识，也有战胜灾难、团结互助和积极自救与互救的积极灾害意识；灾后人们有正视灾害的结果积极生产自救的意识，也有树立治理灾害系统的观念。

1.4.3 治理的周期

灾害的治理周期主要有减灾、备灾、响应、救助和恢复五个阶段（图1-6），是对灾害管理周期的一般概括。

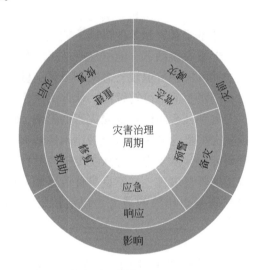

图1-6　灾害治理周期（Alexander, 2002）

不同的学者及机构关于灾害治理的每个阶段具体包含的内容存在一些分歧。在一定程度上，灾害管理的各个阶段是灾前、灾中、灾后相互混合的时相。灾害趋向于一个连续统一体，一次灾害的恢复往往直接引起下一次灾害的恢复。而对灾害的响应常描绘为灾害发生后的立即响应，实际上，灾害响应在灾害发生之前可能就已经开始。

减灾（mitigation）是指在接受自然灾害事件可能发生的基础上，通过采取结构性和非结构性措施来限制自然灾害、环境退化和技术灾害的负面影响。减灾，包括减轻或消除危害发生的可能性或（和）后果。结构性措施是指为减少或避免危害可能带来的影响而构筑的任何有形建筑，包括工程措施以及建造抵御和防御危害的结构与基础设施，如抗灾建筑技术等措施的使用。非结构性措施是指政策、认识、知识开发、公众承诺、方法和操作，包括参与机制和提供信息，以减少风险和有关的影响，如实行土地利用规划政策改善地表和植被系统生态环境达到改善和降低灾害脆弱性，建立和完善灾害预警系统并向公众发布预警信息，减少灾害造成的损失。基于社会和技术上的可行性以及成本/效益考虑，在经常受灾害影响的区域投资预防性措施，如通过修建大坝和防洪堤等工程性措施来阻止洪水的泛滥。另外，通过对公众灾害意识的教育，改变公众减轻灾害风险的态度和行为，从而促进"防灾文化"的兴起。这些行动措施都有利于阻止灾害的发生。

备灾（preparedness）是指在知道灾害将要发生的情况下，预先采取的行动或措施来确保面对威胁影响时的有效响应，这包括及时和有效的预警以及人员和财产从危险区的暂时撤离。它集中在构建应急响应和设计恢复的框架，包括对受灾害影响人员的装备或者帮助受灾害影响的人群提高他们的生存机会，并尽量减少他们的财产和其他损失。备灾活动包括物资和设备的预先配置，应急行动方案、手册和程序的制定，预警、撤离和躲避灾害的方案制定，基础设施的加固或其他保护措施的实施。灾害的应急准备包括资金、物资、通信设备、救灾装备、灾害管理人力资源、社会动员、宣传、培训和演习等的准备。灾害中的预警（early warning）包括突发灾害事件的类别、预警级别、起始时间、可能影响范围、警示事项、应采取的措施和发布机关等。其目的是为灾害管理者提供足够的信息以使处于风险中的人们得到足够的重视或者警告，在必要时候发布预警信息，从而使处于风险中的人们对灾害有所准备，如果有必要则进行临时性撤离。预警信息的发布、调整和解除可通过广播、电视、报刊、网络、警报器、宣传车或组织人员逐户通知等方式进行，对老、幼、病、残、孕等特殊人群以及学校等特殊场所和警报盲区应当采取有针对性的公告方式。

响应（response）包括采取行动来减少或消除已经发生或正在发生灾害的影响，保护生命和保障受影响人群的基本生活需要，从而防止进一步的人员伤亡、财政损失。包括搜索和营救生命、急救、紧急医疗救护、灾民生活救助和精神救助、紧急交通和通信网络的修复等。

救灾也称救助（assistance），是指国家和社会对由于各种原因而陷入生存困境的公民，给予财物接济和生活扶助，以保障其最低生活需要的制度。面对某些灾害，为免受进一步灾害的威胁，必要的撤离以及灾民暂时的居所、食物和水的供应必不可少；也可能需要进行潜在灾害的评估和对基础设施的应急修理。

恢复（recovery）包括在灾害后果影响下，恢复受害人的生活到一个正常的状态。恢复期通常在响应结束后立即启动，并能在灾后持续数月或数年。恢复的实际的时间跨度常常很难确定。恢复着眼于灾后修复或改善受灾社区灾前生活条件的行动和决策，同时鼓励和促进减轻灾害风险策略的必要调整。恢复重建为改进和应用减轻灾害风险措施提供了机会。恢复时期人们开始恢复工作，修理基础设施、损坏的建筑物和重要设备以及采取其他必要的措施帮助社区恢复正常状态。在这个阶段，随着家庭和个人的重组情感得到恢复并使他们的生活复原。在许多时候，恢复期对受害人来说非常困难。减灾机构必须对灾民不同层次的各种需求提供适当的援助方式。

学 习 要 点

在了解中国自然灾害 1949~2023 年的发生和损失现状、防治历程和灾害管理体制变迁的基础上，熟悉灾害风险治理的基本概念和重要术语，明确自然灾害后果的社会属性和自然属性是灾害治理直面的研究对象、研究问题和研究任务。

问题与思考

1. 灾害社会学和自然灾害学的研究对象分别是什么？
2. 自然灾害风险治理研究包括哪些主要内容？
3. 自然脆弱性和社会脆弱性的本质区别是什么？
4. 灾害治理周期包括几个阶段？

第 2 章 | 中国灾害管理

🔲 **学习目标**：学习了解中国灾害特征、中国灾害管理机构和运行方式、灾害应急管理体系的框架。掌握灾情给中国的人口伤亡、经济损失、心理创伤和社会系统恢复带来的危害等相关知识。

🔲 **本章主要内容**：与中国社会经济情况相对应的中国自然灾害的特点和分布；中国自然灾害应急管理框架，中国自然灾害管理体系的形成与发展；中国目前颁布实施的主要灾害管理政策和法规；中国灾害管理的经验。

2.1 中国自然灾害特征

由于独特的地理气候环境和社会经济发展状况，中国是世界上自然灾害最为严重的国家之一，总体特点是灾害种类多、分布地域广、发生频率高、造成损失重。一般年份，全国受灾害影响的人口约 2 亿人，其中因灾死亡数千人，需转移安置 300 多万人，农作物受灾面积 4 000 万 hm² 左右，成灾 2 000 万 hm² 左右，倒塌房屋 300 万间左右。随着国民经济持续高速发展、生产规模扩大和社会财富的积累，灾害损失有日益加重的趋势。灾害已成为制约国民经济持续稳定发展的主要因素之一。

中国的自然灾害呈现以下特征：①广泛性和集中性；②季节性和地域性；③群发性和伴生性；④自然因素与人为因素的交叉性。

2.1.1 灾害的广泛性和集中性

除了现代火山活动外，几乎所有的自然灾害在中国都有发生，特别是洪涝、干旱、台风、风雹、雷电、高温热浪、沙尘暴、地震、泥石流、风暴潮、赤潮、森林/草原火灾和植物病虫害等灾害发生频繁（表 2-1）。

表 2-1　中国主要的自然灾害类型及种类

灾害类型	灾害种类
水旱灾害	干旱、洪涝等
气象灾害	台风、风雹、暴雨、寒潮、低温冷冻、雪灾、沙尘暴等
地震灾害	地震
地质灾害	崩塌、滑坡、泥石流、地裂缝、地面沉降、地面塌陷等
海洋灾害	风暴潮、灾害性海浪、海冰、海啸、赤潮等
生物灾害	森林草原和农作物病、虫、草、鼠害
森林草原火灾	森林火灾、草原火灾等

在中国发生的各类自然灾害中,洪涝、干旱、地震等造成的损失最为严重,所造成的损失占到损失总量的80%~90%。

2.1.2 灾害的季节性和地域性

中国大部分地区受自然灾害影响,常年受灾人口达2亿多人,70%以上的城市、50%以上的人口分布在气象、地震、地质和海洋等自然灾害严重的地区。主要灾害分布如表2-2所示。

表2-2 中国主要自然灾害的发生时间及区域

灾害种类	主要发生季节	主要发生区域
旱灾	春秋两季	西北黄土高原和华北平原
洪涝灾害	夏秋两季	长江、黄河、淮河、黑龙江、珠江、辽河、海河七大流域
雪冻灾	冬季	西北和东北地区
热带气旋	夏季	东南沿海地区
地质灾害	夏季	西南山区

洪涝灾害:由于季风气候的影响,我国寒暖、干湿变幅很大,有2/3的土地面积不同程度地受到洪水威胁。长江、黄河、淮河等七大江河中下游地区,集中了全国一半左右人口,近3/4的GDP,也是洪涝灾害多发区。洪涝灾害集中分布在大兴安岭—太行山—武陵山一线以东,被南岭、大别山—秦岭、阴山分割为4个多发区。西部地区仅四川为雨涝多发区。

热带气旋:我国是世界上少数几个受热带气旋严重影响的国家之一,其影响主要沿太行山—武夷山移动,东南沿海海域最严重。中国东部沿海地区是改革开放的前沿和经济发达地区,每年登陆中国的台风有七八个。

暴雨:暴雨是我国东部地区常见的自然灾害,有三个暴雨集中地带:一是从辽东半岛—山东半岛至东南沿海地区;二是大兴安岭—太行山—武夷山一带;三是沿三大纬向山系的天山—阴山、昆仑山—秦岭和南岭的南麓。

旱灾:主要发生在春夏两季,个别发生在秋季,主要分布在西北黄土高原和华北平原。1949年以来有四个明显的干旱中心,它们分别是华北平原、黄土高原西部、广东与福建南部、云南与四川南部,其次为吉林省和黑龙江省南部、湖南省和江西省南部(表2-3)。

表2-3 中国特大气象干旱事件集(1949~2023年)

1949~1978年	1979~2004年	2005~2023年
1950年华南春旱	1979年西南春旱,1979年/1980年南方秋冬春连旱	2004年/2005年华南南部秋冬连旱
1950年西部夏秋旱	1980年/1981年华北冬春夏旱	2005年/2006年东北华北夏秋冬连旱
1950年/1951年内蒙古青海冬春旱	1981年/1982年西南秋冬旱	2005年云南春夏旱

1949~1978 年	1979~2004 年	2005~2023 年
1950 年/1951 年华北冬春夏旱	1982 年东北夏秋旱	2006 年川渝夏秋旱
1959 年黄河中上游夏秋冬连旱	1983 年西南西北夏秋旱	2007 年东北夏秋连旱
1959 年长江中上游夏秋旱	1983 年/1984 年华北长江中游以北冬春连旱	2007 年江南华南秋冬连旱
1960 年西藏西南冬春旱	1987 年黄河中上游夏秋旱	2008 年西北内蒙古陕西春夏连旱
1960 年黄河中上游夏秋旱	1988 年/1989 年华北长江中下游秋冬旱	2009 年/2010 年西南秋冬春干旱
1961 年内蒙古华北东北春夏旱	1991 年黄河中上游汛期干旱	2010 年/2011 年冬春夏秋西南五省市大旱
1961 年西南夏旱	1994 年四川严重伏秋旱	2012~2013 年西南冬春连旱
1962 年黄河中上游春夏连旱	1995 年西北东部华北西部春夏连旱	2013 年江南贵州伏旱
1962 年/1963 年南方冬春夏连旱	1996 年北方春旱	2014 年东北华北黄淮伏旱
1965 年华北江淮东南夏秋连旱	1997 年北方夏秋旱	2015 年华北和西北东部夏秋旱
1968 年黄淮海春夏秋连旱	1998 年/1999 年长江以北地区干旱	2016 年东北西部内蒙古东部夏旱
1969 年西南西藏春旱	1999 年西南春旱	2017 年东北春夏连旱
1972 年陕甘宁黄河中下游秋冬旱	1999 年东北春夏旱	2018 年华南春夏连旱
1977 年华北冬春旱	2000 年长江以北春夏持续旱	2019 年东北春旱
1977 年西北西南春夏秋连旱	2001 年长江流域及以北夏秋旱	2019 年西南春夏秋连旱
1978 年江淮春夏秋连旱	2002 年北方和黄淮春夏连旱	2022 年长江全域伏秋热旱
1978 年黄河上游春夏旱	2003 年/2004 年江南华南夏秋冬连旱	2023 年黄河流域伏秋热旱

注：事件命名以《中国重大干旱事件分析（1961~2020）》为主要参考。根据《20 世纪中国水旱灾害警示录》《中国重大干旱事件分析（1961~2020 年）》《中国气象干旱图集（1956~2009 年）》《中国历史干旱（1949~2000 年）》整理

1961~2022 年，中国共发生了 192 次区域性干旱事件。其中，极端干旱事件 16 次，严重干旱事件 43 次，中度干旱事件 79 次，轻度干旱事件 54 次，区域性干旱事件呈微弱上升趋势，并有明显的年代际变化特征。2022 年，共发生 3 次区域性气象干旱事件，频次接近常年，强度均达到严重干旱等级；华东、华中等地出现阶段性春夏连旱，长江中下游和川渝等地遭遇严重夏秋连旱，影响到长江流域及以南地区的农业生产、生态系统、水资源供应和能源供应。

地质地震灾害：大致以 35°N、105°E 两条线为界，可将我国地震灾害的分布分为四个象限。西南、西北地区地震最多，华北次之，东南和东北地区最少（台湾除外）。地震集中的地带称为地震带，我国西部有近东西向的天山地震带、南天山地震带、昆仑山地震带、喜马拉雅山地震带和西北向的北天山地震带、祁连山地震带、鲜水河地震带、红河地震带等。中国东部最强烈的地震带为东北走向的台湾地震带，向西依次是东南沿海地震带、郯城—庐江地震带、河北平原地震带、汾渭地震带，以及东西向的燕山地震带、秦岭

地震带等。中国地震发生频繁，影响范围广。由于中国位于欧亚、太平洋及印度洋三大板块交会地带，新构造运动活跃，是欧亚地震带、喜马拉雅地震带及环太平洋地震带的重要分布区。渤海湾周围、西南地区和西北各省区市是地震多发区。20世纪全球发生的破坏性地震中中国占1/3，其中全球发生8.5级以上地震3次，在中国就有2次。平原地质灾害包括地面沉降、地裂缝、地面塌陷。

山地地质灾害：包括崩塌、滑坡及泥石流等，主要分布在我国地貌大格局的第一与第二级阶梯和第二与第三级阶梯的交替位置，滇、川、黔、鄂、陕、渝、京等省市最为严重。山地和高原面积约占中国陆地面积的69%。由于大部分山地和高原地质构造复杂，地形起伏大，表层岩体破碎，土层瘠薄，加上人口的增加和人类社会经济活动强度的加大，地质灾害发生频繁。

土地盐渍化：主要发生在平原、盆地地区，以华北地区为重。

寒潮与冷冻灾害：一年四季都有发生，其中春季"倒春寒"主要发生在南方，雪季低温冷害主要发生在东北，秋季"寒露风"主要发生在南方，霜冻在全国大部分地区均有发生。雪灾冻害主要发生在阴山以北和贺兰山—龙门山—横断山以西地区。

海洋灾害：主要集中地段是莱州湾、江苏小洋河口至浙江北部的海门、温州、台州、沙埕及闽江口、汕头至珠江口、雷州半岛东岸和海南岛东北部沿海。海冰灾害主要发生于渤海、黄海北部和辽东半岛沿海海域，以及山东半岛部分海湾。海啸在台湾和海南两省沿岸偶有出现。风暴潮遍布各大海域，但以东海、台湾海峡和巴士海峡最为严重。赤潮灾害主要出现在沿海地区，且有从近海向远海扩展的趋势。

2.1.3 灾害的群发性和伴生性

等级高、强度大的自然灾害发生以后，常常诱发出一连串的其他灾害，这种现象称灾害的群发性。群发灾害中最早发生的起作用的灾害称为原生灾害；而由原生灾害所诱导出来的灾害则称为次生灾害。自然灾害发生之后，破坏了人类生存的和谐条件，由此还可以导生出一系列其他灾害，这些灾害泛称为衍生灾害。例如，大旱之后，地表与地层浅部淡水极度匮乏，迫使人们饮用深层含氟量较高的地下水，从而导致了氟病，表现出伴生性。中国新疆有时寒潮、大风、暴风雪等同时发生，表现出群发性。2008年汶川地震发生后，伴生着泥石流和堰塞湖等灾情。

2.1.4 自然与人为因素的交叉性

以中国2005~2016年的《全国地质灾害灾情通报》的数据为例，地质灾害的发生既有自然因素，也有社会因素。

自然因素指地质灾害的发生主要由降雨、冰雪冻融、地震等自然原因造成，人为因素则指地质灾害的发生主要由人工采矿和切坡等引发。由于不同年份地质灾害总数的变化较大，影响到自然因素和人为因素造成的地质灾害的数量变化，进而产生自然因素和人为因素造成的地质灾害占地质灾害总数的百分比的变化。从表2-4可以看出，自然因素占地质灾害成因的百分比呈逐渐下降趋势，而人为灾害占的百分比整体上呈上升趋势。这个比例持续升高主要是由于近些年中国快速发展的经济需要大量的能源和物资供应，引起不断增加的采矿、建设及开发等生产活动，从而造成持续增多的地质灾害。随着中国经济的成功转型，调查、监测与预防手段的不断提高，相信经过一段时期，人为因素造成的地质灾害比例会趋向稳定并逐渐变小。

表 2-4　2005～2016 年地质灾害成因分析

年份	自然因素		人为因素		总数
	灾害数	百分比/%	灾害数	百分比/%	
2005	17 148	96.6	603	3.4	17 750
2006	97 870	95.2	4 934	4.8	102 804
2007	24 350	95.9	1 014	4.1	250 364
2008	25 517	96.0	1 063	4.0	26 580
2009	10 189	94.0	651	6.0	10 840
2010	29 285	95.5	1 385	4.5	30 670
2011	13 902	89.0	1 718	11.0	15 620
2012	13 677	95.5	645	4.5	14 322
2013	14 847	96.4	556	3.6	15 403
2014	10 328	94.7	579	5.3	10 907
2015	7 065	85.7	1 176	14.3	8 224
2016	8 937	92.0	773	8.0	9 710

注：2011 年的《全国地质灾害灾情通报》中给出成因的地质灾害总数与地质灾害类型中的总数有出入

2.2　自然灾害的灾情

2.2.1　灾情的内涵

1. 灾情概念

灾情是指自然灾害造成的损失情况，包括人员伤亡和财产损失等。从广义角度讲，灾情是各种灾害发生状况的简称，包括灾害发生的范围、强度、次数及灾害造成的损失，以及人员伤害和社会经济影响等。从狭义角度讲，灾情是灾害造成的各种损失状况。灾情信息报告的内容包括灾害发生的时间、地点、背景，灾害造成的损失（包括人员受灾情况，人员伤亡数量，农作物受灾情况，房屋倒塌、损坏情况及造成的直接经济损失），已采取的救灾措施和灾区的需求。

灾害通过日益复杂的社会生产体系导致灾情，即通过社会化生产、交换、消费等经济过程对整个国民经济体系产生全面深刻的影响。由原来的对特定受灾人群产生的直接性影响发展到对其他地区、产业部门的间接影响甚至是关联性影响，进而对居民消费、资本积累、公共财政支出、经济增长、收入分配等产生广泛影响。

（1）家庭损失

一般来说，自然灾害发生不会影响居民的金融财富，而对于真实资本和人力资本来说，灾害的发生会导致房屋倒塌，生活条件破坏，还可能导致人员伤亡，使得人力资本质量和数量降低，居民的财富总量减少。另外，灾害导致灾区的物资供应紧张，从而物价上涨，也会使居民的实际财富减少。因而自然灾害的发生会减少居民的财富总量，从而使得当期和未来的消费减少，并影响总需求和总产出的增长。

（2）企业损失

企业损失包括直接财产损失和间接收入损失。直接财产损失主要包括厂房、生产设备的损毁。由于这些设备的损毁，企业的生产不能正常进行，间接导致收入损失。对于企业而言，由于生产条件遭到破坏，原有的投资计划被打乱，投资不能顺利进行。在当期，必定会减少投资的规模。根据凯恩斯的经济增长理论，投资需求减少会通过乘数效应导致GDP成倍减少。

（3）影响政府管理

灾害影响政府管理主要通过灾后重建来影响。自然灾害会造成公路、铁路等基础设施损毁。为使企业、居民的生产生活条件尽快恢复，必然要展开灾后重建，而这些基础设施作为公共产品，由政府部门来提供，因而政府购买需求会增加。另外，自然灾害的发生首先对经济增长产生制约作用，会影响政府在未来几年的税收收入。由于救灾防灾需要资金和人力的投入，如果这些支出的资金不属于闲置资金，而属于计划投资的资金，那么救灾行为使得原本应该用于促进经济增长的资源被挤占，转而用于救灾防灾，在一定程度上阻碍了经济的正常发展，使得政府灾害治理的经济绩效不明显。

2. 人口伤亡与经济损失

我国 70% 以上城市、50% 以上人口分布在气象、地震、地质、海洋等灾害高风险区。自然灾害频发，决定了我们必须处理好人和自然的关系，正确处理防灾减灾和经济社会发展的关系。自然灾害对经济增长的影响有正有负，这主要随灾害类型、灾害规模、受灾地区及经济状况等的不同而不同。研究表明，自然灾害对欠发达地区的影响比对发达地区更强一些；干旱通常导致负影响，地震和风暴的长期影响不显著；一些中等强度的灾害可能有利于刺激经济增长。

近年来中国典型的城市暴雨造成了严重的灾情。例如，2012 年 "7·21" 京津冀特大暴雨（造成 160.2 万人受灾，79 人死亡，直接经济损失超过 100 亿元）、2013 年 7 月上中旬四川成都等城市的特大暴雨、2014 年 9 月上中旬发生在陕西汉中等 10 市 50 个县区和四川广元等 7 市的暴雨，以及 2015 年入汛以来南京、上海、昆明等多个城市发生的强降雨过程。2021 年 7 月下旬河南郑州特大暴雨，造成河南全省 103 个县（市、区）、877 个乡镇、300.4 万人受灾，郑州市因极值暴雨致 25 人死亡、7 人失联。全省紧急避险转移 37.6 万人，紧急转移安置 25.6 万人，农作物受灾面积 21.52 万 hm^2，直接经济损失 12.2 亿元。

水灾受灾率对第二产业增长率的影响显著为正，说明灾后重建被破坏的建筑和基础设施等刺激了工业、建筑业的发展，导致短期繁荣；水灾成灾率对第二产业的影响不显著，说明灾害很严重时，对经济增长的刺激作用消失。旱灾对三次产业的影响均显著为负，但旱灾持续时间长、对基础设施的破坏不严重。

1978～2020 年，我国因灾死亡失踪人口总体呈现下降趋势。1978～1990 年、1991～2000 年、2001～2010 年、2011～2020 年的 4 个时间段内，全国年均每百万人口因灾死亡失踪人数依次为 6.5、4.6、8.8、0.9（图 2-1）。

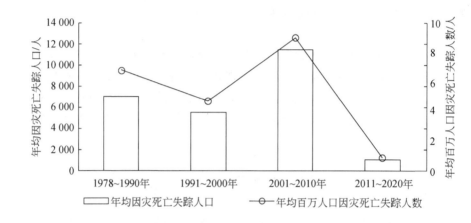

图 2-1　1978～2020 年分年代全国因灾死亡失踪人口

注：不包含港澳台地区数据

据第一次全国自然灾害综合风险普查公报的统计，1978～2020 年，洪涝和地质灾害、地震是造成因灾人员死亡失踪的最主要灾种，造成的死亡失踪人数占全部灾种的比例分别为 51.3%、34.4%，风雹、台风灾害的占比次之，为 7.0%、6.3%，其余灾种占比较小。

1978～2020 年，我国因灾直接经济损失影响总体呈现下降趋势。1978～1990 年、1991～2000 年、2001～2010 年、2011～2020 年的 4 个时间段内，全国年均因灾直接经济损失占 GDP 的比值分别为 4.1%、3.3%、1.4%、0.5%（图 2-2）。

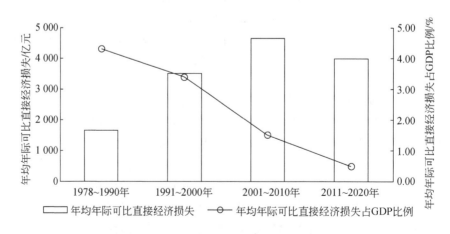

图 2-2　1978～2020 年分年代全国因灾直接经济损失

注：本次普查不包含港澳台地区

1978～2020 年，洪涝和地质灾害、干旱灾害是造成因灾直接经济损失的最主要灾种。以 2020 年可比价格为基准，利用居民消费价格指数（CPI）对其他各年数据进行折算，洪涝和地质灾害、干旱灾害造成的直接经济损失占全部灾种的比例分别为 39.2%、20.4%，台风、地震、风雹灾害的占比分别为 14.4%、10.5%、9.9%，其余灾种占比较小。

3. 经历者的心理伤害

（1）需要救助心理伤害的人群

社会灾害学将心理伤害作为灾情的一部分。灾难事件会影响很多人，但并不是所有经历灾难的人都需要心理救援。根据灾难事件对不同人群心理危机影响程度的不同，一般将需要救助人群分为三类。

第一类人群包括幸存者、遇难者家属及亲人。这类人群通常受灾难影响最大。尤其是幸存者，由于亲历灾难对内心的冲击，很多会出现恐惧、无助、悲伤等负面情绪。

第二类人群包括亲临灾难现场的一线救援人员，有指挥人员、医护人员、媒体记者等。一线救援人员在救援过程中目睹创伤性的画面，他们的感同身受使其也经历着类似的痛苦，很容易出现失落、挫败、惊恐、易怒等情绪。

第三类人群指的是其他与灾难事件相关的人员，包括相关从业者、耳闻目睹灾后画面的群众。这部分人群通过网络、电视、报纸等媒介目睹灾情画面后，也可能出现各种负面情绪反应。

除此之外，救援人员需特别关注老年人、儿童和孕妇等群体。如果不是十分必要，不要带孩子经历灾后事故处理，尤其是 6 岁以下的儿童对死亡的含义还不能完全理解，避免给孩子留下心理创伤。

（2）直接受害者心理伤害

一般而言，在经历自然灾难之后，经历者通常会出现冲击、英雄主义、悲伤、愤怒、重建常态 5 个阶段。在冲击期，经历者出现较强的应激反应，产生身心症状，如胃部不适、易怒、害怕、烦躁等；英雄主义则是人群中出现利他行为，人们在灾难中互助互爱。在此之后，经历者会进入悲伤和愤怒阶段，若灾难较为重大，悲伤和愤怒期会相对延长，其间出现的其他突发事件也可能诱发愤怒。

灾害会给灾害的经历者带来巨大的负面心理冲击，灾害经历者通常会产生较为普遍的心理问题。流行病学调查显示，灾害经历者与救援人员均可能出现心理疾病。根据灾害程度不同，心理疾患严重程度存在差异，其中焦虑与抑郁的发病率均高于 50%，而创伤后应激障碍（post traumatic stress disorder，PTSD）可达 3%～58%。在我国，洪灾对受灾人群的心理健康影响持续时间长，女性、高龄人群和缺乏社会支持的人员均容易产生应激障碍。

面对创伤，人类本能地会出现一系列创伤后应激障碍的反应，一部分人群从焦虑、抑郁等心理状态中慢慢走出，但是仍有少部分人的应激状态会复现与重复。这种创伤后复现的应激状态可能会在数月后出现，而这种情况往往不受当事人的控制。典型的症状有如下三点：①创伤再体验；②警觉性增高；③回避或麻木。PTSD 患者往往表现出在清醒时突如其来的创伤场景会重现在脑中，而睡眠时通常会出现与创伤相关的噩梦，继而产生强烈的痛苦情绪或躯体症状。有时，PTSD 患者会表现出易受惊吓、易激惹，同时手汗增多、心跳过速等。他们也可能会表现得麻木，回避与创伤相关的人物、事物、环境等，拒绝探讨与创伤相关的事情。部分患者也会伴有睡眠质量差或抑郁症等状况。

对于这些受影响地区的人们，大量研究表明，在具备住房稳定、经济稳定、身体健康、心理健康和社会角色适应这五个关键条件下，虽然灾害会增加不良心理健康结果的风险，但大多数幸存者都能抵抗严重的不良影响，政府援助和塑造灾后恢复的计划也起到一定的积极作用。

2.2.2　社会系统的灾情

相对于灾害经济影响的维度，社会系统灾情是指因灾害而导致的人类身心健康、社会关系、组织结构、公共安全等非经济层面的一系列结果。其中"社会"可以大到社会层面，也可以小到社区层面，乃至更微观的家庭或个体层面。从大社会的视角看，灾害社会影响是指灾害对人类生产生活的各个方面造成的冲击。从家庭的视角看，灾害社会影响指灾害对家庭生存条件的冲击、对家庭结构的影响及对家庭功能的冲击与影响。

当今社会，如城市建筑、交通和能源设施、工厂和科研单位都是十分复杂和庞大的系统工程，一旦遭到自然灾害损坏就会处于失控状态，将给社会经济运行带来巨大破坏甚至毁灭性的打击。每个系统对系统内部来说是一个封闭结构，从外部来说其与其他系统有着千丝万缕的联系。例如，一个矿山的破坏，会造成几十个甚至上百个工厂的停工；水源、电力、交通、能源等生命线工程的破坏，还会造成整个城市生产生活秩序的瘫痪。因此，由结构、系统的破坏造成的间接经济损失，要比直接经济损失大得多，有些间接经济损失还难以用数字表达出来。

随着社会系统的充分发展以及人的高度社会化，越来越多的灾害影响无法被简单囊括在宏观经济影响中。因为灾害不仅表现为致灾因子引发的瞬间物理性冲击，还表现为这种冲击导致受灾地的社会长期变化的整个过程，如人员伤亡对其家人的心理打击、不当救援和重建行为造成的额外经济或非经济损失、灾难造成社会组织或社会关系网络的破坏等。自然灾害不仅造成人员伤亡，也破坏了社会和家庭的结构。例如，一个科研人员从事重要的科学实验，由于被灾害夺去生命，他的经验、数据、思想也停止了，这项重要的工作可能被耽搁几年或十几年；一个人可能是家庭的主要成员，他的死亡，可能意味着这个家庭的劳动力、经济来源的中断，也可能使这个家庭垮塌。历史上，由于灾害造成的社会动乱、政权更迭屡见不鲜。这种破坏的严重程度与自然灾害的破坏程度、社会经济进程的时刻以及社会对灾害的抗御能力有关。而且，这种影响的消退是十分缓慢的，有些严重自然灾害对人的心理所造成的创伤，甚至要到这个人的肉体消亡后才能终止。

2.3　中国灾害管理体系

灾害应急管理体系的核心就是一案三制，即应急预案，体制、机制和法制。

应急管理体制主要是指建立健全集中统一、坚强有力、政令畅通的指挥机构；运行机制主要是指建立健全监测预警机制、应急信息报告机制、应急决策和协调机制；法制建设主要通过依法行政，努力使突发公共事件的应急处置逐步走上规范化、制度化和法治化轨道。

2.3.1　灾害管理体制

灾害管理体制是指政府、专业部门、企事业单位、社会组织及其他灾害管理主体所构成的管理体系与制度，以及它们的运作，包括静态和动态两个方面。静态是指灾害管理的制度、规范、法律、法规；动态是指管理机制的运作，管理制度及规范发挥它的调适与控制作用，管理职能的实现。构建职能明确、组织健全、高效统一、运作灵活的灾害管理体制对灾害管理具有重要意义。

中国现阶段自然灾害管理的基本领导体制是：政府统一领导，部门分工负责，灾害分级管理，属地管理为主（表 2-5）。

表 2-5　中国政府应急管理组织体系

组织机构	主要职能
领导机构	国务院是突发公共事件应急管理工作的最高行政领导机构。在国务院总理领导下，由国务院常务会议和国家相关突发公共事件应急指挥机构负责突发公共事件的应急管理工作；必要时派出国务院工作组指导有关工作
办事机构	国务院办公厅设国务院应急管理办公室，履行值守应急、信息汇总和综合协调职责，发挥运转枢纽作用
工作机构	国务院有关部门依据法律、行政法规和各自的职责，负责相关类别突发公共事件的应急管理工作。具体负责相关类别的突发公共事件专项和部门应急预案的起草与实施，贯彻落实国务院有关决定事项
地方机构	地方各级人民政府是本行政区域突发公共事件应急管理工作的行政领导机构，负责本行政区域各类突发公共事件的应对工作
专家组	国务院和各应急管理机构建立各类专业人才库，可以根据实际需要聘请有关专家组成专家组，为应急管理提供决策建议，必要时参加突发公共事件的应急处置工作

应急管理部是国务院组成部门，负责全国应急管理工作，包括防灾救援、安全生产、消防、民防等方面。应急管理部将 13 个部门和单位进行了整合统一，这有利于开展综合灾害风险管理，提高突发事件的风险管理能力；有利于优化我国的应急预案体系和推动预案演练，统筹应急力量建设和物资储备并在救灾时统一调度，组织灾害救助体系建设，提高应急准备能力；有利于整合消防、各类救灾武警和安全生产等应急救援队伍，使其成为综合性常备应急骨干力量，提高突发事件的处置能力。整合后的应急管理部能够处理好防灾和救灾的关系，与相关部门和地方职责分工更清晰，利于建立协调配合机制。

应急管理部的机构职责包括组织编制国家应急总体预案和规划，指导各地区各部门应对突发事件工作，推动应急预案体系建设和预案演练；建立灾情报告系统并统一发布灾情,统筹应急力量建设和物资储备并在救灾时统一调度,组织灾害救助体系建设,指导安全生产类、自然灾害类应急救援,承担国家应对特别重大灾害指挥部工作;指导火灾、水旱灾害、地质灾害等防治;负责安全生产综合监督管理和工矿商贸行业安全生产监督管理等;管理公安消防部队、武警森林部队与安全生产等应急救援队伍的综合性常备应急骨干力量。

2.3.2 灾害管理机制

1. 应急协同机制

应急协同机制指部门协同,在事故预防、灾害防治、信息发布、抢险救援、环境监测、物资保障、恢复重建、维护稳定等方面发挥各相关部门的专业优势和综合优势,推进重大安全风险防范化解协同机制和灾害事故应对处置现场指挥协调机制;特别面向自然灾害高风险地区,以及京津冀、长三角、粤港澳大湾区、成渝城市群及长江流域、黄河流域等区域协调联动机制,统一应急管理工作流程和业务标准;还有重大风险联防联控,跨区域、跨流域风险隐患普查,联合应急预案,联合指挥、灾情通报、资源共享、跨域救援、组织综合应急演练,强化互助调配衔接等机制。

2. 预警机制

预警机制是指根据自然灾害发生的规律和特点,通过相关技术手段和方法提前对可能发生的自然灾害进行预测、监测和预警的一种系统性机制。其目的是给即将到来的灾害提供应对的时间,保障人民的生命财产安全,有效降低自然灾害对人民生产生活和社会经济秩序造成的损失。

预警强度由一级至四级依次减弱。按照突发事件发生的紧急程度、发展态势和可能造成的危害程度分为一级、二级、三级和四级,分别用红色、橙色、黄色和蓝色标示,Ⅰ级(特别重大)、Ⅱ级(重大)、Ⅲ级(较大)和Ⅳ级(一般)。

预警机制的技术手段包括遥感、气象、地震等监测技术,实现及时监测与预警和信息传递。通过气象部门、地震部门、水利部门等多部门的专业技术和资源整合,协同合作形成全面的自然灾害监测预警系统,还包括社会参与和宣传教育,使社会各界认识到自然灾害预警的重要性,并积极配合预警工作。

3. 应急响应机制

应急响应机制是通过由政府推出的针对各种突发公共事件而设立的各种应急预案,根据灾害发生的危害程度采取不同级别相应类型的救助,使损失减到最小的机制。应急响应机制包括防汛抗旱、高速公路、公共卫生、突发灾害等的应急响应机制。机制使大灾巨灾应对准备更加充分,综合救援、专业救援、航空救援力量布局更加合理,应急救援效能显著提升,应急预案、应急通信、应急装备、应急物资、应急广播、紧急运输等保障能力全面加强。

（1）灾情报送工作机制

国家预案关于灾情信息报告的规则要求建立有关的工作机制，在县域范围内发生较大的灾害时，县级民政局要在 2 小时内直接向民政部报告灾情。

（2）灾情监测机制

建立了国家灾情的 24 小时监测机制。每日晨 8 时以前必须发出《昨日灾情》，内容包括昨日 7 时至当日 7 时中国和世界发生的重大灾情。

全国救灾系统建立了应急联络工作机制，全国县级及县级以上民政局局长、主管副局长和救灾股长的办公室电话、家庭电话及手机号码，全部汇总于国家减灾中心的应急联络办公室，每当灾害发生后，少则半小时，多则几个小时，中央政府就能够迅速地与灾区政府建立起直线联系，从而掌握灾情和救灾工作动态。

（3）应急响应启动机制

为了落实 24 小时应急管理部救灾工作组到达灾区现场的规定，建立了较为详细的行动指导规则。

（4）24 小时救助到位与中央应急救助机制

在达到国家规定的 4 级响应标准后，县、市与省立即启动相关预案，在 24 小时内由省级应急管理厅、财政厅向应急管理部、财政部提出申请应急资金的请求报告，民政、财政两部则需要立即做出反应。县级政府必须在 24 小时内启动应急预案，做到紧急转移受灾群众并保证灾民有临时住所、有饭吃、有衣穿、有干净的水喝、有病能医。航空应急力量基本实现 2 小时内到达灾害事故易发多发地域，灾害事故发生后受灾人员基本生活得到有效救助时间缩短至 10 小时以内。

灾害响应机制启动后，应急管理部应对灾害的工作措施主要包括及时收集、评估和掌握灾情，及时向社会发布灾情和抗灾救灾信息；及时向有关部门通报灾害和救灾工作进展，协调落实中央对灾区的抗灾救灾支持措施；及时向灾区派出工作组，实好灾民救助措施；指导地方开展救灾工作；及时下拨救灾应急资金，紧急向灾区调拨救灾物资；适时开展救灾捐赠，动员社会力量参与救灾；妥善安排转移安置灾民的基本生活，及时指导地方开展恢复重建工作。

4. 灾害管理沟通机制

从政府管理决策的角度，灾害管理沟通主要包括政府不同部门间的沟通、政府与民众间的沟通、政府与灾害专家的沟通等（图 2-3）。

（1）政府不同部门间的沟通

政府部门在自然灾害应急中处于主导地位，因此，政府部门间的灾害管理沟通显得尤为重要。提高灾害信息的传播时效，加强灾害防御的部门合作和信息共享，促进相关管理人员对灾害管理措施的理解，积极主动承担起自己在灾害管理中的责任。

（2）政府与民众间的沟通

充分利用各种媒体和手段将灾害信息及时传递到民众手中，扩大灾害信息覆盖面和时效性。这不仅有助于利害相关者和社会民众理解自身所面临的灾害风险或灾害，还能提醒他们在灾害防范及救助过程中所能发挥的作用。

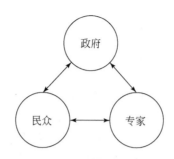

图 2-3 普通民众、政府官员与灾害专家之间的沟通

（3）政府官员与灾害专家的沟通

灾害专家库在灾害管理决策中发挥着重要的决策智囊支撑作用。灾害专家库有来自不同灾种的专家及不同行业部门的专家，他们中的一部分直接作为决策者，其他来自科研部门学者、灾害管理顾问、社会团体代表和其他政府官员等在灾情预评估、灾害评估和灾害风险管理及决策中发挥着重要的科学支持作用。

5. 恢复重建管理工作机制

为了保证恢复重建的落实，恢复重建管理工作机制包括制定全国统一的恢复重建户籍名册；公开公布每户得到补助的资金数量；确定政府补助资金的拨付方式；确定恢复重建的工作目标；定期通报各地进度等；推进减灾规划、灾害应急响应和灾害救助，开展国际合作，提高公共减灾意识，加强防灾减灾教育等。

以防汛抗旱为例，在灾害管理政策执行过程中，遵从中央到地方的行政体系，从党中央到国务院，从省（自治区、直辖市）到市（自治州、盟）到县（自治县、市、区）再到乡（镇）。重要的政策是在总指挥部的指导下，通过专项指挥办公室、省市县各级应急指挥部，从上至下垂直推行。各省、市、县设立类似的机构，各个部门在各自职能范围内分别对灾区给予资金、物资、技术、业务指导等方面的帮助（图 2-4）。

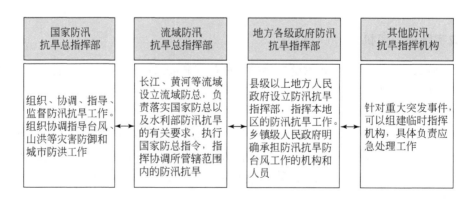

图 2-4 不同部门的职责示意图

2.3.3   灾害管理法制建设

立法为抗灾活动提供了规范的依据，它对抗灾计划、机构安排、准备措施、应急响应等赋予了法律效力，以法律的形式对灾害管理者主要职责进行了分配，有助于保证这些职责得到圆满执行。

20 世纪 80 年代以来，颁布了《中华人民共和国突发事件应对法》《自然灾害救助条例》《中华人民共和国水土保持法》《中华人民共和国防震减灾法》《中华人民共和国水法》《中华人民共和国防洪法》《中华人民共和国防沙治沙法》《中华人民共和国气象法》《中华人民共和国森林法》《中华人民共和国草原法》《中华人民共和国水污染防治法》《中华人民共和国海洋环境保护法》《中华人民共和国消防法》和《中华人民共和国抗旱条例》《中华人民共和国水文条例》《中华人民共和国防汛条例》《森林防火条例》《草原防火条例》《重大动物疫情应急条例》《森林病虫害防治条例》《地质灾害防治条例》《破坏性地震应急条例》《水库大坝安全管理条例》《人工影响天气条例》等 30 多部防灾减灾或与防灾减灾密切相关的法律、法规。依法减灾的工作格局基本形成，为灾害的预防、治理、救援、救助、恢复重建等工作提供了法律保障。

按照《中华人民共和国突发事件应对法》，国务院在总理领导下研究、决定和部署特别重大突发事件的应对工作；根据实际需要，设立国家突发事件应急指挥机构，负责突发事件应对工作；必要时，国务院可以派出工作组指导有关工作。

2.3.4   应急预案

应急预案对突发公共事件的预测预警、信息报告、应急响应、应急处置、恢复重建及调查评估等机制都作了明确规定，形成了包含事前、事发、事中、事后等各环节的一整套工作运行机制。

20 世纪 80 年代以来，国家颁布了《国家突发公共事件总体应急预案》和多个应对自然灾害的专项预案。2005 年，颁布了《国家自然灾害救助应急预案》；31 个省（自治区、直辖市）以及灾害多发地的市县也出台了预案。目前，国务院各涉灾部门的应急预案编制工作已全部完成，预案主要包括以下内容。

1）科学认识和系统把握灾害事故致灾规律，统筹事前、事中、事后各环节，差异化管理、精细化施策。

2）预案共十个部分，包括总则、组织指挥体系、灾害救助准备、信息报告和发布、应急响应、灾后救助、恢复重建、保障措施、监督管理、附则。

3）制修订灾害监测预报预警、风险普查评估、灾害信息共享、灾情统计、应急物资保障、灾后恢复重建等领域标准规范。

4）应急响应包括启动应急工作领导小组、通信信息等。

受灾县（市、区）灾害管理流程如图 2-5 所示。

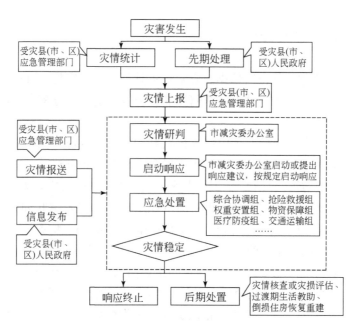

图 2-5　灾害管理流程

2.4　灾害治理决策

　　决策是灾害管理者的主要职责，政府灾害管理决策按照决策内容主要分为两种：一种是预防、治理渐变性、长期性自然灾害的决策。国家对各种主要灾害编制的预案就是为了面对相应灾害进行相应层次的决策响应。例如地震发生后，为了救灾需要启动的响应级别，并进行救灾物资的购买和救灾人员的部署。另一种是应对突发性重大灾害的危机决策，即紧急救灾决策。前者服从于政府日常行政管理的一般决策原理、原则和程序。后者作为一种非常规状态下的决策，有其特殊性。灾害治理决策具备的基本条件可归纳为表 2-6 的指标。

表 2-6　灾害风险治理决策的基本条件指标

一级指标	二级指标	一级指标	二级指标	一级指标	二级指标
管控指挥体系	统一协调能力	管控资源保障	管控资金保障	应急处置能力	应急处置体系
	应急反应能力		管控技术保障		应急处置硬件
	社会动员能力		管控物质保障		应急处置救援
数据信息处理	风险底数更新	预警监测体系	监测预警能力	灾后重建体系	灾害保险制度
	信息反应能力		监测预警硬件		重建资金保障
	数据共享能力		监测预警技术		灾后建设技术

2.4.1　决策主体系统

1. 指导原则

中国的救灾工作方针是"政府主导、分级管理、社会互助、生产自救"。在救灾工作过程中，按照中央统一决策、部门分工实施的原则，强调建立地方首长负责制，注重发挥人民解放军、武警部队和预备役部队的作用，积极发动和引导灾区群众自力更生、生产自救、互助互济，广泛动员社会力量参与。

2. 主体系统

（1）组织指挥系统

常态应急与非常态应急相结合，建立了国家应急指挥总部指挥机制，省、市、县建立本级应急指挥部，形成上下联动的应急指挥部体系。按照综合协调、分类管理、分级负责、属地为主的原则，健全中央与地方分级响应机制。组建一支正规化、专业化、职业化的国家综合性救援队伍，以及统一的领导指挥机关，建立了中央地方分级指挥和队伍专业指挥相结合的指挥机制与现代化指挥体系。

（2）国家灾情会商机制与预警系统

建立了由中央各灾害信息管理部门参与的中央月度灾情会商机制及应急预警机制。预警预报体系包括气象灾害监测预报体系、地震监测预报体系、洪水预警预报体系、森林和草原防火预警体系、农作物和森林病虫害预报体系、海洋环境和灾害监测体系、地质灾害预警预报体系以及民政灾情综合管理信息系统等。

（3）国家自然灾害救助应急预案系统

该系统包括不同灾种的应急预案，也包括不同行政层面的应急预案，包括省级、市级、县级、乡村及工厂、学校的应急预案。

（4）国家自然灾害救助应急响应系统

组建有关部门参加的联合工作组并在 24 小时内到达灾区；救灾物资 24 小时内到位；中央应急救助资金 72 小时内下拨到灾区。

（5）救灾物资储备系统

国家建立中央救灾物资储备库，储备一定的救灾物资以供应急使用，包括国家级的储备库，以及省、市、县救灾物资储备库。

（6）灾害救助的社会动员系统

为了有效地动员社会支持救灾，中国逐步形成了较为发达的救灾社会动员系统，其主要内容包括发生大灾后的社会捐助、经常性捐助、地区对口捐助、集中捐助等。

（7）灾后恢复重建工作管理系统

全国灾区民房的恢复重建由民政部统一指导，在地方，省级一般由民政厅负责，市、县级则主要由政府直接领导和组织，民政部门负责落实。恢复重建所规定的目标一般在当年内完成，保证灾民春节前能够住上新房。

（8）灾害管理专家委员会

专家委员会是由多学科和多部门专家、学者组成的小组。这些人员包括城市和区域规划者、流域管理者、水资源发展专家、防洪工程师及专家、公共卫生专家、医生和护士、营养学家、经济和农业发展专家、社会学家和福利专家、建筑工程师、消防员、警察等。作为智囊团，专家委员会为减灾的重要决策和计划提供政策咨询和建议与技术支持，为灾后重建规划和进一步的防灾减灾提供科学依据。

2.4.2 治理能力

近年来，灾害加重与防灾减灾能力需要加强的反差性仍然存在。

体制机制建设需强化上下联动、统一的应急指挥部体系，强化地方属地责任落实，提高跨部门、跨领域和军地协同应对水平。

灾害风险防控需强化，提高灾害风险源头治理和监测预警水平。优化自然灾害监测站网布局，完善综合风险预警与应急响应联动机制。

需提升城乡防灾基础设施设防水平，因地制宜科学制修订自然灾害防御工程标准和重点基础设施设防标准，持续开展城乡重要建筑、基础设施及房屋抗震韧性评价和加固改造。在自然灾害高风险地区实施搬迁避让、洪涝治理等工程。

应急能力建设需强化，增强抢大险、救大灾能力。全面加强应急预案、应急物资、紧急运输、救灾救助等应急准备能力建设，以及科技、人才和信息支撑保障能力建设。

基层能力建设需强化，推动全社会广泛参与。完善基层应急管理组织体系，加强人员力量和物资装备配备，提升基层组织动员能力。深化防灾减灾知识技能科普宣教。

2.4.3 应急心理疏导

灾害发生后，虽然社区群众有当地政府和减灾部门的帮助，但个人还需做好充分准备，因为当地的救援者不可能及时赶过来，或者已经把人力投入到其他地方而无暇顾及。因此，做好充足的防灾准备，才能减少人们的恐惧、忧虑以及灾害带来的损失。在灾害管理指南或手册中应详尽地告诉读者，社区、家庭和个人在灾后应该做些什么，如灾害到来时去哪里寻找避难所；如何满足基本的医疗需求；应当准备至少能维持 3 天的供给，包括急救用品、食品、饮用水和卫生用品，等等。同时，还应为民众提供灾后恢复、精神健康和危机咨询等服务。

灾害危机咨询服务，是灾后心理重建工作中非常重要的一环。重压之下，人们可能会变得暴躁、疲倦、极度亢奋、愤怒、孤僻。儿童和老人的灾后心理尤其脆弱，甚至不堪一击。及时对他们进行心理干预，可以有效缓解焦虑、抑郁等症状和绝望、无助等心态，使他们尽早认识、接受现实，帮助幸存者最大限度利用积极应对的技能，避免采用酗酒、滥用药物等消极有害的应付方式。扩充灾害心理干预的专业人员队伍、强化政府和精神卫生专业人员对灾后心理干预重要性的认识、加大危机咨询服务经费的投入等项工作。在全国防灾减灾日、安全生产月、全国消防日、国际减灾日等重要节点，可开展形式多样的防灾减灾科普宣传教育活动，使防灾减灾宣传进企业、进农村、进社区、进学校、进家庭。

学 习 要 点

通过学习中国灾害的主要特征和灾情，理解中国"一案三制"灾害管理体系的特点、优势和短板。

问 题 与 思 考

1. 在灾害管理工作中，政府和社会谁应该承担最主要的责任？谁是灾害管理的最关键主体？

2. 作为一名灾害管理者，为了应对特大洪涝灾害，归纳出一个理想的灾害应急组织框架。考虑地形条件、防洪能力、避难场所建设等因素，然后在小组中讨论。

实 地 考 察

考察地点：应急管理局

考察目的：重点参观灾害信息、应急、卫星遥感等部门，了解灾害管理和应急的运行方式。

考察内容：听取应急部门关于中国减灾体制的报告，实地参观各业务部门，了解该机构的组织框架、职能和协调情况。

第3章 | 灾害风险治理的科学体系

📖 **学习目标**：风险治理是基于风险而展开的治理，理解和掌握自然灾害风险的构成要素与风险治理的科学体系是必要的，风险往往与不确定、不安全、不稳定、威胁性、脆弱性等相关联表达，在自然科学视角和社会科学视角都有本学科的认识。

📖 **本章主要内容**：从自然科学视角和社会科学视角，阐述自然灾害风险的构成要素、风险治理的基本内容和风险治理的科学体系。认识风险不确定性对社会治理稳态特征的挑战。

3.1 灾害风险治理内容

3.1.1 风险分类

风险的分类方法较多，基于分析和管理风险的目的，可以从以下不同角度进行分类，如图 3-1 所示。

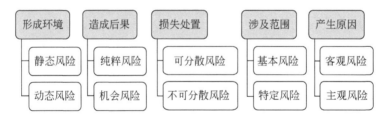

图 3-1 风险的分类

按风险形成环境，静态风险是指在经济环境没有变化时发生损失的可能性，它大多是自然因素及客观因素，或者人为因素造成的，如自然界的火灾、洪涝灾害、地震灾害、冰雪灾害等。动态风险是指由社会或政治变动所导致的风险，如通货膨胀等。

按风险造成后果，纯粹风险是指风险发生只有形成威胁可能，而无任何利益机遇的风险。例如，自然灾害、交通事故、重大疾病和被偷盗等。机会风险是指在决策时刻所面临的环境中的不利条件造成的负面效应的不确定性或未来产生的未知可能性导致的风险损失。

按风险损失处置，可分散风险是指对风险带来的损失可通过联合足够多的参与者进行合作，将风险分摊转移。例如，个人面临自然灾害和疾病等，通过买保险可以将风险损失分散或转移。不可分散风险也称为系统性风险，是指由于宏观经济形势、税制改革、国家政策变动或世界能源状况等影响整个市场的因素所导致的市场收益率整体变化。

按风险涉及范围，基本风险是指由社会原因而非个人因素引发的，其损失面可能很大的一种社会性风险。例如，与公共政策、产业政策、政治体制、政治变动有关的失业、罢工、通货膨胀、战争等社会动荡，以及地震、洪水、海啸等自然灾害，都属于社会性的基本风险。特定风险是指由个人原因引起的，只与特定的个人和部门相关的风险，它不影响整个团体和社会。

按风险产生原因，客观风险是指不以人的意志为转移而客观存在的风险，如自然灾害、意外事故等。客观风险可以借助历史资料，按暴露概率的原则，采用统计方法进行风险测算。主观风险是由人们心理意识确定的风险。

系统性风险与通过人员、货物、资本和信息在边界内和边界之间（如地区、国家和大陆）的流动而在系统和部门（如生态系统、健康、基础设施和食品部门）之间传播的级联影响有关，这些影响的传播可能导致潜在的生存后果和系统在一系列时间范围内崩溃。有关系统性风险的概念在气候、环境和灾害风险科学与实践上近年来开展了大量研究。

3.1.2 灾害风险识别

广义的灾害风险治理，应贯穿于灾害发生发展的全过程，包括灾害发生前的日常风险管理、灾害发生过程中的应急风险管理和灾后恢复与重建过程的风险管理。风险管理是不断循环和完善的过程，主要包括建立风险管理目标、风险分析、风险决策、风险处理等几个基本步骤。灾害风险管理的核心内容为灾害风险识别、灾害风险评估和灾害风险治理三个部分（图3-2）。

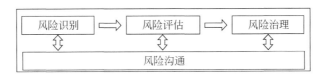

图 3-2　灾害风险管理核心内容

确定灾害风险管理目标对各种风险因素进行评估，确定对各项风险因素可以接受的标准，使风险管理成本最小，以此作为风险的管理目标。

灾害风险识别在确定的风险管理目标条件下，对仍然存在较大风险的因素进行判别，根据可能产生风险的大小进行排序，确定重点管理目标。

风险阈值是衡量自然灾害风险的一个关键指标，用于识别出风险源并判定灾害是否发生或是否可能发生。合理的风险阈值设定，有利于及时预警、减轻灾害损失和保障人民生命财产安全。

风险阈值设定的原则，常根据历史数据和专家经验，综合考虑灾害发生的可能性、影响程度和经济社会因素，制定合理的风险阈值。

常见的一种设置风险阈值的手段是把风险发生概率和风险严重后果的这两个参数的乘积作为风险监控的阈值，当这个乘积大于某个数值的时候，就采取缓解措施和应急措施。

设定的方法可采用概率统计方法、情景分析方法、模糊数学方法等。当然，风险是源自不同的风险源和风险类别，而不同类别的风险，它的风险监控阈值是不可能相同的，强行用统一的参数阈值来监控风险，是不可能有效的。

灾害风险评估是对未发生的自然灾害进行可能性分析（图3-3）。灾害风险分析是风险评价的前提，包括危险性分析、脆弱性分析和损失评估，进而判定出风险性质、范围和损失的一系列过程。灾害风险评价是风险管理和决策的依据。首先，估计或估算重点风险因素可能造成的灾害危险性的大小，如是否可能造成一定的破坏等。然后，依据危险性评估，评价具体灾害造成的社会、环境、生态、经济等方面的损失。

灾害风险治理是在一个确信有风险的受灾环境里，把风险减至最小的治理过程，包括对风险因素的界定、制定度量方式、对风险进行评估、依风险评估的不同结果预定不同的应变策略（图3-3）。

图 3-3　灾害风险评估过程

3.1.3　灾害风险治理方案选择

灾害风险治理方案选择指选取可行的对策使灾害在总体上损失最小，包括：自留风险，由本地区承担灾害风险与降低风险，采取应急措施减少或消除一些风险因素，使总体风险降低；回避风险，将人口和资产由高风险区向低风险区和安全区疏散转移，或将某种活动由高风险时段改在低风险时段进行；转移风险，如洪涝灾害可能威胁到城市重点保护区域时，启动预案将洪水排泄到预定的分洪区；分担风险，采取保险或补偿等方式，在更大范围分担局部受灾区域的风险。具体的风险管理方案可以是上述方案中的一种或多种的组合，通过分析和比较，选择最优方案。

灾害风险管理计划、风险管理方案确定后要编制行动计划，如组织动员、发布公告、转移人口和资产、紧急抢险和救护、破堤分洪等，务求在方案实施过程中生命和财产损失最小；还要对灾害风险管理效果进行评价，它是对计划实施后的社会、经济、生态、环境效果进行综合评价，检验选择的方案是否最优。

灾害风险治理往往针对区域特定时间段内的灾害事件，关系不同城市空间范围或不同区域之间灾害事件的时空相关性（暴雨、冰雹、大风等），灾害损失以及减灾的预防、响应等措施带来的损失变化等。随着灾害研究的深入，城市灾害风险管理要求实行整个城市减灾相关部门的协调联动，甚至跨行政区域的协调与国际合作。

灾害风险治理涉及多部门的运筹帷幄，包含规划、计划实施、预警、紧急应变、救助等措施，以减少或降低自然灾害或人为灾害对社会所造成的影响及冲击。

实现有效的灾害风险治理已经成为国家治理体系和治理能力现代化的重要方面。理论上，需要有风险经济学、风险社会学、风险政治学、风险灾害学等；实践上，需要吸收国际有益方法进行相应的治理体制和机制改革，提高自然灾害风险治理能效。

自然灾害风险治理的本质和目标是一个系统工程，指人们对可能遇到的各种自然灾害风险的形成机制，以及对自然灾害风险进行识别、评估，并在此基础上综合利用法律、行政、经济、技术、教育与工程等手段，合理调整人与自然的关系，实现人类的最大安全保障和可持续发展的双重目标。从发展的观点来看，自然灾害风险管理是指人们在与灾害斗争的过程中，通过考虑灾害的主要原因、灾害风险的条件、承灾体的脆弱性等与灾害风险及其管理密切相关的关键问题，全面综合地概括灾害管理过程的各个环节，并且弥补其缺欠或薄弱环节，利用各种工程和非工程措施，将灾害损失降低到不影响人类可持续发展的程度，以最低的成本实现最大安全保障这样一个防灾减灾的总体目标。

3.1.4 灾害风险治理技术

广义的灾害风险管理应贯穿于灾害发生发展的全过程，包括灾害发生前的日常风险管理，灾害发生过程中的应急风险管理和灾后恢复与重建过程的风险管理。有效的风险管理通常需要先了解未来事件的危险，如不可能了解潜在危险，就需要计划如何减小事件的影响或者减轻潜在的损失。因此，风险治理必然涉及工程和财政手段两方面。例如，城市气象灾害的损失与建筑物结构密切相关，规定一定的工程设计标准也是风险管理的一个重要内容。狭义的风险治理指在风险评价的基础上，针对不可接受的风险采取降低或规避措施的具体管理过程。

由于实际决策过程中往往面临多种选择，必须估算和比较不同行动方案的期望效益或期望损失，选取其中效益最大或损失最小的方案作为决策方案。当认定风险可接受时，决定保持该状态并力图获得最大利益。当认定风险不可接受时，采取相应措施降低风险，如规避、满足效益优先原则前提下的治理、系统功能转化等，并跟踪、监控该措施降低风险的效果，将信息反馈到风险评价管理系统，实现动态的风险控制。可以认为，风险决策实质上是一种优化决策。

图 3-4 给出了目前开展综合灾害风险研究的技术体系。这些技术在制定并完善灾害及灾害风险评估指标体系、标准体系与模型体系，灾害及灾害风险治理的法律、规定与条例，编制并完善灾害应急预案、区域减轻灾害风险的战略与规划，拟定综合灾害风险防范的各项政策，建设并优化综合灾害风险防范的信息平台和网络服务系统，为综合减灾提供制度与服务保障等方面都发挥着重要的作用。

图 3-4　技术体系

3.2　自然科学视角的灾害风险治理科学体系

3.2.1　风险治理灾害学科学范式

从系统论角度出发，史培军团队从纵向、横向与纵横协调的维度整合了综合灾害风险治理的结构化与功能化范式，表 3-1 给出了该范式的内容。

表 3-1　综合灾害风险治理范式

功能	安全设防	救灾救济	应急管理	风险转移
备灾	风险评价 安全建设	装备开发 物资储备	应急预案 技能训练	防灾防损 发展保险
应急	监测预警 加强防护	资源配置 转移安置	信息保障 决策指挥	抗灾迁安 勘灾核损
恢复	灾害评估 建设规划	物资调配 生命线保障	统筹协调 调整机制	快速理赔 经济发展
重建	就地达（超）标 异地达（超）标	资金筹集 生产线保障	完善体制 健全法制	风险教育 发展科技

在这一范式中，要使结构与功能优化相结合，结构与利益及责任相关者相结合，功能与利益及责任相关者相结合。在纵向上，使中央与地方之间的结构与功能优化相协调，即完善体制；在横向上，使辖区各个部门之间的结构与功能优化相协调，即完善机制；在纵

向横向上，使政府、企事业单位、社区及家庭和个人之间的结构与功能相协调，即完善法制。综合灾害风险防范模式是可持续发展模式的重要组成部分，它与资源节约型和环境友好型社会的建设，循环经济模式的发展，以及低碳经济模式的建立，共同构成可持续发展战略实施的支撑体系。

3.2.2 灾害风险评估基本理论

自然灾害风险评估是指对生命、财产、生计以及人类依赖的环境等可能带来潜在威胁或伤害的致灾因子和承灾体的脆弱性进行分析与评价，进而判定出风险性质、范围和损失的一系列过程。针对风险区遭受灾害的可能性及后果进行定量的评估分析，风险可以用后果的期望值来表征，即事件概率和事件后果的乘积，计算如式（3-1）所示：

$$R = P \times C \tag{3-1}$$

式中，R 是风险；P 是发生概率；C 是后果。

（1）致灾因子论——危险性

从区域灾害的形成过程看，无论是突发性的致灾因子（如地震、台风等），还是渐发性的致灾因子（如干旱），在灾情形成中都有累积性效应，即通过灾害链相对放大了某一致灾事件的灾情程度（加权机制 1+1>2）；无论是自然致灾因子，还是人为致灾因子，对承灾体来说都有一个致灾的临界值域（如地震大于某个震级、暴雨大于某个量级等），且此临界值因承灾体的稳定程度而异。因此，在区域灾情形成中，任何一种致灾因子都必须从其影响的孕灾环境和承灾体的角度考虑，进而进行分类，以满足区域灾害系统论所强调的综合分析。

（2）孕灾环境论——稳定性

孕灾环境一般可以分为自然环境和人为环境两大类。自然环境又可分为流体与固体自然环境和生物环境两类。人为环境又可以根据语言、民族、种族、经济及政治制度进行划分。不同环境区域，对自然灾害的反应能力不同，而且滋生人为灾害的类型与强度也不同，这就是孕灾环境的稳定性。对孕灾环境稳定度或敏感度评价，即刻画环境的动态变化程度。例如，对农作物水灾来讲，平原区比丘陵区在同等级强度的洪水水位（水量）下更容易形成灾害；干旱灾害则相反，平原区在同等级强度的干旱条件下比丘陵地区更能抵抗干旱的影响。

（3）承灾体论——脆弱性

承灾体的划分一般先分为人类和财产与资源两大类。进一步的划分取决于不同国家的经济、政治与文化程度。从区域灾害系统的角度看，针对不同居民对不同致灾因子的反应及应灾的能力，按居民性别、年龄、人均收入、居住条件、医疗条件、健康状况等标准划分是较合理的。对财产与资源的划分，不同的地区有较大的差异。

脆弱性可分为物理脆弱性和社会脆弱性（表 3-2）。物理脆弱性是指不同致灾强度作用下，承灾体发生损失的可能性大小，是一种微观尺度对承灾体抗灾能力的定量估计。社会脆弱性是用于定义灾害事件中潜在的损失、应对灾害的抵抗和恢复过程中社会群体易受危害的术语。它是对能够承受某些自然灾害的一系列要素能力的测度，个人或群体以及影响他们参与、处理、抵抗和从灾害的影响中恢复的特征，涉及许多因素，这些因素影响人们的生活、生计、财产和其他资本。总之，收入不同的人群抵御自然灾害的能力不同，且呈正相关关系；身体状况不同，对灾害的应急反应的能力也不同；不同建筑结构，对灾害的抵抗能力也不同。

表 3-2　脆弱性类型

项目	物理脆弱性	社会脆弱性
思想	建筑物、基础设施无法抵御自然灾害等外部威胁	系统内部固有特性中衍生出的
研究内容	致灾因子发生的强度、频率、持续时间、空间分布；风险程度的分布、人类在风险区的定居情况及人员伤亡率	社会、经济和政治等宏观体系对脆弱性的影响；探讨政治、经济和社会中的某一因素与脆弱性的联系
问题与优势	关注灾害系统内部自然要素的不稳定性、造成的经济损失和伤亡人口，脆弱性曲线是精细定量的评价方法	关注社会中的脆弱群体，认识区域内和区域间相同灾害可能表现出不同的灾难后果

（4）区域灾害系统论

根据区域灾害系统论的观点，自然灾害是由地球表层物质变异活动产生的。在灾害的形成过程中，致灾因子、孕灾环境、承灾体缺一不可，自然过程、社会行为过程和成灾过程缺一不可。因此，自然灾害是三者综合作用的结果。如果忽视其中的任何一个因子，对于灾害的研究都是有缺陷的。灾害系统是由地球物理系统（大气圈、岩石圈、水圈、生物圈，用 E 表示）、人类系统（人口、文化、技术、社会阶层、经济、政治，用 H 表示）与结构系统（建筑物、道路、桥梁、公共基础设施、房屋，用 S 表示）共同组成的，灾情是灾害系统各要素相互作用的结果。

灾害（D）是地球表层孕灾环境（E）、致灾因子（H）、承灾体（S）综合作用的产物，即

$$D = E \cap H \cap S \qquad (3-2)$$

式中，H 是灾害产生的充分条件；S 是放大或缩小灾害的必要条件；E 是影响 H 和 S 的背景条件。任何一个特定地区的灾害，都是 H、E、S 综合作用的结果。

3.2.3　国际风险防范理事会的理论

国际风险治理理事会（International Risk Governance Council，IRGC）提出了一套新的风险评价的体系和综合风险防范模式，即把风险划分为物理、化学、生物、自然、社会沟通和复杂成因六大类，并进一步区分为线性、复杂、不确定和模糊 4 种风险；综合风险评价与防范体系由 5 个要素，即风险评估、应对评估、估价、风险管理及交叉沟通组成。

治理模型的框架为早期识别和处理社会及多个利益相关者的风险提供指导，它建议采用一种包容性的方法来预估、鉴定、评价、管理和沟通重要的风险问题。包括五个相互关联的要素：一是预估，确定和制定风险或系统的界限；二是识别，评估风险的技术原因和

感知原因及后果；三是描述和评价，对管理风险的必要性做出判断，对灾害风险治理效率进行评价，确定责任和问责制；四是管理，决定和实施风险管理方案；五是交叉，包括利益相关方参与、沟通和协商、考虑具体情况等（图3-5）。

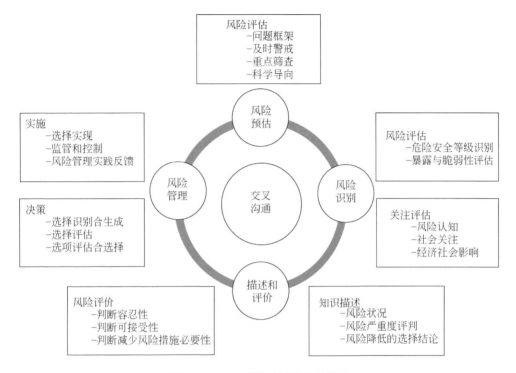

图 3-5　IRGC 系统性风险治理模型

1）简单的风险可使用常规的策略来管理，如引入法律或法规。风险监管机构实施的传统决策框架可能适用于简单的风险。

2）复杂的风险应通过由内部或外部专家参与并依靠科学模型的基于风险的决策来处理。利用现有的最佳科学方法和专门的知识来解决，目的是制定一个注重风险和稳健性的战略。稳健性是指减少风险措施抵御威胁事件或进程的可靠程度。

3）不确定风险采用以预防为基础的战略来治理，以避免接触不确定性较大的风险源，并采用以复原力为重点的战略来降低风险吸收系统的脆弱性。

4）模糊风险采用促进对风险有特殊利益的群体相互容忍和理解的政策，以期望最终调节他们。

3.2.4　应急管理的阶段理论

公共管理理论把危机管理分成不同的阶段（表3-3）。在应急管理的过程阶段分析中，学术界主要依据危机管理的阶段理论，其中最为认同的有以下几种观点。

表3-3　应急管理阶段理论模型

模型类型	模型描述
四阶段模型（Fink, 1989）	前征兆阶段、急性阶段、慢性阶段、治愈阶段
四阶段模型（Heath, 1998）	减少、预备、反应、恢复
四阶段模型（FEMA, 2000）	疏缓、准备、回应、恢复
六阶段模型（Mitroff, 1994）	危机识别、危机探测、危机控制、恢复、评价

（1）Fink 的四阶段划分理论

危机管理专家 Fink 首次在他的文集 *Crisis Management：Planning for the Invisible* 中提出危机的四阶段划分理论，并在 20 世纪 90 年代对理论进行了完整的阐述。Fink 使用医学术语对其理论进行描述，他认为与医学中疾病的发生和发展过程类似，危机管理过程的第一阶段为征兆期，这个阶段中有迹象表明存在潜在危机发生的可能性；第二阶段为发作期，这个阶段中具有伤害性的事件已经发生并引发危机；第三阶段为延续期，在这个阶段危机产生持续的影响，并且在这个过程中需要采取措施消除危机及其产生的影响；第四阶段为痊愈期，在这个阶段中危机事件及其影响已经完全消除。

（2）Mitroff 的五阶段划分理论

危机管理专家 Mitroff 在 1994 年提出了危机管理的五阶段模型：第一阶段进行信号侦测，识别新危机发生的警示信号并做出评估；第二阶段进行探测和预防，搜寻现有的风险因素并努力减少潜在损害；第三阶段为控制损害阶段，在危机发生过程中，组织成员努力控制危机危害的烈度，维护组织机构的正常运作；第四阶段为恢复阶段，尽快恢复组织的正常运转，并恢复机体的正常功能；第五阶段为学习阶段，成员回顾、反思和总结危机管理过程中所采取的措施，为以后危机管理的运作提供基础资料。

（3）Heath 的四阶段划分理论

危机管理专家 Heath 在《危机管理》一书中率先提出危机管理的 4R 模式（图 3-6），也称危机管理的四阶段划分模型，即缩减力（reduction）、预备力（readiness）、反应力（response）和恢复力（recovery）。Heath 指出，4R 模型中的第一个 R（reduction）在多数情况下没有得到充分的重视，但其却是 4R 中非常重要的一个环节，若处理得当可以极大

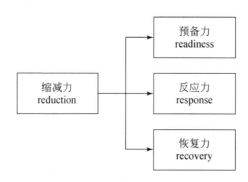

图 3-6　Heath R 的危机管理 4R 模式

地减少危机管理的成本和危机损失。因此,高效的危机管理是对 4R 模型全方位的协整。

简单言之,缩减力是危机管理的核心内容,因为降低风险,避免浪费时间,摊薄不善的资源管理,可以大大缩减危机的发生及冲击力。就缩减危机管理策略而言,主要从环境、结构、系统和人员几个方面去着手。预备力主要指预警和监视系统在危机管理中是一个整体。它们监视一个特定的环境,从而对每个细节的不良变化都会有所反应,并发出信号给其他系统或者负责人。对于预警的接受和反应,主要取决于每个人的经验和信念以及预警中的内容变化程度,主要参考因素包括信息的清晰度、连贯性、权威性,以及过去预警的权威性、危机或灾难发生的频率。当接受者发现信息清楚明了,多个来源支撑该信息、多次重复、来源可靠等时,他们会反应比较快,否则可能会忽视预警或者处于等待和进一步观望状态,这样就有可能失去选择或者执行反应的最佳时机。危机反应管理所涵盖的范围极为广泛,如危机的沟通、媒体的管理、决策的制定、与利益相关者进行沟通等。反应力首先是,如何能够获得更多的时间以应对危机。其次是,如何能够更多地获得全面真实的信息便可了解危机波及的程度,为危机的顺畅解决提供依据。最后是,在危机来临之后,如何降低损失,以最小的损失将危机消除。恢复力主要是指在危机发生并得到控制后着手后续恢复和提升,以及总结危机管理经验,避免重蹈历史覆辙。危机一旦被控制,迅速挽回危机所造成的损失就上升为危机管理的首要工作了,在进行恢复工作前,企业先要对危机产生的影响和后果进行分析,然后制定出针对性的恢复计划,使企业能尽快摆脱危机的阴影,恢复以往的运营状态。

(4)FEAM 应急管理四阶段理论

1978 年美国联邦紧急措施署(Federal Emergency Management Agency,FEMA)管理的美国全国州长联合会(National Governors Association,NGA)的应急准备项目最终报告提出了应急管理的四个阶段:减灾、备灾、响应、恢复(图3-7)。

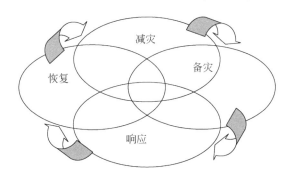

图 3-7 美国全国州长联合会(NGA)应急管理的四个阶段

1)减灾过程:灾害孕育期,即相对平静期是灾害管理的初始阶段,以持续的行动,来减少或消除致灾因子对人们以及财产所带来的长期危害和影响。基本途径是减少灾害活动发生频次,采取各种措施提高承灾体的抗灾能力以及减少或者避免受灾机会。减灾的指导思想和基本原则是制定实施减灾规划和应急预案,实施各种防治工程等。

这里主要有两种类型的风险缓解:结构性减排涉及用设计、建设、维护和翻新的物理结构以及基础设施来抵御影响;非结构化减轻灾害涉及根据物质力量努力减少人类的暴露，降低物理结构、建造房屋和基础设施的危险条件。减灾过程实践包括构造建筑物来调解影响，识别和衡量风险以避免社会或实物资产处于危险之中。

2）备灾过程：在灾害孕育成熟即将爆发的时候，通过采取某些行动帮助减少气象灾害的影响。采取的行动包括加强气象灾害监测预警、识别评估在紧急情况下可能需要提供的资源和物资。

备灾包括在灾害发生之前采取行动来应对预期的灾害和灾后恢复。行动包括训练和演习，以提高敏捷性；发展和改进，以及恢复计划；开发、部署、测试和维护用于灾害管理的系统；为个人、家庭、企业和公共管理机构提供公共教育和信息。灾害准备包括详细的反应计划，事件发生之前的资源定位，设立运营中心，培训人员并建立应急管理计划。

3）响应过程：采取紧急行动，减少灾害到可接受的水平（或完全消除），以挽救生命和财产，疏散潜在的受害者，提供食物、水、避难所和医疗服务给有需要的人，并且恢复最关键的公共服务。换句话说，响应的重点是把准备计划付之于行动。政府负责应急响应，在对气象灾害形势快速评估的基础上，进行应急处置。

灾害应急响应包括对生命和财产的保护，控制重建和减少灾难的影响，包括预测和警告的发布和传播；疏散和其他形式的保护行动，动员和组织应急人员、志愿者和物质资源；搜索和营救；照顾伤员和幸存者；损伤和需求评估；损害控制和恢复公共服务；政治和法律系统的维护。

4）恢复过程：通过恢复重建，使个人、企业和组织可以发挥自己正常的功能，恢复正常生活，并防止未来的危险。灾后恢复从应急响应行动后立即开始，一些灾后恢复活动可能和响应活动一起开始，长期的灾后恢复包括恢复经济活动和重建社区设施及住房。

灾难恢复包含恢复重要的物理和社会系统运行的短期活动及设计使这些系统恢复到灾前状态的长期活动。恢复的概念既有客观的措施，如重建和援助工作，也有灾民的主观经验和社会心理的恢复过程。

FEAM 危机管理每个阶段活动、利益相关者及资源状况如表3-4～表3-7所示。

表3-4 减灾活动：利益相关者/参与者、政府机构和社区资源

减灾活动	利益相关者	社区资源
（1）建筑水坝、防洪堤、堤坝、防洪墙/海堤，以及溢洪通道	·交通局 ·美国陆军工程兵团 ·建筑公司 ·社区	·运输员工 ·工程师 ·建设员工 ·本地人口
（2）土地利用规划	·规划师 ·开发商 ·建筑公司 ·本地人口	·规划师 ·施工员工 ·税务利益核算人员 ·保险折扣核算人员

续表

减灾活动	利益相关者	社区资源
(3) 保护结构,通过强有力的建筑规范和建筑标准	· 规划师 · 开发商 · 保险学商 · 企业主	· 律政人员 · 验楼人员 · 规划师 · 业主 · 企业主
(4) 收购和搬迁损坏的构筑物;购买未开发的洪泛区开发权;收购发展权等	· 政府 · 规划师 · 开发商 · 业主 · 企业主	· 社区财务资源 · 当地居民人口
(5) 保护自然环境,以缓冲灾害对环境的影响	· 非政府组织 · 美国陆军工程兵团 · 林业部门 · 公园和野生动物部门 · 开发商 · 当地居民	· 环保专家 · 非政府组织(NGO)
(6) 教育公众有关的危害以及如何降低风险	· 应急管理人员 · 当地居民 · 业主 · 企业主 · 开发商	· 经过培训的人员 · 应急管理人员 · 规划师 · 非政府组织

表 3-5 备灾活动:利益相关者/参与者、政府机构和社区资源

备灾活动	利益相关者	社会资源
(1) 发展的应对程序	· 应急管理组织	· 应急管理人员
(2) 设计和安装预警系统,探测和监测系统	· 中国气象局 · 美国国家飓风中心 · 美国国家海洋和大气管理局	· 应急管理人员
(3) 疏散的发展计划	· 应急管理组织 · 交通运输部 · 当地居民	· 应急管理人员 · 交通员工
(4) 练习,以测试紧急行动	· 应急管理人员 · 政府官员 · 志愿者、当地居民 · 非政府组织	· 应急管理人员 · 政府官员 · 志愿者 · 非政府组织
(5) 培训急救人员	· 应急管理人员	· 应急管理人员
(6) 储存资源	· 紧急医疗服务人员 · 应急管理人员	· 紧急医疗人员 · 医院

表3-6 响应过程：利益相关者/参与者和社区资源

紧急响应活动	利益相关者	社区资源
（1）确保受影响的区域	·警察局 ·消防部门	·警员 ·消防战士 ·紧急医疗人员 ·消防车辆
（2）警告	·警察局 ·媒体 ·同伴	·警员·消防战士 ·电视·收音机·报纸 ·因特网·电话 ·家人和朋友
（3）疏散受威胁区	·当地居民 ·交通运输部门	·个人车辆 ·社交网络（家人和朋友）
（4）进行搜索和救援伤者	·警察局 ·消防部门 ·非政府组织 ·社区应急响应小组 ·志愿者	·警员 ·消防人员 ·社区应急响应小组 ·志愿者
（5）提供紧急医疗护理	·环境管理体系 ·非政府组织，如红十字会	·紧急医疗人员 ·医院 ·救护车，消防车辆
（6）掩蔽疏散人员和其他受害者	·非政府组织，如红十字会 ·基于信仰的组织	·非政府组织 ·宗教组织 ·非营利组织 ·酒店/汽车旅馆 ·教会及学校 ·家人和朋友

表3-7 恢复过程：利益相关者/参与者、政府机构和社区资源

灾难恢复活动		利益相关者	社区资源
（1）救济和重建活动	访问受影响地区恢复	·警察局 ·消防部门 ·公共工程处	·警员 ·消防人员 ·志愿者
	重新建立经济活动（商业和工业）	·企业组织	·企业组织
	提供住房、衣服和食物给灾民	·非政府组织，如红十字会 ·宗教组织 ·非营利组织 ·家人和朋友	·非政府组织 ·宗教组织 ·非营利组织 ·家人和朋友

续表

	灾难恢复活动	利益相关者	社区资源
（1）救济和重建活动	在社区内恢复关键设施	·公用事业公司 ·公共工程处	·公用事业员工 ·志愿者
	恢复必需政府或社区服务	·联邦、州和地方政府 ·当地居民	·当地政府雇员 ·民间组织和团体的出现 ·当地居民
（2）重建活动	重建主要结构，如公共建筑、道路、桥梁、水坝	·联邦、州和地方政府 ·公共工程处	·私营部门企业 ·当地居民
	振兴经济体系	·当地政府 ·经济团体或企业	·企业组织
	重建住宅房屋	·住宅联邦、州和地方政府 ·保险公司 ·建筑公司 ·家人和朋友	·家庭收入 ·财产保险 ·家人和朋友

3.2.5 多主体理论

灾害风险治理的主体分为四类：第一类是官方、半官方社会组织，它们是政府主办的社团或者事业单位，通过在财政和编制上逐步脱离政府而自主、独立发展；第二类是草根社会组织，它们由自然人或者社会法人等社会力量主办，围绕特定的公益使命，相对独立地开展群体活动；第三类是国际社会组织，是在政府的默许和支持下，国际上的公益组织所建立的以开展公益活动为目的的本土化组织；第四类是社区组织，是以社区为基础成立的居民志愿团队和自治组织。

多主体（multi-agent）理论已经用于信息经济学博弈论、复杂性科学、社会心理学等领域中。一些研究者认为，重大灾害发生后，相关部门联动中发生一种博弈关系，这在一定的社会制度下具有存在的土壤，但在中国的社会背景下，不同利益相关者之间更多是合作的关系。

多主体与合作理论结合更是一个新的研究领域，在多主体系统中，各成员之间通过交互、协商，采取联合行动完成一系列目标和任务，本质是通过合作更加有效地解决以下问题：①谁与谁合作，也就是合作主体的问题；②合作主体之间是一种什么关系，即合作的组织架构；③合作主体之间如何形成合作的问题，即合作运作机制；④合作主体之间如何进行通信，即信息传递问题。其中，最主要的两个问题就是信息传递问题和组织结构问题。前者重点在于合作中通信的任务和特性，后者则是合作机制中多主体组织结构的作用和特性。例如，气象灾害应急处置系统是一个多主体应急联动系统，涵盖各类气象灾害监测监控、预警、多主体联合处置、善后和灾后重建等环节的复杂巨系统。

政府在灾害不同阶段的责任有如下主要表现。防灾阶段的灾害危机具有隐蔽性和不定性的特点，危机难以把握，因此这一阶段政府应当做好以下几项工作：①进行科学准确的预测，及时发布相关信息。②培养公众危机意识。③建立灾害预警制度，编制应急预案。编制应急预案，加强战略规划、物资储备、长期预算，设立基金是预警机制的一项重要工作，它为下一个阶段的应急处理提供决策依据和可行性计划。

抗灾阶段政府应该迅速作出危机反应，以求控制危机，最大限度地减小危机造成的损害。政府应该做好以下具体工作：①启动应急预案，迅速作出决策。②协调有关部门，统一指挥应对危机。③实施全民动员，鼓励公民参与以积极有效地应对危机。④加强监管，根据危机可能造成的损害程度对有可能影响危机发展的各种因素，如交通等进行强有力的干预或控制。⑤强化对媒体的引导和管理，利用媒体消除公众对公共危机的恐惧心理，确立全社会战胜危机的信心。

救灾阶段危机结束后，并不意味着危机管理的结束，相反如果在这一阶段处理不善，将导致新的危机，因此政府应高度重视这一阶段的工作：①根据危机损害程度对受灾群众予以相应补偿，特别是对弱势群体的救助，政府应当划拨专项资金对公众的生产自救、重建家园提供无偿援助或无息贷款。以克服灾害引起的社会恐慌，安抚公众忧虑情绪。②尽快恢复社会正常秩序。③认真总结经验教训。

社区则应充分考虑其所处地理位置，已经历或面临的灾害灾情程度及其风险水平，通过安全教育、应急演练、参与保险、改善救助条件、提高预防能力等行动，建立以家庭、企业、事业单位为一体的社区灾害应急体系，在政府、企业、社区气象灾害应急体系建立的基础上，通过应急实验区的建设，推动气象灾害应急机制的建立。

辖区政府气象灾害应急体系的框架下，可通过自身的生产安全建设，提高灾害应急能力，并在此基础上参与保险，通过技术进步和提高管理水平，进而降低产品的生产成本，使单位产品的生产与经营的安全成本降低到最低水平。

重大灾害应急联动主体之间协调联动，应该先"联"后"动"。先"联"就是相关灾害专业处置队伍首先要实现联合，将平时分散管理的政府各部门危机处置力量整合起来，实现信息、资源共享、统一指挥，才能真正发挥协调联动机制的作用。协调联动要实现多方联动、全面联动，最理想的状态是能够将所有的具有应对、处置重大气象灾害的职能单位和社会团体、非政府组织全面纳入指挥调度系统之中。

例如，我国的重大气象灾害应急联动主体包括各级政府及各气象灾害管理相关部门、企业和社区。前者涉及的单位有政府、气象、电力、交通、水利、民政、农业、国土资源、武警、财政、建设、林业、通信、卫生、环保等部门，以及物资储备部门和新闻媒体等机构，这些部门之间相互连接耦合构成一个系统（图3-8）。该系统中政府是气象灾害应急联动主体的核心。它贯穿重大灾害的发生、发展的全过程，在重大灾害预警、识别、处置、善后等阶段时时处处都发挥着不同的作用。

在横向方面，地方政府是灾害管理机构，其相关工作部门也承担着不同类型的政府灾害管理职责。例如，在台风灾害方面，由气象部门、水利部门担负主要职责，灾害的统筹协调部门有民政部门、海事部门、交通运输部门、农业部门、财政部门、国土资源部门、卫生部门、科技部门、文化宣传部门、电信部门、电力部门以及相关的企事业单位等。除同级政府部门之外，还必须与兄弟地区相关职能部门建立防风灾气象灾害管理的协作工作关系。

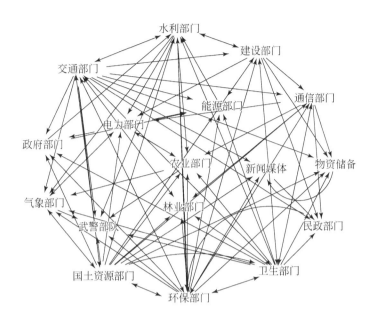

图 3-8　灾害应急处置部门联动神经网络结构

纵向方面，要建立各级政府及相关部门的上下、左右联动的工作关系。政府的防范灾害管理应该形成省政府领导、衔接地市、下接县乡的体制。从根本上来说，地方政府灾害管理建设就要形成横向整体配合、纵向联动协调的立体网络（表 3-8）。

表 3-8　主要气象灾害联动重点部门

部门	灾种		
	台风	暴雨	高温
公安部门	○	○	○
教育部门	○	○	○
海事部门	○	—	—
建设部门	○	○	○
城管部门	○	○	○
农林渔业部门	○	○	○
水务部门	○	○	○
民政部门	○	○	○
公路部门	○	○	—
卫生部门	○	○	○
交通运输部门	○	○	○
旅游部门	○	○	○
国土房产部门	○	○	—
安监部门	○	○	○

续表

部门	灾种		
	台风	暴雨	高温
贸工部门	○	○	—
各地方政府	○	○	○
武警部队	○	○	—
市民	○	○	○
社区	○	○	○
建筑工地	○	○	—
机场港口	○	○	—
供电、供水、燃气等基础设施	○	○	—
电力部门	—	—	○
劳动保障部门	—	—	○
食品药品监督部门	—	—	○
新闻媒体	○	○	○

注：○表示有联动；—表示没联动

3.3 社会科学视角的灾害风险治理科学体系

3.3.1 风险治理的社会学科学范式

"经典灾害社会学"的形成是以夸兰泰利（Quarantelli）等成立的灾害研究中心（Disaster Research Center，DRC）为标志的，它主要有五种研究范式。

第一种是"社会资本"范式。通过较为系统地研究受灾者的微观社会资本与灾后社会重建之间的关系，探讨了宏观社会资本与灾后重建的关系。

第二种是"社会支持"范式。研究认为遇到灾害事件之后，如果受灾者拥有的社会支持越多，则其身心状态调节就越好。

第三种是"社会过程模式"范式。利用档案数据与深度访谈，通过对灾后重建中政府机构、社会大众、社会工作者与灾民相互影响的社会过程的比较研究，发现他们在认知和行动层面上的不同反应。

第四种是"冲突主义"范式。研究发现灾害会导致个人主义与依赖、自信与顺从、自我中心与团体取向之间的冲突。

第五种是"集体行动"范式。将灾害集体行动具体化为灾区内与灾区外、利他性与利己性、组织性与非组织性等基本类型，试图建立灾害集体行动的描述类型学。

还有研究根据可能的结果、不确定性，构建风险治理及应用领域的七种学科范式，如表3-9所示。

表 3-9　风险治理的科学范式

维度	科学范式						
风险角度	毒理学、流行病学	技术、统计学	概率风险学	风险经济学	风险心理学	风险社会学	风险文化学
风险描述	频率和期望值	统计人口庞大的人口平均数	概率和期望值	结果不确定性，由方差和风险值衡量，预期效用与净现值	频率和期望效应	人们对危险事件的性质、好处及可接受性的信念和感受	风险是一种社会结构
重要范围	健康和环境	通用	安全	通用	个人看法	社会利益	文化集群
理论方法	风险识别；剂量反应评估，暴露评估，健康调查	抽样、估计、预测和检验假设	基本的风险评估方法，如事件树；建模结果	期望效用理论，成本效益分析，投资组合理论；统计学	心理测验学	调查、结果分析	网络群分析
主要目的	识别风险和风险描述，以支持政策选择、降险措施和制定政策	监控风险水平，识别关键项目，预测；支持风险处理的决策，如保险分担	识别风险，描述风险，支持政策选择、安排和降低风险措施	支持决策；制定政策选择和资源配置	展示分配概率和影响分配的因素；如何做出决策，如何防范	公平、公正参与政治接受的过程；冲突解决与风险沟通	文化认同，政治合法化；政策制定、冲突解决和风险沟通
基本问题	预测能力，平均状况；灾害与人的相关性	平均状况；转移到人类	平均状况；精确水平；实证研究	总效用函数；偏好聚合	偏好聚合；社会关系	社会相对主义	社会相对主义；实证效应

3.3.2　灾害社会治理基本理论

社会学的基本理论贯穿始终的主线是人、灾害和发展以及三者的相互关系。人是灾害风险治理的出发点，也是归宿。就灾害总体而言，自然因素是灾害发生的基本原因。灾害学主要关注灾害本身的自然方面，社会学主要关注灾害所伤害人在灾害条件下能否生存以及如何生存的问题，包括灾害的社会学本质、成灾机制、抗灾过程的社会学属性及灾害历史观等。

灾害社会学是基于社会学的理论和方法，研究灾害与社会之间的相互作用，帮助人们了解灾害对社会的冲击和变革，以及社会如何适应和恢复的科学。人们通过对灾害的经验总结和学习，提高自身应对能力。

1. 经典灾害社会理论

以学者 Hurlbertetal 为代表提出了三个命题，第一个是"社会资本命题"。研究发现，受灾者精神压力大小与其社会支持相关，如果灾民支持网络被破坏或认知网络无法恢复功能时，对个人和社区心理健康会起到非常负面的影响。第二个是"创伤递减命题"。研究发现，95%的灾民在灾后都会觉得生理和心理极大地受到灾害影响，往往觉得自己像是被关在"牢中的囚犯"，容易形成"创伤后压力疾患"。经典灾害社会学家认为虽然灾害的发生会导致灾民幸福感下降、忧郁程度上升，但随着生活逐渐复原而得到改善。灾害对灾民确实会造成一定程度的心理创伤，但并不如人们所想象的那样纠结，随着时间的流逝，创伤的严重程度会逐渐下降。第三个是"国家失灵命题"。在灾后重建过程中，资源如何动员与分配是公众关注的焦点，但是国家拥有的信息及能力在某种程度上往往达不到民众的预期，在特定利益集团运作之下，政府或民间重建资源分配可能会更加不平等。

社会资本与灾害治理研究中，社会资本（存量）被定义为身处灾害风险中的居民如何利用有效资源以满足灾后恢复的经济需求。相较于经济资本与人力资本，社会资本在自然灾害中所受损失最小，但是社会资本对产地信息、提供救援、获取资金和灾后恢复具有重要作用（图3-9）。

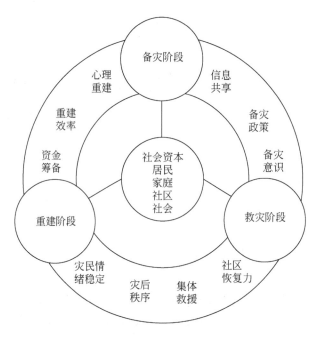

图3-9 社会资本在自然灾害风险治理阶段的作用

1）社会资本存量影响居民灾害预警信息的可获取性。除了官方渠道外，大部分灾民获取灾害信息的途径为邻居、亲朋等社会网络关系。社区成员间信任度的高低可以影响社区内部灾害信息传输效率与减灾行为的落实。

2）社会公平性认知影响家庭备灾规划制定的积极性。家庭备灾规划包括家庭灾害应急计划、房屋保险等。研究发现，随着个人认知中社会公平性的增加，家庭备灾行为的比例逐渐上升，表明个体与社会交互中的个人感知影响个体参与备灾的积极性。

3）经典灾害社会学学派有两个重要理论贡献，从而使得灾害的社会性研究获得了学界的一致认同。

这三个命题的一个重要贡献是破除了所谓的"灾害神话",它分为"灾民恐慌神话"和"国家全能神话"。"灾民恐慌神话"指媒体或社会大众通常认为灾民会接受灾害警告撤离家园,而且在灾害救援过程中会出现落荒而逃、趁火打劫、哄抬物价、心情孤苦无依与惊慌失措等失范现象。另外,当灾害发生后灾民行为并未如预期般失序,反而出现了镇定有序的自力救济行为。"国家全能神话"是指媒体或民众往往将救灾与重建视为政府的重要功能,政府总是被期待"控制了大局"。政府在灾害发生之后常常陷入失常状态,如行政崩溃、信息残缺、互相推诿与资源调度不均等,使得灾害救援工作缓慢、成效有限。

2. 社会脆弱性学派理论

以学者怀特(White)为代表,主张脆弱性评估不能局限于自然领域,还应扩展到经济、政治与社会等领域。从灾害外部来看,社会脆弱性主要是探讨人类社会受灾害影响的结构性因素,是指灾害发生前即存在的状态。

社会脆弱性的内涵有几层含义:①强调灾害发生的潜在因素所构成的脆弱性,潜在因素包括灾前特定的社会结构、社会地位或其他体制性力量等因素;②强调特定的社会群体、组织或国家暴露在灾害冲击之下易于受到伤害或损失程度的大小,即灾害对社会群体、组织或国家所形成的脆弱性程度;③强调灾害调适与应对能力所反映的脆弱性,应对能力越强脆弱性越小,应对能力的大小又由个人和集体脆弱性及公共政策决定。简而言之,社会脆弱性既包含灾前潜在的社会因素构成的脆弱性,又包括受害者的伤害程度所形成的脆弱性,还包含应对灾害能力的大小所反映的脆弱性。

社会脆弱性学派有两个基本研究命题,即"灾害风险不平等命题"(hazard inequality proposition)与"社会分化命题"(social polarization proposition)。阶级、族群与性别等灾前社会不平等因素的存在,使得同一地区的个人与家庭受灾风险呈现出不平等现象,称为"灾害风险不平等命题"。同时,如果重建资源无法有效且公平分配,弱势群体的脆弱性将会相对提升,灾前阶级、族群或性别等社会不平等现象在灾后将会更加恶化,这种恶化很容易导致灾后社会冲突与政治斗争,可以称之为"社会分化命题"。

社会脆弱性学派主要有三个重要的讨论:第一个是"脆弱性是一种灾前既存的条件"。它认为导致人们受灾的原因不仅来自自然因素,也来自灾前阶级地位的差异、权利关系及社会建构的性别角色等社会因素。灾前的社会关系将被带进灾后的社会行动中,从而使得每个社会成员对灾害的承受能力有所差异。第二个是"脆弱性是灾害调适与应对能力"。人类社会面对灾害时会通过修正或改变自身特质和行为来提高灾害应对能力,应对能力主要包括抗灾与恢复能力。在灾害应对能力中社会固有的内部特质,如社会制度、社会资本和文化习俗等起着决定作用。第三个是"脆弱性是特定地点的灾害程度"。社会脆弱性强调某一特定地点的某种脆弱性,虽然某些脆弱性因子,如经济发展程度与医疗资源等因子具有普世性意义,但脆弱性更关注的是不同区域的脆弱性因子及其影响程度,这些因子之间具有很大的差异性,导致脆弱性程度也大为不同。

社会脆弱性学派强调,当灾害来临时,某些社会群体总是容易遇到灾害风险,影响受灾机会的特质包括阶级、职业、族群、性别、失能状况、健康状况、年龄、移民身份及社会网络等，这些可称为脆弱性的一般性因子，其中贫穷、不公平、健康、取得资源的途径、社会地位被视为是影响社会脆弱性的"一般性"决定因素。

3. 社会建构主义理论

在灾害社会学内部出现了尝试整合功能主义与脆弱性分析的社会建构主义取向（social constructionism approach）。社会建构主义认为灾害概念的形成是社会建构的，灾害的界定除了保留功能主义观点，即将灾害视为突然发生的重大事故并足以破坏或瓦解社会体系，从而引发集体性灾害响应行动之外，灾害本身也应被视为是社会建构的产物，它是人类自身制造出来的风险。灾害概念的形成是历史情形、社会对于灾害认知与实际社会后果相结合的产物，灾害崩溃感的产生是由于社会成员对社会体制与机构的灾害风险控制能力已经丧失了基本信心，对于"全能政府"灾害管理模式幻想趋于破灭。社会建构主义的这一灾害定义具有社会内在性和人化的特征，拓宽了人们对于灾害危险源的认识。社会脆弱性学派将灾害界定为易于遭受伤害的人群与极端自然事件相互作用的结果，是人类面对环境威胁和极端事件的脆弱性表现。因此，通过调整人类自身行为能改变防灾与减灾的效果，这一定义也部分具有社会建构主义的含义。

社会建构主义认为灾害本身也是利益集团建构的产物，因为灾害不仅是自然界将会发生或者已经发生的灾害结果，而且也是社会组织对灾害及其结果建构的产物。灾害造成的社会冲击也不是单独存在的经验事实，而是社会界定的产物。需要强调的是，这种观点并不否认灾害发生的自然因素，而是认为利益集团决定了灾害问题是否应纳入公共议程及采用何种应对方式，它强调灾害发生原因和灾害损失具有社会性质，它不能仅仅被视为意外的自然事件，还是一种动态社会的结果，人类活动是造成灾害发生的重要原因。

在社会建构主义看来，灾害风险认知也是社会建构的。灾害风险论述和认知决定了灾害中人们的思想和行动，而风险论述和认知又是由社会脉络中"定义风险的社会关系"决定的，不同的社会、政治和文化关系将影响灾害风险认知和灾害应对行为的生成。而且，任何灾害风险的界定、认知和集体建构一定是有区域性的形式，即根据地方特殊的社会关系和历史脉络发展出来的。此外，灾害风险也来自人为的决策，也是一种自我危害的灾害。在灾害风险分担的社会中，人是相互效应的，需要通过社会不同成员之间的沟通与互动，灾害风险才会被意识到，才能最终变成公共领域的问题。因此，灾害风险认知是开放性社会建构的产物。

4. 三种理论比较及启示

(1) 主要观点比较

三个学派虽然都关注灾害与社会的关系，但经典灾害社会学理论属于"弱社会建构论者"。它虽然认为灾害社会性因素与物理性因素无法分割，灾害的产生与社会建构存在着密切关系，但它更注重的是救灾过程的经验研究，并重点分析灾民行为与组织重建效率的关系，对灾害的社会性内涵关注不够。社会建构主义理论则倾向"强社会建构论"，不仅认为灾害是一种政治经济性危机，而且批评脆弱性或灾害管理循环偏重于行政管理，缺乏对灾民自主性的研究。社会脆弱性理论虽然认为灾前既存的社会关系决定了脆弱性程度，但它强调的是不同群体应对灾害风险能力的差异，而对于利益集团如何进行灾害建构以达到维持统治秩序目的问题则不大关注。

三个理论对灾害与社会不平等关系的看法也存在着明显差异，经典灾害社会学着重救灾过程的经验研究，主要集中在灾后冲击与重建资源分配的相关议题。它虽然注意到了灾后重建阶段会产生大量的社会不公现象，但是对于导致不平等的社会根源基本漠视。受公共行政与人文地理学的影响，社会脆弱性学不仅关注灾后不平等问题，而且着重分析灾前受灾风险不平等分布状况、产生的社会根源及各种社会安全的危机管理问题等，强调灾区内社会不平等的恶化不仅来自灾后重建资源的不公平分配，更主要来自灾前受灾风险的不平等，这种不平等是由灾前的阶级和族群等社会特性决定的。因此，易于受灾的弱势群体灾后将会更加弱势。社会建构主义理论认为灾害不平等是由利益集团决定的，灾害问题是否纳入公共议程及采用什么样的应对方式都是利益集团决定的，需要通过改变个人或社会应对灾害能力的历史、文化、社会和经济条件，并且改善灾害中的社会不平等现象。

（2）理论优势与适应范围比较

经典灾害社会学比较适合灾害防备及灾害应变研究，它对灾害集体行动、各机构组织的作用和扮演的社会角色等进行了研究，也分析了不同的社会单位在防灾、抗灾、救灾和减灾过程中表现出来的社会现象、社会关系和社会行为，并进一步探讨了灾害发展和演变的整体性规律，这种功能主义或社会系统理论不仅成为灾害社会学研究的早期主流分析取向，而且至今对灾害防备及灾害应变研究仍然具有非常重要的意义。

社会脆弱性理论比较适合灾害预测、评估人们如何适应或加强能力面对灾害风险威胁的研究，它克服了经典灾害社会学功能主义研究的局限，而且避免了自然脆弱性忽视"人们为什么会居住在高风险地区"社会理论解释的缺陷，以及工程技术脆弱性视角下片面强调技术改进与材料优化对于抗灾的积极意义。同时，作为一种分析工具，社会脆弱性具有预测的特质，通过对造成损失的潜在因素的分析并清楚描述脆弱性及将灾害损失量化，可以预测某些人在灾害风险情境下可能会产生什么样的状况，以此来确认降低脆弱性的方法并强化社会群体对灾害的适应。

与经典灾害社会学和社会脆弱性学理论不同，社会建构主义则适合公共风险和灾害形成过程中人的主观能动性的研究，它将灾害的危险源、发生的原因及造成的结果视为由利益相关者、文化、媒体与科技团体等共同建构而成，有助于将人们从原本社会没有注意的"外部"议题拉到社会"内部"关注的焦点，将灾害视为重要的公共风险问题，以弥补功能主义和社会脆弱性对灾害内在性研究的不足。同时，社会建构主义理论着重探讨灾害与人类社会之间的互动关系，将人们从过去悲观的受害者转向积极的行动者，使得脆弱性分析更具动态性内涵，弥补了前两个学派对灾害本身、社会系统及社会群体之间有机联系及静态分析的不足。

（3）理论局限性比较

经典灾害社会学研究重点集中于灾后冲击与重建资源分配等方面，而对灾前预防与风险分布的研究很少涉及。例如，它认为社会与社区都是社会系统，并担负着重要的社会功能，不会因为天然或人为科技灾害而中断或瓦解，灾害只不过是对一个社会或其分支造成物理损害与生命伤亡的意外事件，灾害导致的社会结构混乱使社会原有的全部或部分必要功能丧失。相对于灾后的混乱，灾前的社会功能是正常的。因此，讨论如何使社会"恢复正常"应成为灾害研究的重点。这一研究取向表现的"灾害功能主义研究"，一度引发了学界广泛的质疑。

社会脆弱性学理论虽然试图摆脱经典灾害社会学结构功能主义的局限，但同时也具有自身的缺陷，如地理学与工程学谱系研究特点明显，被一些学者质疑为"技术决定论"或"结构式减灾"倾向。"结构式减灾"强调以工程技术解决自然灾害对于生命与财产造成的威胁，这一主张近年来越来越受到学界的质疑，质疑的焦点在于并未因为采取这一措施而降低灾害所造成的损失，因此一些学者主张以"非结构式减灾"政策来降低未来自然灾害可能带来的损失。而且，社会脆弱性将灾害过程中的个人视为被动的，灾害中的行为或命运的选择由结构性因素或脆弱性因子形塑或决定。社会建构主义理论则试图克服功能主义以及技术决定论对人的主动性的忽视，但是它对于灾害与社会之间的互动关系的研究近似哲学思辨式分析，并没有形成一套完整的理论范式，造成了这一学派在灾害研究中实际运用的困难。

经典灾害社会学在研究方法上存在着一些局限，它主要通过对救灾过程的参与式观察和个案分析来研究灾害，这给防灾、抗灾和救灾带来了很大的启发。然而，近年来以量化分析为主的社会脆弱性学派更受重视，这是因为脆弱性分析开始大量运用地理信息系统（GIS），并且界定出潜在受灾区域，它既拥有定性研究的优点，又通过量化研究对受灾风险及受灾群体进行预测，且有过成功的案例，因而相对具有优越性。然而，社会脆弱性在量化研究上也存在着缺陷，突出表现就是脆弱性并不是一个容易衡量及观察的状态，脆弱性因子的选择与确定往往存在着许多分歧与争议。因为以往社会脆弱性研究大部分被忽略就是由于难以量化造成的，这一局限性降低了其评估的公信度，同时导致了评估结果的可比性差。而社会建构主义理论则缺乏量化研究方面的解释力，在灾害理论研究上成为可能，而非经验实证的可能。

通过比较分析发现，这三个理论各具特色且关注重点不同，它们虽然都是从社会学角度关注灾害与社会的关系，但都有自己的解释边界和限制条件，一旦越界解释力就会下降。因此，不能简单地判断孰优孰劣。不同理论之间的争鸣既有利于保持理论思维所必需的张力，更有利于深入理解灾害发生的社会事实与内在逻辑，对于防灾、抗灾、救灾与减灾也有着极为重要的启示意义。

灾害社会学的实质内容应当是人及社会与灾害的关系，就是人的生存条件及生存能力与灾害的关系。一方面是灾害对人及社会可能造成损害，这种损害与破坏是着眼于人的生存和发展而做出分析和判断的；另一方面是人及社会对灾害做出的反应，即灾前的防灾、灾中的抗灾和救灾，分析这一关系是着眼于人及社会的角度进行的。在这一基本思想的基础上，灾害社会学还分析这样一种矛盾现象，那就是人一方面花费巨大力量以求减少灾害从而生存得更好并顺利发展，但另一方面却又采取种种不明智的行为制造着灾害。并且，灾害对人及社会伤害的多重性、多层次性；灾害对人及社会的双重影响；人及社会对灾害的正负作用；灾害同社会发展的关系等，也是灾害社会学的研究内容。

5. 地域脆弱性理论与地域恢复力理论

Cutter（1996）提出地域脆弱性（hazards- of- place，HOP）模型，该模型关注特定位置的脆弱性，通过对特定位置的脆弱性来综合分析自然、社会因子对脆弱性的影响。如图 3-10 所示，社会采取正确的减灾政策能够有效降低风险，而错误的减灾政策或行为则增加风险。风险和减灾相互作用就为潜在灾害的发生提供了条件。潜在灾害与当地的社会结构（如社会民主特征、人类系统对灾害的敏锐性及经验等）相互作用产生社会脆弱性。潜在灾害与地理环境（位置、周边环境、与危险源的距离）的作用产生了自然脆弱性。社会脆弱性和自然脆弱性相互关联就形成了特定位置的脆弱性。位置脆弱性又会反馈到风险和减灾，最终作用到脆弱性本身。

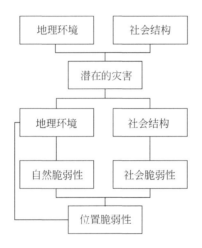

图 3-10　HOP 概念模型（Cutter，1996）

地域灾害恢复力模型（disaster resilience of place，DROP）2008 年由 Cutter 等构建，该模型解释了灾害恢复过程中的两大要素：①前期条件。前期条件是自然系统、环境条件和社会制度综合作用过程，它包括系统内在的脆弱性与恢复能力。在这个模型中，自然灾害的总影响被认为是初始状态、自然灾害特点和应急处置能力三者综合作用的结果，即总灾害影响=前期条件+事件特点+处置措施。地域总的灾害影响是前期条件与社会对灾害的吸收能力的结果。②吸收能力。使用预先确定的处置能力来定义吸收能力，因此，如果一个社区采取了充分的响应措施，那么，灾害事件的影响可能就会小，吸收能力就不会被超越，且产出较高的恢复能力。但是，如果灾害的影响超过吸收能力或者灾害处理不充分，那么，社区的吸收能力也将被超越从而导致潜在的灾害。

6. 作为反馈循环的灾害的自然和社会反应

由于气候变化增加了与天气有关的灾害的频率和强度，长期的适应和变化可以产生反馈循环，使各地更容易或更不容易受到未来灾害的影响。虽然自然灾害在历史上被认为是随机发生的，但我们现在知道，环境退化、社会条件以及城市政策和规划决定了自然灾害发生的可能性和严重性，并增加了自然灾害产生自然灾害的机会。

灾害还可以帮助巩固发生灾害的政治和经济制度，重现这些制度中固有的不平等，并影响未来对自然危害的脆弱性。因此，灾难反应既是由主导的经济和政治体系形成的，也有助于加强主导的经济和政治体系。由于它是根据财产价值和以前的财富不平等地分配，它将增加不平等。

灾难的后果和恢复的轨迹表现在地方和人的灾后恢复的差异、区分短期和长期恢复轨迹的必要性，以及政府角色的变化及它如何加剧了恢复中的不平等，并创造了造成更大脆弱性的反馈循环。总之，社会学家这些研究强调了社区凝聚力、社会资本和经济投资的作用。有人认为灾难重塑了地方，但也为强大的利益集团提供了一个机会窗口，使他们能够为自己的利益塑造灾难恢复过程的不平等。

3.3.3　预警响应的风险感知理论

1. 风险感知定义

感知是人类对外界事物反应的最后一个关键性链接，是人们对外界环境和事物的刺激所产生一系列的情绪变化、认知等心理过程的关键因素。风险感知的定义具有复杂的交叉性，它是由人的心理而引发的对外界风险事件的一系列的认识过程所构成的，最终能够指引人的决策行为。

风险感知是人们对某个特定风险的特征和严重性所做出的主观判断，是测量公众心理恐慌的重要指标。一个基本的认知过程可以抽象为感知、认知加工、思维与应用三大部分，即个体根据直观判断和主观感受所获得的经验，根据环境刺激、信息进行记录、筛选、凝聚成知识与记忆，来做出主观风险的判定，并以此作为逃避、改变、接受风险的态度及行为决策的判断依据。

风险感知作为应急管理特殊过渡阶段的预警响应，由于处于"微妙"的地位，长期未能得到足够的关注，其在防灾减灾中的理论与实践价值一直未能得到充分发掘。然而，2021年发生的德国洪灾、中国郑州暴雨等一系列重大灾害预警响应失灵，却再次印证了强化预警响应的必要性。风险感知偏差理论为预警响应失灵提供了一种新的解释框架，基于阈值的传统预警模式，社会公众风险知识的局限性以及决策者的风险感知能力差异都制约着预警响应功能的发挥。为缩小风险感知偏差，提高预警响应效能，应急实践需要转向基于风险影响的预警模式，提高灾风险信息沟通有效性，强化自然灾害安全知识教育，提升社会公众风险感知敏锐度，健全预警响应联动学习机制，增强领导者风险场景决策能力。

2. 风险感知理论

风险感知理论的框架是建立一个灾害分类体系和心理测量范式，以便了解和预测人们面对风险时的反应。分类框架能够被解释为人们为何对一些灾害所造成的风险极度的厌恶，而对一些风险则表现得相对冷漠，还可以反映出专家的观点与真实反应之间的差异。要完成这一目标，最为普遍的方法就是心理测量范式。该方法使用心理缩放和多元分析技术来完成人对待风险的态度和感知的定量化。利用心理范式，人们能够定量地判断多种不同灾害的当前风险和期望风险及风险的调节期望水平。这些判断与风险的其他属性相关联：①用于假设风险感知与态度的风险特点情况，包括自愿、恐惧、了解、可控性等；②每种灾害带给社会的收益；③每一年由于灾害造成的死亡人数；④灾害年由灾害造成的死亡人数。

风险感知概念模型（图 3-11）是依据社会认知心理学的个体对突发事件的风险认知过程而提出的概念性社会认知模型。该理论模型是一个有关深层认知结构与表层产物之间的路径链接，是结合行为规划理论、社会学习理论及认知产物理论的理论概述的概念性表述，是最终数学模型建立的基础。模型通过对世界观、认知产物、事件知识背景以及自我效能等关键问题的研究完成对风险感知的定性和定量测量。

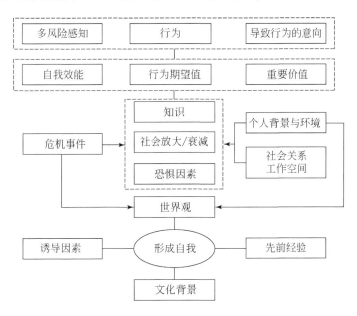

图 3-11 深层认知结构与表层产物之间的路径链接示意图

3. 社会放大效应理论

风险感知的社会放大效应通常导致不良的后果，它可以放大或缩小一场灾害、一个事故、一次污染、一次暴发的疫情而形成未知风险、忽视风险和一系列潜在的威胁。风险感知的放大过程导致的影响有些时候超过灾害本身的直接影响。风险的放大是由多种机制造成的。这些机制产生于将不幸事件或灾难视作一个线索或信号，一个灾难信号是否能够转化为更大的危机，一方面取决于灾难事件的本身特征，另一方面取决于社会的多种放大机制，如政府的态度、反应、沟通、信任、导向，以及社会其他群体和机构的反应等。事件信号化有助于解释人们对一些突发事件的强烈反应，因为人们对这样的突发性事件了解很少，对这样事件发生的机制、发生地点等都无法做出判断，因此会造成重大的心理、社会经济及政治上的影响。

根据危机的放大机制和原理以及斯洛维奇（Slovic）的研究成果，可以建立相应的风险感知放大危机事件冲击影响理论模型，如图 3-12 所示。

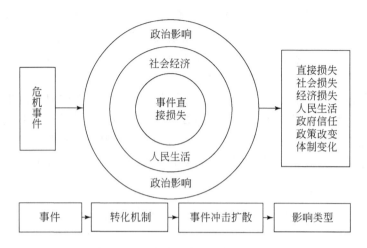

图 3-12　风险感知放大效应理论模型

4. 社会感知的影响因素

风险感知的因素有很多，主要包括个体特征、期望水平、知识结构、风险沟通、风险的可控程度、风险的性质、知识结构、成就动机、事件风险度等。在针对具体的灾害风险进行风险感知的影响因素分析时，个体特征、风险沟通、风险的性质和知识结构一般是主要的影响因素。

个体因素方面，由于个体特征、知识经验的差异，不同的个体具有不同的风险感知的特点。例如，年龄、性别、职业等个体差异会导致对风险不同的感知特点，以往对风险事件的经验也会影响个体对风险的感知和反应。

风险沟通方面，主要是指风险相关信息的传播情况。有研究指出，公共风险事件具有涟漪效应，如同在一个平静的湖面上投下一块石头后，环形水波会一层一层地由中心扩散开来。公共风险事件所产生的涟漪水波的深度与广度，不仅受风险事件本身的危害程度、危害方式和性质等的影响，也与涟漪波及的过程中，公众获取、感知和解释相关信息的方式有关。不当的风险沟通可能导致公众风险感知的偏差。

风险的性质方面，人们对概率低而死亡率高的事件风险估计过高，而对概率高而死亡率低的事件风险估计过低；对迅即发生、一次性破坏大的风险估计过高，对长期的、潜伏性的风险估计过低。普通民众对风险事件的可怕程度和后果严重性的排序与他们的风险感知紧密相关。

知识结构方面，公众对特定风险事件的相关知识如果了解得比较全面，对该事件结果的认知能够客观地知觉，或者能够接受多个而不是单一方面的信息，并能够辩证地看待和评价风险事件对自己和对社会的影响以及有适当的行为反应，那么，这样的个体能够更理性地对待风险事件。个体的知识结构与其受教育程度和个人经验具有相关性，在研究中其影响往往归于个体因素。

情绪因素方面，情感的影响和人的感情被认为是理解风险感知的重要影响因子。其中，对这一观点的支持有一部分来自对于"恐惧"这一概念的传统表述，还有一部分来源于对"启发式影响"的进一步研究，这一点是基于态度和风险感知之间关系的坚实基础。具有积极态度的人群面对风险时会趋向于感觉到相对较低的风险。

情绪因子是人在风险感知过程中对整体知识库影响最为重要的因子之一，紧随其后的是认知信任因子，而社会信任因子在整个感知的模式过程中的作用十分有限。其他的影响因子，如灾害的新类型或恐惧等因子都对模型的影响较小。人们对于风险的态度是一个十分重要的解释性变量。通过持续观察研究发现，影响风险感知最为重要的情绪是"愤怒"而不是"恐惧"，而"恐惧"与"满意"的作用相似，具有几乎相等的影响并明显小于"愤怒"。由分析得出，全部的情绪因子共造成了 63% 的人在态度上的波动与差异。总结起来，情绪是人群态度和风险感知的关键性解释因子，但是如何测量情绪的量，将其定量化是一个十分复杂的问题。

5. 风险目标因素

当人们对风险进行估计时，他们对风险估计值的大小通常会因为所选取的风险中暴露目标的不同而得到差异很大的结果，目标可以是自己、家人或者普通大众。同时可以发现，造成这样差异的原因不仅仅是风险本身或者是调查问题所涉及的尺度而造成的，形成这样风险等级的排位其主要原因更多的是由风险目标差异而造成的。

并不是每一个人都能够解释为什么自己会感觉到经历的风险小于其他人。绝大多数人认为自己面临的风险小于其他人，这一点被称作"风险拒绝或忽视"，"风险拒绝"是风险感知中的一个重要特征，造成这种现象的原因被称为"非现实乐观主义"。当然，真正清楚是什么原因造成了不同风险目标而形成的风险感知差异是十分关键的。为了这一点，对于该事件所造成的风险人们感觉到能够保护自己并脱离险境，对被测试者进行了灾害的控制感评估的研究显示，公众风险和个人风险的风险拒绝与风险控制呈正相关，即风险控制感是非常明显的重要变量，用于解释风险拒绝现象。

通过风险目标的区分可以得到这样的结果：个人风险感知与公众风险感知是具有很大差别的。而在一般情况下，个人风险感知都小于公众风险感知。因此，在政策的制定上一般主要受到公众风险感知的影响。

在灾害风险感知应用研究方面，公众风险感知成为一个重要的研究领域，研究的视角多集于公众的风险认知过程及方式等本质特征。由于气候变化、自然灾害频繁、环境恶化等一系列危机事件，风险感知领域引起很多学科专家的关注，学术界出现了有关自然灾害、环境污染和危险行为等多视角的风险感知研究。

6. 国内外的风险感知研究

在地震灾害领域，研究显示地震多发区的震灾风险感知的影响因素包括性别、受教育水平、收入水平、家庭结构、房屋结构、居住区危险性等，公众的风险感知水平显著影响着其震时及震后的响应行为和态度。在洪水多发区，对公众的调查数据发现，工程的信赖效应对公众的灾害心理认知影响明显。通常公众承认由于存在防洪工程的保护，自己对洪灾的担心程度减少、对控制灾害的信心增加。这样的风险感知对于公众减灾行为，一方面具有诸如公众自我防御意识下降等消极影响；另一方面具有愿意分担对工程的部分投入等积极影响。受灾经历对公众的风险判断有影响如下游地区公众，表现为风险度判断、担心程度均低。

（1）多视角联合

目前风险感知研究已经从着眼于公众和专家的认知特征逐渐拓展到分析个体及其所处的社会的风险感知特征上。人的认知过程的影响因素众多，社会文化背景的因素不可忽视。灾害风险感知研究趋向于从社会、个体、文化、经济等多重视角综合分析公众对灾害的风险感知，整合个体水平和社会水平上多种研究方法，寻找个体认知与社会因素的交互机制，建立更加符合心理学、社会学、灾害学规律的研究范式。

（2）研究领域的拓宽

目前国内外风险感知方面的研究多集中于心理学领域，国内外学者多着眼于风险感知基础理论的研究和研究方法的设计，而对具体的灾害事件风险感知的研究较少。同时现有研究多着眼于公众的风险感知情况，而少有研究分析风险感知与风险适应行为的关系。随着风险感知研究不断深入与灾害事件结合，灾害风险感知研究的范围将集中在更具体的领域，如全球气候变化以及特定的灾害事件等，并进一步探寻风险感知对风险适应行为的影响，从而使灾害风险感知研究对风险管理政策的制定具有更切实的指导意义。

3.3.4　适应对策路径理论

适应对策理论（danamic adaptive policy pathways，DAPP）用于减少不确定基础上制定动态的适应计划，核心是拟定符合短期、中期和长期利益的策略组合及其适应对策路径，其本质是根据未来的实际发展情况，对灵活的发展和适应进行积极的动态规划。思路是投资决策或行动有一个期限，即它们达到一个阈值或适应临界点，随着预定条件的变化可能无法继续实施，一旦措施失效，就需要新的备选适应路径来实现目标。实施的主要步骤为：①描述当前和未来的情景与目标；②需求问题剖析；③确认方案；④分析情景集合；⑤明确方案的有效期限；⑥评估制定方案和路径。

临界点分析是适应措施动态实施路径的核心，其目的是衡量适应方案在何时不再满足特定的目标要求。适应路径方法提供了一系列可供实施的适应方案的框架，在完成临界点分析后，以决策树或地铁路线图的形式展示出来（图3-13），框架中任意一个可连通路径即为一个动态适应实施路径。由于某些方案未能达到目标，因此有些路径是不可选的。同样，决策者和利益相关者在考虑方案的实施难易程度和成本因素时，也会选择偏好的路径。借助适应方案路径图，决策者可以发现机会，明确方案的有效期限，制定无悔策略。结合适应对策路径和路径评分板，决策者可以制定审慎的策略。

在实际应用中，基于DAPP制定动态适应路线时，首先，根据直接损失和间接损失计算各试验的未来情景灾害损失，依据实地调研、专家咨询和费用参考资料，分别估算各适应措施的造价成本，对比适应措施的造价成本和灾害损失，得到各措施的经济效益比。其次，依据DAPP方法的临界点分析，评估各适应措施在不同情景下的有效期限。依据有效期限、造价成本和实施难易程度等指标，综合评估各适应措施的表现情况，绘制适应对策路径图。最后，结合未来情景的时间尺度演变过程，权衡并制定短期、中期和长期的适应对策。

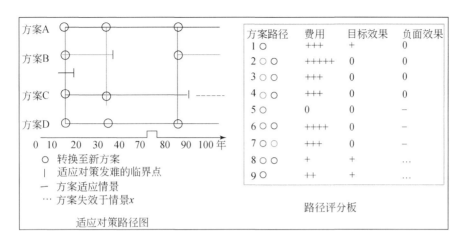

图 3-13　动态适应实施路径示意图

学 习 要 点

当前中国社会治理面临诸多挑战的一个重要原因就是在社会治理弱化甚至缺位条件下政府承担过多角色而导致其治理系统性、协同性和可持续性需要改进。当基于控制逻辑之上的风险治理策略已经不能奏效时，机构间畅通的合作对于应对重大灾害应急事件至关重要，多机构之间应具备相互信任的伙伴关系。理解突发灾害事件社会治理体系建设的关键问题，不仅要结合社会治理实际需要，更要关注社会治理共同体多元主体如何在突发灾害事件情境下协同发挥作用。

问 题 与 思 考

1. 深刻理解社会建构主义将灾害视为突然发生的重大事故并足以破坏或瓦解社会体系，从而引发集体性灾害响应行动之外，灾害本身也应被视为是社会建构的产物，它是人类自身制造出来的风险。

2. 从技术层面来看，实际可行风险评估模型存在的缺点都有哪些?

3. 你认为困扰自然灾害风险评估问题的关键是什么?

|第4章|　　减轻灾害风险

📖 **学习目标**：灾害对于国家和政府而言是极其难处理的问题，在灾害管理过程中政府能否有效保护人民和基础设施、减少生命和财产损失并迅速地恢复，可以最直观地检验政府的执政能力。但灾害的发生往往是随机的，并且它的后果通常不具有可重复性，因此为了减轻灾害风险，需要掌握科学的方法对灾害风险进行识别与评价，并找到动态、实时、效费比高的决策方案。

📖 **本章主要内容**：认识减轻灾害风险的基本环节。介绍减轻灾害风险的主要方法，包括灾害信息管理、灾害识别与评估。理解基本原理与其在科学决策中的应用。

重点理解自然灾害领域风险的定义是自然或人为灾害（hazard）与承灾体的脆弱性（易损性）之间相互作用而导致一种有害的结果或预料损失（生命丧失和受伤的人数，财产、生计、中断的经济活动，破坏的环境等）发生的可能性。

4.1　灾害信息管理

4.1.1　灾害信息

灾害信息的解释主要有两方面：一方面是对灾害信息的抽象定义，认为灾害信息是各类灾害的反映或再现；另一方面是从使用角度看待灾害信息，认为灾害信息是反映各类灾害的消息、数据、资料、情报、知识等的总称。

任何一个灾害事实都要经过孕育形成、发生发展和衰减消亡的过程。在这个过程中生成的未加解释的原始表述或数据称作原始信息，原始信息经过记录、分类、组织、联系或解释后称为加工信息，加工信息被提炼产生的结晶为灾害知识。

从上述过程看，灾害信息存在着三个层次，即原始信息、加工信息和知识。在原始数据基础上形成加工信息，在加工信息基础上形成灾害知识，三者间是一种由低级到高级的递进关系。因此，灾情信息管理系统分为多个子系统（图4-1）。

认识灾害信息，可以从存在状态、传递、加工、利用等不同角度分析其特征。了解灾害信息的基本特征，对于灾害管理者管理、利用和开发灾害信息十分必要。

1）依附性。灾害信息必须依附于一定的介质而存在。它必须借助于文字、图像、胶片、磁带、声波、光波等物质形态的载体才能够得到表现，才能够为人的听、视、味、嗅、触觉所感知，人们才能识别和利用信息。

2）时效性。灾害信息是有寿命的、有时效的，有一个生命周期。它的使用价值与其所提供的时间成反比，即信息生成后，它提供的时间越短，使用价值就越大；反之亦然。

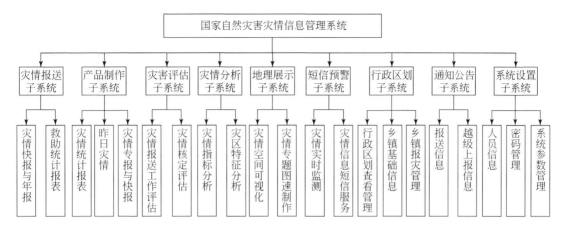

图 4-1 灾情主要信息管理系统组成

3）滞后性。因为灾害信息作为灾害事实的反映，总是先有事实后生信息，因此，只有加快传输，才能减少信息的滞留时间。

4）可存储性。灾害信息的可依附性使信息可以通过各种载体储存。可储存性使信息可以经过记忆、记录积累起来，储存的目的是今后使用。

5）可扩散性。灾害信息极富渗透性，它总是力求冲破自然和人为的约束，通过各种渠道和传输手段，迅速散布出去。

6）可控制性。尽管灾害信息的扩散性很强，但还是可以采取人为的措施将某一条信息在一定时期控制在一定范围内，这就是信息的可控制性。

7）可加工性。灾害信息可以通过各种手段和方法加工处理，被选择和精炼，排除无用的部分，使信息具有更大的价值。

4.1.2 灾害信息管理

灾害信息管理的构成要素有四个：人员，技术，信息及计划、组织、控制、协调等活动。

信息采集、传输、加工、分析、存储、传播五个基本环节共同构成了灾害信息管理过程，每个环节都是不可或缺的，是一个统一的系统。所以，从构成角度看，灾害信息管理实际上是一个过程性管理。灾害信息流完成这一循环过程在质量和数量方面会发生变化，使用价值的增减是质量变化的主要方面之一；表现为信号衰减或增强的信息失真则是数量变化的一个重要表现，信息失真到一定程度会演变为质量下降的变化。

在整个灾害信息管理的过程中，及时准确地报送和发布灾害信息是重中之重。灾害信息管理是救灾工作的基础，是决定救灾工作水平的最重要因素之一。灾害信息的准确性受灾害信息采集、处理、传递管理制度，灾害管理人员素质，信息采集处理技术，地方利益等因素的影响。

1. 灾害信息采集

灾害信息采集的本质是根据灾害管理者的需求从已确定的信息源体系中连续地选择、提取和收集有用信息的过程。基于这个本质，确定信息源、识别有用信息十分重要。

依据应急管理部制定、国家统计局批准的《自然灾害情况统计制度》，按照乡（镇）、县（区、市、旗）、市（自治州、地区、盟）、省（自治区、直辖市）应急管理部门和中央政府民政部行政序列，自下而上报告灾情；通过已经建立的信息交流共享机制，获取国务院各有关部委及直属单位、研究机构及灾害防御社团等生产的信息；遇到较大自然灾害，还需要专业人员到灾害现场获取各类灾情和救灾工作信息；设立专人收集广播电台、电视台、报纸期刊、网络媒体等传媒机构发布和报道的灾害及其相关信息。灾害信息解决的是信息集合问题。

（1）纵向信息渠道

地方民政部门上报的灾情和救灾工作信息，主要通过互联网、电话传真、邮递、现场调查、信访等渠道上报或反映上来（表4-1）。

表4-1 自然灾害月度分组损失统计表

地区	人口受灾情况					农作物遭灾情况		损失情况		
	灾种	死亡/人	失踪/人	伤病/人	紧急转移安置/万人	受灾面积/hm²	绝收面积/hm²	倒塌房屋/间	损坏房屋/间	直接经济损失/万元
合计	5279	198	12	1106	78.9	5423.6	599.8	6322	599.6	198.6
河南	…	…	…	…	…	…	…	…	…	…
山东										
湖北										
…	…	…	…	…	…	…	…	…	…	…

（2）横向信息渠道

通过非应急管理部门获取灾情和救灾信息的渠道统称为横向渠道。主要包括国务院各有关部委及直属单位、研究机构和灾害防御社团等信息渠道。

（3）现场调查渠道

每遇较大自然灾害，灾害管理部门都要向灾区派出工作组，现场获取各类灾情和救灾工作信息。

（4）广播、电视、网络等媒体渠道

媒体信息包括广播电台、电视台、报纸期刊、网络媒体等传媒机构发布和报道的灾害及其相关信息。

灾害信息采集方法是指通过信息渠道在信息源那里选择、提取和收集灾害信息的行为和技术手段。技术手段表现为信息采集工具。目前的信息采集方法主要有：①统计制度方法。主要是依据应急管理部制定、国家统计局批准的《自然灾害统计制度》中的有关规定，按照乡（镇）、县（区、市）、市（地区、盟）、省（自治区、直辖市）应急管理部门和应急管理部这个行政序列，自下而上报告灾情。②信息共享和交流方法。中国的部门之间初步建立起了灾害及相关信息的交流共享渠道和机制。③现场调查法。每次大的自然灾害发生后，中央政府和省级政府应急管理部门都会向灾区派出工作组，现场调查灾情，汇总评估损失，及时向上级传送灾害信息。④新闻及网络媒体采集法。特别是在灾害应急期，各级灾害管理部门十分重视新闻和网络媒体对灾害事件的报道，有专门的人员负责采集各主要媒体发布和报道的灾害信息。⑤自动化采集法。主要是利用卫星、自动化传感系统采集气温、降水、风力、水位、流量等与灾害相关的信息。这些信息的采集主要由气象、水利、海洋、地震等专业技术部门来完成。

2. 灾害信息加工

灾害信息加工是根据信息的内容特征和外部特征，按照使用要求采用一定的行为和技术手段，对信息进行整理、组织，使之有序可用的过程。

灾害信息采集解决的是信息集合问题，灾害信息加工则解决的是信息序化问题。灾害信息加工是根据一定的目的，将采集到的原始信息进行科学地分类和汇总，为灾害信息分析准备系统化、条理化的综合资料的工作过程。灾害信息加工与灾害信息分析这两个阶段密切相关，有时是相互交融的，有的加工是分析，有的分析则是加工。

根据国家《自然灾害统计制度》规定的灾种含义、指标口径、分类方法、表格形式及配套的"灾害信息管理系统"等软件对采集到的信息进行加工。具体的加工程序：第一步，将原始信息按照统计制度规定筛选分类。第二步，把经过筛选分类的信息录入统计表中，对其进行以多项指标为标志的复合分类整理。第三步，为方便使用，利用统计图法将灾害信息以图形方式直观表现出来。这里仅列举常用的几种基本方法。

1）分组汇总法。根据灾害信息分析的需要，将灾害信息按照一定的质量或数量标志分为若干个组成部分，并分门别类地汇总起来，就称为分组汇总法，它是灾害信息加工最基本的方法（表4-1）。

2）统计图表法。灾害信息资料加工整理的结果可以不同的形式表现。统计图表的直观性良好，是灾害信息加工方面经常用到的方法。

3）网络信息组织法。根据网络信息的特点，可以运用各种网络信息处理工具和方法对浩如烟海的网络信息进行排列、组合，使之系统化、规律化，满足灾害管理的需要。

3. 灾害信息传输与手段

灾害信息传递过程是一个通信过程，可以看作一个典型的通信系统。这个系统的基本模式如图4-2所示，一条灾害信息在由源点至归宿流动的通道中需要经过信源、通信发送和接收工具、信宿等结点，结点和通道是灾害信息的基本构成要素。灾害信息自源点发出后不断沿着信道向信宿方向传递，从而形成灾害信息流。灾害信息流动过程中由于噪声和干扰影响有时还会出现失真现象。

1）灾害信息源。一般以信号（电磁、声波、光波、语言）或一种符号（图像、文字）等表现出来，通过各种物质载体以各种形式传播出去。

2）通信发收工具。传递灾害信息需要发送和接收信息的工具。发信工具又称编码器，

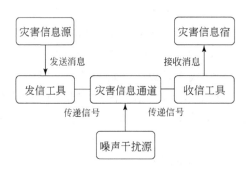

图 4-2 灾害信息传递过程

收信工具又称译码器。编码器或译码器可以将灾害信号转换成符合传递方式要求的信号。例如，某位负责灾害管理工作的行政人员在灾区进行现场勘查时，将所看到的灾情写成文字报告就是编码过程。相反，他在办公室内阅读一篇关于灾情的文字材料，从文字中理解到了灾情的严重程度，这就是译码过程。

3）灾害信息通道。灾害信息传递所经过的空间路线即灾害信息通道，简称信道。信道是连接发信工具与收信工具的媒介，传递的信号通过这种媒介从一个系统进入另一个系统。导线、电缆、空气、光导纤维就是一些典型的信道。

信道是信息流通系统的干线，是通信系统的重要组成部分。信道不只担负信息传输任务，还具有一定的储存作用。信道的关键问题有两个：①信息容量问题，即信道在单位时间内可以传输多少信息。②信道的方向性问题。信道除按传输工具不同分为有线信道、无线信道外，还可以根据方向性分为单路单向、单路双向、多路双向和多路多向的网络状信道等。

4）灾害信息宿，一般是指灾害信息的接收者，也称接收源。在一个多通路、多方向、多级次的传输过程中，信息有一个较长的流程，其中有时有多个信息接收者。灾害信息的接收者，可以是人，也可以是仪器。人可以根据自己的眼、鼻、耳、口、手、足、皮肤等感觉器官感受到灾害信息。地震仪、气温计、风力表等仪器也可以感受到灾害信息。

5）灾害信息传输工具，包括通信工具和广播工具，其中，通信工具是信息传输的主流。现代通信工具包括移动通信、数据通信、卫星通信和光纤通信等工具。

4. 灾害信息分析与方法

灾害信息分析是指为了满足灾害管理特定需求，运用各种分析工具和分析技术，采用不同的分析方法，对已知信息进行对比、浓缩、提炼和合成，从而对灾害现象本质、规律作出概念、判断、推理的过程。

在灾害管理领域，灾害信息分析的作用可以归纳为四个方面：①为救灾决策提供科学准确的依据；②预警灾害发生，跟踪监测灾害动态；③提高灾害信息管理水平；四是增加灾害信息的社会价值。比之于采集、加工、存储和传播等环节，分析在信息增值方面具有独特的作用，是增加信息价值最为主要的环节。

在灾害信息管理过程中，灾害信息分析的作用表现为四个功能：①整理功能，即对信息进行收集、组织，使之由无序变为有序；②评价功能，即对信息价值进行评定，以达去粗（取精）、去伪（存真）、辨新、权重、评价、荐优之目的；③预知功能，即通过对已知信息内容的分析获取未知或未来信息；④反馈功能，即根据实际效果对评价和预测结论进行审议、修改和补充。

灾害信息分析是一个过程，其间需要经过整体设计、收集获取、序化整理、鉴别修补、合成分析五个程序（表4-2）。

表4-2 灾害信息分析主要程序

序号	程序	工作内容
1	整体设计	（1）确定分析指标
		（2）选择信息渠道和收集方法
		（3）明确信息序化方法
		（4）规定信息鉴别、修补等方法
		（5）确定信息合成技术方法
2	收集获取	（1）满足分析需要的信息渠道
		（2）科学、快捷的信息采集技术方法
3	序化整理	（1）统计分组法
		（2）统计图表法
4	鉴别修补	（1）甄别：判断信息资料的真假与可靠程度
		（2）加工：对不能直接利用的信息资料加工改造制作
		（3）补充：对资料中的缺口和漏项进行补足
		（4）估算：利用灾情及相关指标间的平衡、因果等关系估算未掌握需要的资料
5	合成分析	用提取、对比、归纳、演绎、抽象等方法，形成揭示灾害现象本质和规律的判断、知识、概念等

1）整体设计。信息分析的目的是满足灾害管理工作的需求。为此，第一位的工作是要对信息分析过程的各个方面和各个环节进行整体设计。信息分析设计内容包括：①根据特定需求确定所要分析的灾情方面及其相关指标。②选择信息来源或渠道及信息采集技术方法。③明确信息由无序变有序的序化技术方法。④规定信息鉴别、加工、补充、调整的方式方法。⑤确定信息合成分析的路径与方法。

2）收集获取。首先，要根据分析要求选择对路的信息源或渠道。目前，中国救灾系统的灾情信息主要是通过地方上报、现场勘查、相关部门提供和媒体报道等渠道获得的。其次，要使用科学、合理、快捷的信息采集技术方法，如统计学中的各种调查方法；以现代通信技术为基础的自动化信息传感、网络信息采集方法等。

3）序化整理。所获取的大多数灾害及相关信息在形态上表现为事实、数据、消息等，它们零散、无序、互不关联，有时在内容上是相互矛盾的。为此，需要运用一定的技术方法使零碎的信息集中、分散的系统、具体的概括、个别的综合。目前常用方法是进行统计分组和绘制统计图表。

4）鉴别修补。序化整理后的灾情及相关信息资料存在着真假混合、缺口漏项、口径不一等问题，因此需要对其进行鉴别修补。在这方面常做的工作包括以下五个方面：①甄别。判定信息资料的真假与可靠程度，从中选定可利用的信息资料。甄别的手段应从有关指标间的联系、对比和动态变化中进行。②加工。对存在着不真实、不合理或不科学因素的、不能直接利用的信息资料加以改造制作，使之合乎需要。③补充。对统计资料中的缺口和漏项加以补足，对信息资料中某些不完整、不配套的地方尽可能加以充实。④估算。为保持信息资料的完整和系统，对于一些根本没有掌握但又需要的信息资料采取估算的方法获取。估算是依据灾情及相关指标间的平衡、因果、类比等客观存在的关系进行的。⑤灾害信息合成分析。按照设计、收集、整理、修补、合成五个环节对灾害信息进行分析，生产多种灾情信息产品，如《昨日灾情》《灾情专报》《灾情会商简报》《全国自然灾害情况年度公报》《全国自然灾害情况月度公报》，还可制作自然灾害受灾区域分布、单一或多个灾情指标等级、灾害风险等方面的图形产品。

经常使用的灾害信息鉴别修补方法有两种：报测离差法和推理拼凑法。

1）报测离差法，是现场勘查使用的一种综合分析方法。"报"指下级民政部门按照统计制度上报的灾情数据，"测"指上级民政部门在灾害现场实测灾情数据，"离差"则指下级上报灾情数据与上级现场实测数据之间的数量差距。将多个调查地区（单位）多项灾情指标的报测离差数值综合平均，以绝对数表示则为平均报测误差数，以相对数表示则为平均报测误差率（％），依靠这两项指标可以分析地方上报灾情的误差情况。

2）推理拼凑法。通常，在灾害发生后，短时间内人们不能掌握较为全面、详尽的灾情信息，从而无法做出灾害预警和救灾决策。借助逻辑学中的推理原理，利用自然与社会现象之间的关联，我们可以通过局部、片面，甚至是极为零散的灾情信息，快速拼凑出受灾地区较为全面而详尽的状况。推理拼凑法是灾害预警和应急响应阶段快速分析评估灾情的一种有效方法。

5. 灾害信息传播与风险沟通

灾害信息传播的目的是将有用信息提供给用户和公众。用户指的是灾害管理者，包括组织和个人。对于用户而言，获得的有用信息越多对他们的工作帮助越大。对于公众来说，灾害信息可以增强他们的减灾意识，提高他们在灾害中的自救和互救能力。

灾害信息传播是按照一定的渠道进行的，不同的传播渠道使信息在传递时间、空间上有所不同，且所针对的传播对象也有差别。对用户主要通过信息交流和共享机制以设立浏览权限的业务网站、点对点网络专线、信函邮递交换等方式传递各类灾害信息产品；对公众主要通过新闻发布会、网站公布、电视播送、广播报道等方式传播灾害。

6. 灾害信息失真与控制

灾害发生的源信息经过传递后自身会发生失真现象。灾害信息失真可能会造成救灾决策错误的恶果。在此，归纳灾害信息失真的主要表现，分析灾害信息失真的现实性原因，提出控制和还原失真的主要措施。

灾情快速上报和精准核查是开展救灾工作的前提，但由于上级政府在核查过程中受制于设备检测能力和核查限期等，导致地方政府灾情报送信息失真。其主要表现在信息采集和处理、信息传递、噪声和干扰造成的失真三个方面。

1) 信息采集和处理形成的失真。身处基层的灾害管理人员到受灾现场勘查灾情，其业务素质、对统计制度理解程度、工作责任心状况等对所采集信息的准确度会产生直接影响。省（市）级灾害管理者处理信息的方式方法、技术设备状况等因素也会使灾情信息发生偏差。灾情统计管理制度方面的缺陷同样会对灾害信息准确度造成影响。

2) 信息传递造成的失真。灾害信息传递所经过的空间路线越长，信息量消耗越多，信号强度衰减越严重，失真现象越明显，二者呈正向比例关系。

3) 噪声和干扰导致的失真。噪声是信道系统内外种种主客观因素导致的信号，插入与混杂到信息中来，影响通信质量。干扰是系统内部或外部的种种原因，使通信产生障碍或损毁。在信道中由人的因素所造成的混杂、模糊、损毁等现象，也称为噪声和干扰。噪声与干扰对灾害信息造成的影响是失真，从而使信息量丢失。

4.1.3 灾害信息的接收差异

1. 地方和部门之间的差异

灾害信息不对称可能导致接收差异，原因包括场景和要素变化快、系统性影响复杂；一旦出现了灾害破坏通信和交通基础设施的极端情况，则会明显加剧这种"黑箱"状态。在这种情况下，信息缺失、夸大、不实、虚假、错位、过期等都是几乎必然出现的现象。由于监测预警能力、智能化系统建设、预警信息制作耗时不同、预警信号与预警产品的定位不同、联合会商与应急处置流程衔接顺畅水平不同、预警信息引起群众的警觉性不够等，会产生地方和行业部门以及民众对灾害信息的接收和理解的差异。

2. 弱势群体的信息接收差异

弱势群体的强弱主要通过社会性资源的掌握程度来衡量。社会性资源主要是指一种机会和可能性，它包括人们占有经济利益、权利、义务、职业、生活质量、知识、技能，以及所能发挥的各种能力。弱势群体对上述资源的占有，无论在质上还是在量上都明显不如其他群体。

弱势群体可分为三类，它们是自然弱势群体、生理弱势群体和社会弱势群体。自然弱势群体主要包括生态脆弱地区的人和发生自然灾害地区的灾民。生理弱势群体主要是指由于生理性原因而丧失劳动能力或劳动能力较弱的，在社会竞争中处于弱势和容易被伤害的人群，如老年人、残疾人、儿童、长期患病者等。社会弱势群体属于社会意义和地理意义上的边缘人，当社会发生巨大变化，一部分社会成员不能适应变化而被甩到边缘地带，在社会利益重新分配格局中被弱势化，他们手中掌握的能主宰自己命运的资源更少。自然弱势、生理弱势和社会弱势群体的涵盖范围并非相互独立，受灾群体会有多重属性。

面对现实灾害，我们会发现自然弱势群体中有相当大比例的是社会弱势群体，原因可以归结为社会阶层的差异。弱势群体的边缘化导致他们处在不安全的自然环境中，如生活在具有危险性的山体滑坡的山谷下，居住在危房中，使得他们在应对灾害时表现出更大的易损性。生理性和社会弱势群体在灾前预警、灾种应对、灾后救援方面均表现出明显的脆弱性。

4.2　灾害风险识别

风险识别（risk identification）是整个风险分析管理过程中最基本、最重要的环节。自然灾害的风险识别就是研究某地区在特定时间内遭受何种自然灾害，对尚未发生的、潜在的以及客观存在的影响该自然灾害的各种因素进行系统地、连续地辨别、归纳，并评估这些风险因素所引起的后果的严重程度。

自然灾害风险识别所涉及的是由众多自然因素和社会经济因素组成的复杂系统，其中许多因素难以定量描述，目前常用的方法可以分为定性和定量定性相结合两大类。

4.2.1　定性识别

1. 德尔菲法

德尔菲（Delphi）法是一种专家咨询方法，它有三个特点：在参加者之间相互匿名，对各种反应进行统计处理以及带有反馈地反复地进行意见测验。

2. 情景分析法

情景分析法是一种能识别关键因素及其影响的方法。一个情景就是一种未来某种状态的描述，可用图、表、曲线等简述。它研究当某种因素变化时，有什么危险发生？导致什么样的后果？像一幕幕情景一样，供人们比较研究，提醒决策者注意某种措施可能引起的风险；需要进行监视的风险范围；关键因素对未来的影响；新生技术对未来的影响；等等。

情景分析法有它的局限性，因为所有情景设置都是围绕分析目前的状况和信息水平进行考虑的，可能与实际进程存在一定的偏差。所以，为避免此现象带来弊端，情景分析法最好能与其他分析方法一同使用。

4.2.2　定量定性相结合识别

1. 故障树分析法

故障树（fault trees）分析方法是利用图解的形式将大的故障风险分解成各种小的故障或者对各种引起故障的原因进行分解。图的形式像树枝一样（图4-3），越分越多，一般是朝下分支（与真正的树相反）。

（1）基本原理

故障树是用来识别和分析造成特定事件可能因素的技术，这里的可能因素被定义为

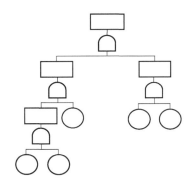

图 4-3　故障树的原理示意图

"故障"。在自然灾害风险识别中，可将灾害事件视为顶事件，将影响或导致事件发生的风险要素视为"故障"，最低水平的事项及原因被称作基本事件。通过基于专家知识的方法对故障进行识别，进而将顶事件与各层次故障之间用逻辑符号连接起来，并用树形图表示，从而实现风险分析。故障树分析法既可以用来对顶事件的潜在原因及发展演化路径进行定性分析，也可以在掌握风险要素的相关数据后，定量计算灾害事件的发生概率。

（2）计算步骤

1）输入故障原因、发生方式及发生频率。

2）界定分析对象并确定顶事件。

3）调查顶事件和故障的原因。顶事件的直接原因，每个故障的原因包括人员、组织行为、物品、场所、环境状态及其他关联事件的影响。

4）定性与定量分析。按照故障树结构进行简化，确定各基本事件的结构重要度。找出各基本事件的发生频率，计算出顶事件的发生频率、频率重要度和临界重要度。对逻辑冗余部分，可以通过布尔代数运算法进行简化。

5）识别形成顶事件独立路径的最小分割集合，计算它们对定事件的影响。

6）输出。顶事件发生方式示意图，显示各个路径之间的关系；最小分割集合清单，说明每个路径的发生频率；顶事件的发生频率。

2. 层次分析法

层次分析（analytic hierarchy process，AHP）法是指将一个复杂的多目标决策问题作为一个系统，将目标分解为多个目标或准则，进而分解为多指标（或准则、约束）的若干层次，通过定性指标模糊量化方法算出层次单排序和总排序，以作为目标（多指标）、多方案优化决策的系统方法。

（1）基本原理

根据问题的性质和要达到的总目标，将问题分解为不同的组成因素，并根据因素间的相互关联影响以及隶属关系将因素按不同层次聚集组合，形成一个多层次的分析结构模型，从而最终使问题归结为最低层（供决策的方案、措施等）相对于最高层（总目标）

的相对重要权值的确定或相对优劣次序的排定。比较适于具有分层交错评价指标的目标系统，而且目标值又难以定量描述的决策问题。

（2）计算步骤

1）建立层次结构模型。将决策的目标、考虑的因素和决策对象按它们之间的相互关系分为最高层、中间层和最低层，绘出层次结构图。最高层是指决策的目的、要解决的问题。最低层是指决策时的备选方案。中间层是指考虑的因素、决策的准则。对于相邻的两层，称高层为目标层，低层为因素层。

2）构造判断矩阵。在确定各层次各因素之间的权重时，按其重要性程度评定等级。

a_{ij} 为要素 i 与要素 j 重要性比较结果，表 4-3 给出了 9 个重要性等级及其赋值。按两两比较结果构成的矩阵称作判断矩阵。判断矩阵具有如下性质：

$$a_{ij} = \frac{1}{a_{ji}} \qquad (4\text{-}1)$$

3）层次单排序及其一致性检验。对应于判断矩阵最大特征根 λ_{max} 的特征向量，经归一化（使向量中各元素之和等于 1）后记为 W。W 的元素为同一层次因素对于上一层次因素某因素相对重要性的排序权值，这一过程称为层次单排序。能否确认层次单排序，则需要进行一致性检验。一致性检验是指对 A 确定不一致的允许范围。其中，n 阶一致阵的唯一非零特征根为 n；n 阶正互反阵 A 的最大特征根 $\lambda \geqslant n$，当且仅当 $\lambda = n$ 时，A 为一致矩阵。

表 4-3 比例标度表

因素 i 比因素 j	量化值
同等重要	1
稍微重要	3
较强重要	5
强烈重要	7
极端重要	9
两相邻判断的中间值	2，4，6，8

由于 λ 连续地依赖于 a_{ij}，则 λ 比 n 大得越多，A 的不一致性越严重，一致性指标用 CI 计算，CI 越小，说明一致性越大。用最大特征值对应的特征向量作为被比较因素对上层某因素影响程度的权向量，其不一致程度越大，引起的判断误差越大。因而可以用 $\lambda - n$ 数值的大小来衡量 A 的不一致程度。定义一致性指标为

$$CI = \frac{\lambda - n}{n} \qquad (4\text{-}2)$$

CI=0，有完全的一致性；CI 接近于 0，有满意的一致性；CI 越大，不一致性越严重。为衡量 CI 的大小，引入随机一致性指标 RI：

$$RI = \frac{CI_1 + CI_2 + \cdots + CI_n}{n} \qquad (4\text{-}3)$$

其中，随机一致性指标 RI 和判断矩阵的阶数有关。一般情况下，矩阵阶数越大，则

出现一致性随机偏离的可能性也越大，其对应关系如表4-4所示。

表 4-4 平均随机一致性指标 RI 标准值（标准不同，RI 值也会有微小的差异）

矩阵阶数	1	2	3	4	5	6	7	8	9	10
RI	0	0	0.58	0.90	1.12	1.24	1.32	1.41	1.45	1.49

考虑一致性的偏离可能是由随机原因造成的，因此，在检验判断矩阵是否具有满意的一致性时，还需将 CI 和随机一致性指标 RI 进行比较，得出检验系数 CR，公式如下：

$$CR = \frac{CI}{RI} \tag{4-4}$$

一般，如果 CR<0.1，则认为该判断矩阵通过一致性检验，否则就不具有满意一致性。

4）层次总排序及其一致性检验。计算某一层次所有因素对于最高层（总目标）相对重要性的权值，称为层次总排序。这一过程是从最高层次到最低层次依次进行的。

在运用层次分析法时，所选的要素不合理，其含义混淆不清，或要素间的关系不正确，都会降低 AHP 法的结果质量，甚至导致 AHP 法决策失败。为保证递阶层次结构的合理性，需把握以下原则：分解简化问题时把握主要因素，不漏不多；注意比较元素之间的强度关系，相差悬殊的要素不能在同一层次比较。

3. 系统风险分析问卷法

在工程项目中，系统风险分析问卷法又称风险因素分析调查表法，是以系统论的观点和方法，去识别工程项目所面临的风险。通过问卷，对人、机、材料、工艺等各方面，向主要管理人员和技术人员询问，以提供有价值的信息。一般要求回答如下问题：风险所在；损失时机；可能的损失原因；可能的损失数量；损失估计的可靠度；损失频率估计；控制风险建议。

4.2.3 风险沟通方法

风险沟通是指将关于风险以及避免风险的多种来源（如科学机构、地方政府等）的信息通过多种渠道传达给受众（如平台公众、处于风险的特殊人群等），并共同商讨风险危害及应对策略的过程，是个体、群体以及机构之间交换信息和看法的互动过程。

风险沟通包含风险信息传递、风险认知、风险应对等内容。正确看待风险以及能够准确判断风险的危害对人们的风险沟通起着关键性的作用。至少有15种风险认知因素对人们的风险沟通造成影响（表4-5）。

表 4-5 影响风险认知的因素的种类

序号	种类	因素
1	自愿性	当个体风险事件知觉为被迫接受，要比自愿接受时认为风险更大
2	可控性	当个体风险事件知觉为受外界控制，要比他们的知觉为受自己控制时，风险更难以接受

序号	种类	因素
3	熟悉性	当个体不熟悉的风险事件，要比他们遇到熟悉的风险事件的风险更难以接受
4	公正性	当个体风险事件知觉为不公正，要比他们风险事件知觉为公正时，风险更难以接受
5	利益	当个体风险事件直觉存在着不清晰的利益，要比他们的知觉为具有明显益处时，风险更难以接受
6	易理解性	当个体难以理解风险事件，要比他们容易理解风险事件时，风险更难以接受
7	不确定性	当个体认为风险事件难以确定，要比已经可以科学地解释该风险事件时，风险更难以接受
8	恐惧	可以引发害怕、恐惧或焦虑等情绪的风险，要比不能引发上述情绪体验的，风险更难以接受
9	机构信任	缺乏信任度的机构或组织有关的风险，要比可信的机构或组织有关的，风险更难以接受
10	可逆性	当个体风险事件有着不可逆的灾害性后果，要比灾害性后果可以缓解时，风险更难以接受
11	个人利害关系	当个体风险事件与自己有直接关系，要比对自己不具有直接威胁时，风险更难以接受
12	伦理道德	当个体风险事件与日常伦理道德所不容，要比与伦理道德没有冲突时，风险更难以接受
13	自然/人为风险	当个体认为风险事件是人为导致的，要比认为风险事件是天灾时，风险更难以接受
14	受害者特性	可以带来确定性死亡案例的风险事件，要比只能带来统计性死亡案例的风险事件，更难以接受
15	潜在伤害程度	在空间和时间上能够带来死亡、伤害和疾病的风险事件，要比只能带来随机效应和分散效应的风险事件，更难以接受

风险认知被认为是测量公众心理恐慌的指标，恐慌的状态和程度能够直接影响灾害风险信息的传播。风险的负面信息会引起更多的关注，人们对它的记忆也会更持久，所以它的影响要远远大于正面信息。人们往往赋予有关风险的负面信息更大的权重。

4.3 自然灾害风险等级评估模型

灾害评估一般是指灾后评估，即通过调查分析，对灾害事件产生的人员伤亡、经济损失、自然环境破坏量（包括数量和价值量）及其产生的原因进行评估。

自然灾害风险评估是对未来灾害发生强度的可能性、危险性及危害程度的不确定性进行风险等级评估，它具有预测的性质。正确地科学评估灾害风险是管理灾害风险的重要前提和基础，是制定防灾减灾政策和措施的重要依据与手段。限于不同行业（领域）关注点的差异性和风险评估所需数据资料储备的参差不齐，对于现有较为成熟的自然灾害风险评估方法的标准化和规范化尝试较为缺乏。

评估方法可概括为：①概率方法，根据历史数据和概率模型预测未来灾害发生的可能性；②风险指数方法，通过建立风险指数模型，评估灾害发生的可能性和影响；③情景分析方法，分析不同灾害情景下可能产生的影响和损失，为决策提供依据；④综合评估方法，综合考虑多种因素，对灾害风险全面评估。

4.3.1 评估原理

国际风险管理理事会（IRGC）认为任何风险评估都由三个核心组成：①灾害和承灾体危险的识别，如有可能，还包括危险的估计；②脆弱性评估；③风险的估计，包括目标影响的可能性和损失严重程度。模型原理如图 4-4 所示。

图 4-4 灾害风险评估原理

风险评估一般过程主要包括以下几步：①识别危险的性质、地点、强度及其发生的可能性；②判定承灾体存在与否、脆弱度及其危险暴露度；③判断减灾能力和可利用资源；④判定风险的可接受水平。

具体而言，建立自然灾害模型的基本原理为利用自然灾害风险评估的基本数据，包括：①灾害发生的地点、频率和强度；②易损性，在既定事件强度下，造成的毁坏程度；③价值分布，各类保险标的的分布及其各自的价值；④保险条件，保险的损失占总损失的比例（图 4-5）。在分别量化这四组数据的基础上，把这些数据作为输入来估计灾害损失。灾害、易损性、价值分布、保险条件四个模块是进行灾害风险分析的基础模块，每个模块的详细说明如下。

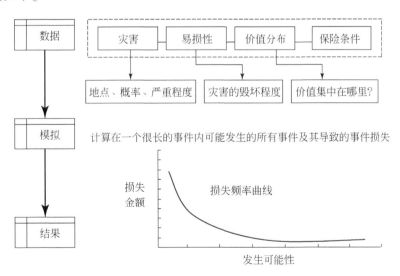

图 4-5 自然灾害风险评估模型原理（来源：原民政部减灾中心灾害管理国际培训班基础教材）

灾害模块：发生地点、发生概率、严重程度。灾害模块用来明确灾害发生地点、发生概率、发生后的严重程度如何。各种灾害的历史事件数据是灾害模块的基础，历史数据通常只可追溯到近100年的，然而极端事件在该段时间内可能并没有发生，很难掌握充分的历史数据。解决该问题的途径是，在历史事件的基础上，通过改变特定参数（如地理位置、强度等）制造情景事件的大数据。灾害模块模拟灾害事件可体现几千年或几万年的模拟时间跨度的大数据。

易损性模块：灾害的毁坏程度。易损性模块就是基于模拟灾害事件强度来定义受灾对象的平均损失率。例如，每次发生台风即使风速相同，造成的毁坏程度也千差万别。一栋建筑物遭受灾害的破坏程度主要取决于该建筑物的建筑类型、建筑时间和高度。建筑物内物品的损失程度也大小不一。将受灾对象划分为不同的类别，如住宅建筑、商用建筑分别为两种不同类别，每种都有各自的易损性曲线。受灾对象类别的划分依赖于合理的参数选取。

价值分布模块：将灾害风险转换成经济价值，通过量化方法计算保险产品的成功那本和收益。

保险条件模块：考虑市场和风险偏好等因素，制定合理的保险费率，实现风险与收益的平衡。

4.3.2 评估数据来源

（1）历史资料数据

历史资料包括自然界记载的资料和历史文献资料两大类。自然界记载的资料主要指树木年轮、湖泊沉积记录、地层中古生物和地球化学元素，以及与灾害相关的地质地貌、水文、气象、土壤等。历史文献资料主要指人类通过文字、图形、数字等记录的自然灾害事件。这些资料不仅提供了自然灾害事件本身特征方面的信息，还提供了与社会、经济因素相关的灾情资料。通过历史资料的分析，可以预测不同等级灾害发生的频率，灾害损失等级、范围，区域灾害危险及特征等，如灾害统计年鉴等（表4-6）。

表4-6 风险评估数据来源

数据类型		数据来源	应用举例
历史资料数据	自然界记载的资料	主要指树木年轮、湖泊沉积韵律、地层中古生物和地球化学元素，以及与灾害相关的地质地貌、水文、气象、土壤等	通过对这些资料提供的自然灾害事件本身特征方面的信息与社会、经济因素相关的灾情资料进行分析，可以预测不同等级灾害发生的频率，灾害损失等级、范围，区域灾害危险及特征等，如灾害统计年鉴等
	历史文献资料	主要指人类通过文字、图形、数字等记录的自然灾害事件	
野外调查数据		灾害发生、发展的机制	在山地灾害多发区建立野外调查站，采用现代探测技术，如有线传感器、接触传感器及与之相连的自动记录仪和采样装置，获取有关泥石流发生、发展的资料，可揭示降水与泥石流发生的关系，判断泥石流危险的时空分布情况

数据类型	数据来源	应用举例
监测数据	利用适当的仪器、设备，借助一定的技术手段获得自然状态下发生的、反映真实情况的数据	不同的监测手段和监测技术满足不同程度的评估要求。对山体崩塌、泥石流，监测地表位移、地下变形、影响因素（地下水动态、地表水、地声、地温、地应力、岩石压力、人类活动）等。低分辨率遥感监测和近景摄影法适用于大范围、区域性崩滑体监测，根据不同时期图像变化判断滑坡的变化情况；利用高分辨率遥感影像对地质灾害进行动态监测
模拟试验数据	利用试验设备、通过试验手段以重现某种情景而获得的数据。一方面可弥补野外观测之不足；另一方面可净化致灾因子，排除混杂因素的干扰，从而深刻揭示灾害形成的机制，为灾害风险预测、区划提供依据	有研究曾使用串联的三段式水箱在室内模拟储水量与崩塌的关系

（2）野外调查数据

通过野外调查可以揭示灾害发生、发展发展的机制。例如，山地灾害受灾范围相对较小，便于进行野外实地调查。在山地灾害多发区建立野外调查站，采用现代测试技术，如有线传感器、接触传感器及与之相连的自动记录仪和采样装置，获取有关泥石流发生、发展的资料，可揭示降水与泥石流发生的关系，判断泥石流危险的时空分布。

（3）监测数据

在崩塌、泥石流的监测中，地表位移监测、地下变形监测、影响因素监测（地下水动态、地表水、地声、地温、地应力、岩石压力、人类活动）、宏观地质监测等为崩塌、泥石流风险评估提供了第一手的数据资料。不同的监测手段和监测技术满足了不同程度风险评估要求，如遥感监测和近景摄影法适用于大范围、区域性崩滑体监测。而根据遥感影像，可进行滑坡判断；根据不同时期图像变化判断滑坡的变化情况。

（4）模拟试验数据

模拟试验数据一方面可弥补野外观测之不足；另一方面可净化致灾因子，排除混杂因素的干扰，从而深刻揭示灾害形成的机制，为灾害风险预测、区划提供依据。

4.3.3　指标体系风险评估模型

1. 确定性风险评价

根据研究区域的灾害特征，选择影响致灾因了和脆弱性的指标因子，构建综合评价体系，实现对不同因素综合影响的表达，以此界定风险的等级。该方法被称为指标体系法或地理信息叠加法。

因子的组合形式主要有三种：①乘积法：$R = H \times V$。②加权求和法：$R = m \times H + n \times V$。

③幂和法：$R=H^m+V^n$。其中，R 表示风险；H 表示致灾因子的危险性；V 表示承灾体的易损性；m 和 n 分别表示危险性和易损性的权重系数。

2. 风险矩阵建模

基于风险矩阵的半定量风险评估模型的主要环节包括风险源识别、致灾因子可能性分析、灾害后果分析、风险定级（图4-6）。风险等级的确定主要由致灾因子可能性和灾害后果两个因素决定。

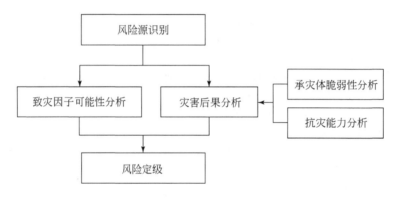

图4-6　灾害风险等级评估流程

（1）致灾因子可能性分析

通过分析致灾因子特性，确定灾害发生的可能性等级。综合考虑相关因素，将风险可能性划分为四级：A 为基本不可能发生；B 为较不可能发生；C 为可能发生；D 为很可能发生

（2）灾害后果分析

后果分析是风险评估过程中最重要的环节之一。确定风险后果等级对于提出相应的应对措施，制订必要的应对预案具有重要的参考价值。风险后果评估工作是否全面、准确、客观，将直接影响对风险等级判断的准确性。

灾害后果影响的等级可以划分为：1 为影响很小；2 为一般；3 为较大；4 为重大。

（3）承灾体脆弱性分析

承灾体脆弱性分析是对承灾体自身的特性及其承灾能力进行分析，包括系统自身承受能力、社会心理承受能力等。对于其中人群的风险承受能力可以从心理素质、防灾应急知识、经济能力等方面进行分析。

（4）抗灾能力分析

灾害影响的严重程度与灾前预防能力、灾中控制能力等密切相关，把可以调节灾害影响程度的因素统称为抗灾能力。抗灾能力可以从（但不限于）以下几个方面进行分析：预测预警能力、应急预案、应急组织体系、应急处置能力、应急资源保障水平（人力、物力、财力、技术水平）、恢复重建能力、政策保障、宣教培训、工程措施。

（5）风险定级

风险定级是指结合致灾因子分析结果与灾害影响后果，对灾害风险的等级进行综合判断，划分等级（表4-7）。风险等级的划分可参考《自然灾害风险分级方法》（MZ/T 031—2012）。

表4-7　风险分级划分参考标准

项目		后果			
		1	2	3	4
可能性	A	低	低	低	中
	B	低	低	中	高
	C	低	中	高	极高
	D	中	高	高	极高

3. 案例

针对区域的特点，采用专家评判法，结合研究对象的地形条件和气候水文特征，参考暴雨洪涝灾害风险的技术规范，建立评估体系（图4-7），从致灾因子危险性、孕灾环境脆弱性和承灾体防灾减灾能力三方面筛选出 9 个指标，分别是多年汛期平均降水量、强降水频次、地形坡度、地形高程、植被指数、地表行洪能力、河道缓冲区等级、人口密度、经济投入水平。结合专家意见对 9 个影响因子进行分级、赋值并归一化处理，得到一致性检验结果和权重（表4-8），进而建立洪涝灾害风险模型，计算公式如式（4-5）所示：

$$FDRI = (H \times W_H + S \times W_S) - C \times W_C \tag{4-5}$$

式中，FDRI 是洪涝灾害风险评价的综合指数；H 是致灾危险性；S 是孕灾环境脆弱性；C 是承灾体防灾减灾能力；W_H、W_S、W_C 分别是三种影响因子的权重。

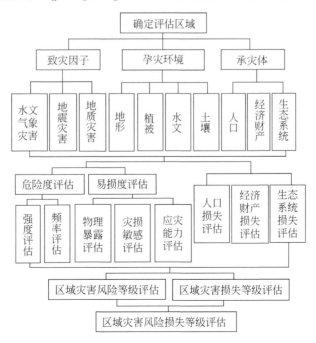

图 4-7　区域灾害风险损失等级评估体系

表 4-8　洪涝灾害风险评价指标因子与权重值

项目	因子/权重	评价指标/权重	组合权重
洪涝灾害风险评价指标体系	致灾危险性/0.537	多年汛期平均降水量/0.307	0.165
		强降水频次/0.258	0.139
		地形坡度/0.206	0.111
		地形高程/0.229	0.123
	孕灾环境脆弱性/0.348	植被指数/0.512	0.143
		地表行洪能力/0.292	0.311
		河道缓冲区等级/0.196	0.108
	防灾减灾能力/0.155	人口密度/0.542	0.062
		经济投入水平/0.458	0.053

4. HAZUS 模型的七个模块简介

基于灾害预报的风险评估模型的典型代表是美国的 HAZUS 模型。HAZUS 模型是美国联邦紧急事务管理局（Federal Emergency Management Agency，FEMA）1992 年开发的灾害评估系统，最初只针对地震灾害损失，后续逐步发展成能对地震、洪水、飓风自然灾害进行损失评估系统。它是一个标准化的通用的多灾种损失估计方法，是建立在 GIS 平台上的一种全面的风险分析软件包。

1）潜在致灾因子：评估三种致灾因子（地震、洪水、飓风）的可能强度。

2）数据库：国家级别的暴露数据库，默认的数据库包括全部建筑物、关键设备、交通系统和生命线设施。可以允许使用者在不进行收集其他地方资料和信息的情况下进行分析。

3）直接损失：对于不同强度的致灾因子，以暴露水平和结构脆弱性为基础，评估财产损失。

4）间接损失：由灾害事件所造成的财产的次生损失，如地震引起的火灾损失等。

5）社会损失：评估人员伤亡、转移家庭、暂时性避难所的需要。

6）经济损失：评估结构和非结构性损失、内容物损失、重新安置成本、商品存货损失、资本损失、工资收入损失、租金损失。

7）间接经济损失：灾害造成的区域范围和对区域经济的长期影响。

4.3.4　概率风险评估模型

灾害发生的可能性一般用概率表示。概率计算需要大量历史数据支持，且数据质量直接影响计算结果的准确性。就一个地区来说，因为"概率"只是一种可能性，不是必然性，在某些时候，估算出来的大概率事件没有出现，小概率事件倒成为现实。在降低灾害发生可能性的行动上，以洪水灾害为例，第一层级是降低灾害事件发生的可能性，通过建坝、抬高建筑物的标高、地平标高来应对。第二层级是减小灾害事件发生的规模，通过暴雨预警系统、防水地下室、雨水调蓄设施等，减小洪涝灾害发生的规模。第三层级是降低城市脆弱性，通过应急泵、更加耐淹的设施，使得灾后能够更快恢复。概率风险评估模型的核心任务是依据历史资料，推算灾害发生的可能性（概率）；然后，根据灾害可能发生地区的自然和社会经济条件，在系统参数的概率分布已知的前提下对可能造成的后果进行预测；常用模型有：Cornell 模型、McGuire 数值模型、Bayesian 模型、Monte Carlo 模型、Markov 链模型等。概率风险评估模型的主要优点是较全面地反映了灾害事件的随机不确定性。

估计一段时间 t 内，在给定区域 s 内，用概率统计方法进行致灾因子风险分析的任务就是求出致灾因子以 h 强度发生的条件可能性 P（h/t，s）。通常，人们只对给定时间段 T_0 和地域 S_0 进行致灾因子风险分析，其任务是求 P_{H/T_0S_0}（h）。而且，选定的致灾因子论域一般被视为是连续的。因此，致灾因子风险分析的任务是求概率密度 P（h）。

概率性风险评估应用广泛，在致灾因子危险性分析中，需要估计灾害强度频率关系。例如，估计洪水淹没范围、洪水淹没深度、台风风速等灾害强度因子的概率分布。在灾害损失的分析中，需要估计灾害损失频率分布。

1. 尾部相关系数

由于各极端事件可能存在一定的尾部相关性，复合事件研究中也采用一些尾部相关指标进行描述，如似然乘法因子。

似然乘法因子（likelihood multiplication factor，LMF）是为了研究复合事件驱动因子间的关联关系对复合事件发生概率的影响，将其定义为观测到的复合事件发生的经验概率（P_{actual}）与假定各致灾因子完全独立时复合事件发生概率（P_{indep}）的比值：

$$P_{indep} = P_{hazard}X \times P_{hazard}Y = \frac{\sum\limits_t X}{ndays} \times \frac{\sum\limits_t Y}{ndays} \tag{4-6}$$

$$P_{indep} = PX \cap \times Y = \frac{W}{ndays} \tag{4-7}$$

$$LMF = \frac{P_{actual}}{P_{indep}} \tag{4-8}$$

式中，$\sum\limits_t X$ 和 $\sum\limits_t Y$ 分别是事件 X 和 Y 持续内的天数；$PX \cap Y$ 事件 X 和 Y 的交 W 为复合事件出现的天数；ndays 为总天数；LMF $\in$ [0，∞]。若两个事件完全不相关，则 LMF = 1；若两个事件呈正相关，则 LMF > 1，且随相关性增强趋向正无穷；若两个事件呈负相关，则 0 < LMF < 1。

研究表明，气候变量之间的相关性会直接影响复合极端事件发生的可能性，并且发现在未来气候变暖的背景下，气温与降水之间相关性的增强会进一步增加极端干热事件发生的概率。

2. 重现期

重现期是水文现象在未来漫长的时间内（如 N 年）发生的平均时间间隔。假如某水

文现象概率为 P（一年内有 P 大小的概率发生），则重现期为 $1/P$。通常用 5 年、10 年、20 年、50 年一遇来表示。

（1）单变量重现期计算

基于 Copula 理论，对于灾害事件来说，重现期 T 是指事件 $X \geqslant x$ 发生的平均长度，即超过概率 $F'_X(x)$ 的倒数。传统的基于单变量的 Copula 函数重现期计算公式为

$$T_X = \frac{E(L)}{1 - F_X(x)}; F_X(x) = Pr[X \leqslant x] \tag{4-9}$$

单变量 y，z 同理。

（2）双变量联合重现期计算

灾害的发生有两个因素的情况下，可以根据 Copula 函数的定义，计算双变量的联合重现期。双变量联合分布的公式如下：

$$F(x,y) = P(X \leqslant x, Y \leqslant y) = C(F_X(x), F_Y(y)) = C(u,v) \tag{4-10}$$

双变量联合超越概率为

$$\begin{aligned} P(X \geqslant x, Y \geqslant y) &= C[F_X(x), F_Y(y)] \\ &= 1 - u - v + C(u,v) \end{aligned} \tag{4-11}$$

双变量联合重现期和同现重现期分别为

$$\begin{aligned} T(x,y) &= \frac{E(L)}{P(X \geqslant x \cup Y \geqslant y)} \\ &= \frac{E(L)}{1 - F(x,y)} = \frac{E(L)}{1 - C(F_X(x), F_Y(y))} = \frac{E(L)}{1 - C(u,v)} \end{aligned} \tag{4-12}$$

$$\begin{aligned} T'(x,y) &= \frac{E(L)}{P(X \geqslant x \cap Y \geqslant y)} \\ &= \frac{E(L)}{1 - F_X(x) - F_Y(y) + F(x,y)} \\ &= \frac{E(L)}{1 - F_X(x) - F_Y(y) + C(F_X(x), F_Y(y))} \\ &= \frac{E(L)}{1 - u - v + C(u,v)} \end{aligned} \tag{4-13}$$

X，Y 二双变量条件下，给定 $Y \geqslant y$ 条件时，X 的条件概率分布和相应的条件重现期为

$$F_{X|y}(x,y) = P(X \leqslant x | Y \geqslant y) = \frac{P(X \leqslant x, Y \geqslant y)}{P(Y \geqslant y)} = \frac{u - C(u,v)}{1 - v} \tag{4-14}$$

$$T_{X|y}(x,y) = \frac{E(L)}{1 - F_{X|y}(x,y)} = \frac{E(L)}{1 - P(X \leqslant x | Y \geqslant y)} = \frac{E(L)(1-v)}{1 - u - v + C(u,v)} \tag{4-15}$$

给定 $Y \leqslant y$ 条件时，X 的条件概率分布和相应的条件重现期为

$$F'_{X|y}(x,y) = P(X \leqslant x | Y \leqslant y) = \frac{P(X \leqslant x, Y \leqslant y)}{P(Y \leqslant y)} = \frac{C(u,v)}{v} \tag{4-16}$$

$$T'_{X|y}(x,y) = \frac{E(L)}{1 - F'_{X|y}(x,y)} = \frac{E(L)}{1 - P(X \leqslant x | Y \leqslant y)} = \frac{E(L)v}{v - C(u,v)} \tag{4-17}$$

计算步骤：①根据 K-S 检验、A-D 检验和 Q-Q 图检验，识别每个变量的边缘分布函数。②度量每个变量的相关性，求出 ρ 与 τ；选择 Copula 函数类型（表4-9）。③通过极大

似然法进行参数估计，构建二变量联合概率分布函数。④联合函数的拟合优度检验（RMES、AIC 和 Bias 值）。⑤确定双致灾因子的联合概率分布函数。

表 4-9 四种 Copula 函数的基本形式、参数 θ 以及 θ 与 Kendall's τ 的关系（韦艳华和张世英，2008）

Copula	函数基本形式	参数范围	参数与 Kendall's τ 的关系
Gaussian	$C(u_1, u_2, \cdots, u_N; \rho) = \Phi_\rho(\Phi^{-1}(u_1), \Phi^{-1}(u_2), \cdots, \Phi^{-1}(u_N))$	$\rho \in (-1, 1)$	$2\arcsin\rho/\pi$
t-Copula	$C(u_1, u_2, \cdots, u_N; \rho, k) = t_{\rho,k}(t_k^{-1}(u_1), t_k^{-1}(u_2), \cdots, t_k^{-1}(u_N))$	$\rho \in (-1, 1)$ $k \geqslant 1$	$2\arcsin\rho/\pi$
Frank	$C(u, v; \theta) = -\dfrac{1}{\theta}\ln\left(1 + \dfrac{(e^{-\theta u}-1)(e^{-\theta v}-1)}{e^{-\theta}-1}\right)$	$\theta \in (-\infty, \infty) \setminus \{0\}$	$1 - \dfrac{4}{\theta}\left[-\dfrac{1}{\theta}\int_\theta^0 \dfrac{t}{\exp(t)-1}dt - 1\right]$
AMH	$C(u, v; \theta) = uv/[1-\theta(1-u)(1-v)]$	$\theta \in -1, 1)$	$\left(1 - \dfrac{2}{3\theta}\right) - \dfrac{2}{3}\left(1 - \dfrac{1}{\theta}\right)^2 \ln(1-\theta)$

影响灾害的各变量有可能服从不同的分布类型，并且它们之间可能存在一定的正相关或负相关关系，传统的多变量分析方法无法解决，而 Copula 函数比较容易扩展到多元联合概率分布，同时可以描述变量间非对称性、非线性及尾部相关关系，且可用于极值相关关系研究，这正是自然灾害特征分析所需求的。以 Copula 模型为核心的联合概率建模得到越来越广泛的应用，并实现了由二维向多维、由静态向动态建模的发展。

在概率已知的条件下，结合损失评估结果，就可以评估灾害风险的期望损失（表 4-10）。

表 4-10 台风事件、损失与概率

事件	年发生概率 P_i	损失 L_i	期望损失 $E(L) = P_i \times L_i$
1	0.002	25 000 000	50 000
2	0.005	15 000 000	75 000
3	0.010	10 000 000	100 000
4	0.020	5 000 000	100 000
5	0.030	3 000 000	90 000
6	0.040	2 000 000	80 000
7	0.050	1 000 000	50 000
8	0.050	800 000	40 000
9	0.050	700 000	35 000
10	0.070	500 000	35 000
11	0.090	500 000	45 000
12	0.100	300 000	30 000

事件	年发生概率 P_i	损失 L_i	期望损失 $E（L）=P_i×L_i$
13	0.100	200 000	20 000
14	0.100	100 000	10 000
15	0.283	0	0
总计	1.000	平均每年损失=760 000	

4.3.5　模糊风险评估模型

1. 模糊不确定性

系统中的不确定性从属性上来分，有随机不确定性和模糊不确定性两种。前者主要是致灾因子发生与否是随机不确定的，后者不仅指我们对致灾因子的运动规律还没有认识清楚，而且指我们对自然灾害系统中各种关系的认识也不清楚，如对地震活动规律的认识不够清楚。

模糊不确定性并不是漫无边际，而是有一定范围的。我们还不可能精确估计出某地在未来50年内将发生7级地震的概率，但是这种不清楚"模糊性"是指不确定性中的某种概率模型有一些权重，但不知道权重是多少，这是很多文献对"模糊性"的定义。

在真实的灾害风险系统中，由于信息不完备，用概率风险评估模型估计出来的概率和真实的概率常常有很大的差异，尤其是当给定的用于风险分析的样本容量很小时，根本无法判断概率分布的类型，更不可能精确估计灾害的风险。例如，当分析者主要依靠一些定性资料或宏观描述时，风险评估常常无法进行；当碰到小样本问题时，建立在大数据定律之上的古典统计方法给出的结果就很不可靠。事实上灾害的发生在时间和强度上都有很大的不确定性，这种不确定性，既有偶然的成分，又有不分明的成分，分别对应于灾害的随机性和模糊性。而概率风险评估模型并没有顾及其中的模糊不确定性。

灾害模糊性主要是依据历史资料数据，对灾害风险中的模糊不确定因素用模糊集理论表述，并采用模糊近似推理得到以模糊集或模糊关系表示的灾害风险。采用的模型称为模糊风险评估模型，包括模糊层次分析模型、模糊聚类分析模型、模糊逻辑模型、模糊综合评判模型、信息扩散和内集–外集模型等。

2. 模糊概率

引用美国控制论专家扎德1965年提出的模糊概率，设 Ω 是一个非空集合，其元素记为 ω；设 A 是样本空间 Ω 的幂集的一个非空子集，其元素记为 a，成为事件，且 A 是一个 σ 代数，即

1）$\Omega \in A$；

2）若 $a \in A$，则 $\bar{a} \in A$；

3）若 $an \in A$，$n = 1$，2，…，则 $\bigcup\limits_{n=1}^{\infty} A_n \in A$。

设 P 是一个从集合 A 到实数域 R 的函数，每个事件都被此函数赋予一个 $0 \sim 1$ 的概率，且 $P(\Omega) = 1$，则称（Ω，A，P）为一个概率空间。

如果 $\tilde{A}$ 是 Ω 省的一个模糊集，则称 $\tilde{A}$ 是一个模糊事件。设 $\tilde{A}$ 由隶属函数 $\mu_a(\omega)$ 定义，称式（7-1）计算的数值为模糊概率：

$$P(\tilde{A}) = \int_\Omega \mu_A(\omega) \mathrm{d}P = E(\mu_A(\omega)) \tag{4-18}$$

例如，设某地区震中烈度 I_0 为Ⅷ的大地震震级 m 的概率密度函数为图 4-8 中的实线：

$$P(m) = \frac{1}{0.45\sqrt{2\pi}} \exp\left[-\frac{(6-m)^2}{2 \times 0.45^2}\right] \tag{4-19}$$

假定产生震中烈度为Ⅷ的大地震被定义为图 4-8 中的虚线：

$$\mu_{大地震}(m) = \frac{1}{1 + [0.9(m-6)]^{-5}} \tag{4-20}$$

则当该地区发生一次地震中烈度为Ⅷ的地震时，模糊事件"大地震"出现的概率为

$$P(大地震) = \int_6^8 \frac{1}{1 + [0.9(m-6)]^{-5}}$$
$$\times \frac{1}{0.45\sqrt{\pi}} \exp\left[-\frac{(6-m)^2}{2 \times 0.45^2}\right] \mathrm{d}m = 0.019\,856 \tag{4-21}$$

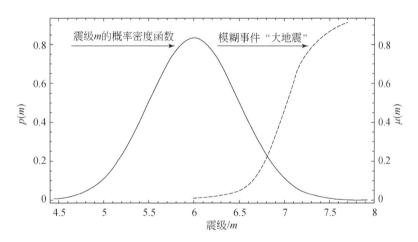

图 4-8　某地区震中烈度 $I_0 = $ Ⅷ的震级 m 概率分布（实线）和"大地震"隶属函数（虚线）

可见，计算模糊事件发生的概率，其先决条件是已知基本事件 m 的概率分布 $P(m)$，这是自然灾害风险分析的重要问题之一。然而，灾害管理部门事先知道某地发生Ⅷ级地震的死亡人数 x 的概率分布是 $p(x)$ 是比较困难的。

3. 模糊综合评价

模糊综合评价以模糊数学为基础，应用模糊关系合成原理，将边界不清、不易定量的因素定量化，依据多个因素对被评价对象的隶属等级进行综合评判。在风险评估中，若仅

有小样本提供的模糊信息，模糊综合评判模型可以对评价对象按照综合分值进行评价和排序，还可根据模糊评价集上的值按照最大隶属度原则判定对象的所属等级。其不仅可以用于自然灾害风险综合而又定量的评价，还被广泛用于安全管理、天气预报、重大风险源评价、医疗诊断等领域。模糊综合评价方法的步骤如下。

1）确定因素集 U。将被评价的因素集分为 m 个因素子集：

$$U=(u_1,u_2,\cdots,u_m) \tag{4-22}$$

式中，u_i（$i=1$，2，$\cdots$，m）是第一层次中的第 i 个因素，它由第二层次中的 n 个因素决定，即 $u_i=u_{i1}$，u_{i2}，$\cdots$，u_{ij}，$j=1$，2，$\cdots$，n。

2）建立权重集 W。根据每一层次中各个因素的重要程度，分别赋予每个因素以相应的权重值。

第一层次的权重值 $W=(w_1,w_2,\cdots,w_i,\cdots,w_m)$

第二层次的权重值 $\omega_i=(\omega_{i1},\omega_{i2},\cdots,\omega_{ij},\cdots,\omega_{in})$，$j=1$，2，$\cdots$，$n$

3）建立评价集 V。评价者对评价对象可能做出的各种总的评价结果所组成的集合，不论评价层次多少，评价集只有一个。

$$V=(v,v_2,\cdots,v_p) \tag{4-23}$$

式中，p 为评语等级数，每个等级对应一个模糊子集。一般情况下，p 去区间 [3，7] 中的奇数，如果 p 过大，则难以描述且不易判断等级归属，如果 p 过小，不符合模糊综合评判的质量要求。一般来说，p 多取奇数，这样可以有一个中间等级，便于判断被评价对象的等级归属。

4）一级模糊综合评价。第一层次各因素是由第二层次的若干因素决定的，所以第一层每一因素的单因素评价是第二层次的多因素评价结果。令第一层次的单因素判断矩阵 $\boldsymbol{R}_i$ 为

$$\boldsymbol{R}_i=\begin{bmatrix} r_{i11} & r_{i12} & \cdots & r_{i1p} \\ r_{i21} & r_{i22} & \cdots & r_{i2p} \\ \vdots & \vdots & & \vdots \\ r_{in1} & r_{in2} & \cdots & r_{inp} \end{bmatrix} \tag{4-24}$$

决定矩阵 $\boldsymbol{R}_i$ 行数的是第二层次因素中影响第一层次中的第 i 个因素的因素数量 r_{ij} 的个数。决定矩阵列数的是评价集中的等级数。考虑了权重后，得到一级模糊综合评价集 $\boldsymbol{B}_i$ 为

$$\boldsymbol{B}_i=w_i\circ R_i=[\omega_{i1},\omega_{i2},\cdots,\omega_{in}]\circ\begin{bmatrix} r_{i11} & r_{i12} & \cdots & r_{i1p} \\ r_{i21} & r_{i22} & \cdots & r_{i2p} \\ \vdots & \vdots & & \vdots \\ r_{in1} & r_{in2} & \cdots & r_{inp} \end{bmatrix}=[b_{i1},b_{i2},\cdots,b_{ip}] \tag{4-25}$$

式中，$\circ$ 是模糊算子。

5）多级模糊综合评判。无论多少层次，最终要求得到最高的目标层的综合评判结果。以二级评级案为例，二级模糊评价的单因素评价矩阵 $\boldsymbol{R}$ 为

$$\boldsymbol{R}_i = \begin{bmatrix} B_1 \\ B_2 \\ \vdots \\ B_m \end{bmatrix} \begin{bmatrix} w_1 \circ R_1 \\ w_2 \circ R_1 \\ \vdots \\ w_m \circ R_1 \end{bmatrix} \tag{4-26}$$

二级模糊综合评价集 $\boldsymbol{B}$ 为

$$\boldsymbol{B} = W \circ R = \begin{bmatrix} w_1, w_2, \cdots, w_m \end{bmatrix} \circ \begin{bmatrix} w_1 \circ R_1 \\ w_2 \circ R_1 \\ \vdots \\ w_m \circ R_1 \end{bmatrix}$$

$$= \begin{bmatrix} w_1, w_2, \cdots, w_m \end{bmatrix} \circ \begin{bmatrix} b_{11} & b_{12} & \cdots & b_{1p} \\ b_{21} & b_{22} & \cdots & b_{2p} \\ \vdots & \vdots & & \vdots \\ b_{m1} & b_{m2} & \cdots & b_{mp} \end{bmatrix} = \begin{bmatrix} b_1, b_2, \cdots, b_p \end{bmatrix} \tag{4-27}$$

可见，只要给出因素体系中最底层的各单因素矩阵，再给出各层次的权重值矩阵，就可以求得任意层次中的综合评价结果和最终的综合评价结果。

4. 模糊评判方法的优点与局限

1）评价结果本身是一个向量的模糊子集，不是单点值，在信息的质和量上都具有优势。对综合评价结果进一步分析和加工，可提供一系列的参考综合信息。

2）从层次途径评价复杂系统，符合自然灾害系统的复杂性特点，有利于最大限度地客观描述被评价对象，也有利于尽可能准确地确定权重。

3）适用性强，既可用于主观因素的综合评价，又可用于客观因素的综合评价。

4）评价过程中不能解决评价因素间的相关性所造成的评价信息重复的问题，因此在评价前的因素筛选十分重要，要尽量把相关程度较大的因素删除。

5）因素的权重不是在评价过程中产生的，人为定权具有较大的灵活性，但专家观点的主观性较大，与实际可能存在偏差。

与概率风险评估模型相比，模糊风险评估模型考虑了灾害风险描述中的模糊不确定性，并且不需要知道参数的概率分布，而是以模糊集理论和方法为数学工具，这样在不排除客观信息的基础上还包括了来自复杂系统的主观信息。但是，模糊风险评估模型的评估结果是模糊关系或模糊集，无法直接进行比较做出决策。另外，当灾害风险评估涉及的参数较多时，计算就比较复杂。

总之，确定性风险评估模型、概率风险评估模型、模糊风险评估模型三者是发展与补充的关系，而不是替代的关系。在现实自然灾害风险评估模型的研究中，无论哪一类模型都不可能成为唯一的、有效的工具。

4.3.6 易损性风险评估模型

易损性被定义为物理暴露和脆弱性。承灾体易损性评估模型基于历史灾损资料的风险评估方法有一个基本假定：灾损风险可以用历史灾损资料表示。但是，这个假定值得商榷，随着经济快速发展，承灾体的物理暴露大大增加，承灾体的脆弱性也发生了很大变化，同样强度的自然灾害造成的经济损失绝对值大大增加，同时防灾抗灾能力也大大增强。因此，对历史灾损资料必须进行有关的订正，使订正后的灾损资料时间序列成为平稳马尔可夫过程。

1. 历史灾损资料的订正

因为承灾体的物理暴露和脆弱性与社会经济的发展程度有关，如经济越发达的地区财产密度和人口密度越大，即物理暴露量越大；与此同时，承灾体的灾损敏感性也减小了，如房屋抗风能力增加了；防灾减灾抗灾能力也增强了，历史灾损资料并不能真实反映灾害的强度。因此，使用历史灾损资料来评估现在的灾害风险，应当去除这些因素的影响，进行必要的订正，包括农业灾损资料订正、经济损失资料订正、人员伤亡资料订正。

灾损资料订正之后得到各种灾损指数，然后可以采用相似、相关分布函数法等方法进行风险评估，得到当前自然灾害事件的灾损指数，最后乘以当前的农业产量/GDP/人口密度就可得到这个灾害事件可能产生的产量损失/经济损失/人员死亡数。

2. 基于物理暴露和脆弱性的评估模型

历史灾损资料经过以上订正后，可以采用以下方法进行风险评估。虽然自然灾害风险系统是由风险源危险性和承灾体易损性组成的，但是风险是相对于人类社会的承灾体而言的，因而从逻辑上讲，风险评估模型中的构成元素只应当包括承灾体的物理暴露和脆弱性，而不应当包括致灾危险性。致灾危险性是通过对承灾体的打击而表现出来的。因此，对于人类社会，第 i 承灾体的风险应当是

$$R_{d,i} = E_i \cdot V_{d,i} [a_i + (1-a_i)(1-C_{d,i})] \tag{4-28}$$

式中，$R_{d,i}$ 是风险；$V_{d,i}$ 是脆弱性；E_i 是承灾体的物理暴露；a_i 是致灾因子；$C_{d,i}$ 是防灾减灾能力。

式 4-28 表示自然灾害强度越大、影响范围越大，暴露在自然灾害中的承灾体数量越多，可能损失就越大；其次承灾体脆弱性越大，可能损失就越大。

如果能够预报灾害强度和影响范围，又建立了承灾体数据库和脆弱性曲线库，那么，就知道了式中的每一种承灾体的物理暴露（E_i）和脆弱性（$V_{d,i}$），这样便可以进行灾害风险评估了。这种方法可称为基于自然灾害预报和当前承灾体易损性的风险评估，简称为基于承灾体易损性的风险评估。

3. 评估方法

（1）分布函数法

基本思路是根据历史资料分析总结出自然灾害对承灾体造成灾害损失占 GDP 的百分

比作为风险分布函数。此方法的关键是从历史资料中算出分布函数，需要较长时间的历史资料。

（2）历史相似法

历史相似法也称历史情景类比法，主要思路是首先在历史资料库中找出所评估的自然灾害强度和范围相似的若干个例，相似程度大于 0.5 的个例，才能选为相似个例，根据相似程度分别将每个权重给予每个相似个例。然后，对相似个例的灾损资料进行必要的订正。最后，对相似个例订正后的灾损资料进行加权求和便得到这种灾害的灾损风险值，权重系数采用相似系数归一化值。

历史相似评估法的最大局限性是难以找到相似的个例。对于灾害风险评估而言，只有致灾因子的强度和地理上的分布相似，产生的灾损才有可能相似，这样的相似个例的数量不多见。

（3）相关分析法

致灾因子与灾损相关性风险评估模型是通过建立致灾因子与灾损的相关关系来评估灾害的风险。

设灾害损失矩阵为 $(y_1, y_2, \cdots, y_n)$，y_i 为第 i 个灾损指标，如人员死亡指数、直接经济损失指数等。

设致灾因子矩阵为 $(x_1, x_2, \cdots, x_m)$，x_i 为致灾因子，如降水量、风力等。

选择合适的统计方法，建立致灾因子与灾损指数相关模型。

相关分析法对历史资料也有严格的要求：第一，要求使用订正后的灾损资料；第二，致灾因子和订正后的灾损资料序列应当是平稳马尔可夫过程。这实际上要求在评估区域内孕灾环境和/防灾工程不能有明显的变化，如果发生了明显变化，如修建了新的防灾工程，则致灾因子会出现突变；如果没有有效的办法能将致灾因子订正到平稳的状态，则孕灾环境和防灾工程变化前的致灾因子序列在建模中不能连续使用。

基于灾害预警及当前承灾体易损性的风险评估是根据灾害预报的强度、范围和当前承灾体的易损性进行风险评估。目前，国内外大多数风险评估方法都是基于历史灾损资料的。还有一类动力学模型也属于确定性风险分析的范畴，这类模型从致灾因子的形成机理角度分析致灾因子的危险性。例如，洪水灾害的水力模型用于模拟水文模型中的洪水事件在河道中的演进过程，通常采用方程组进行河道洪水演进计算，如河道洪水演进模型、泛区洪水演进模型等。

4. 风险评估流程

首先，预报自然灾害的强度和影响区域。其次，评估受灾害影响区域内承灾体的数量和价值量及可能的损失量。

（1）自然灾害预报

只有自然灾害预报有比较高的时间和空间分辨率及准确率，政府和公众才能有效地防御灾害、减少损失。与此同时，还要解决好预警信息的即时发布问题，这样政府和公众才来得及防御灾害。评估灾害覆盖范围内受影响的承灾体的数量和价值量，这需要建立承灾体的数据库。

（2）确定自然灾害影响范围

对于温度、风、冰雹、雾、沙尘暴等气象要素和天气现象，它们致灾的阈值（致灾临界气象条件）预报所覆盖的范围便是气象灾害影响范围。

然而，降水的预报范围并不是灾害的影响范围，还需要发展淹没模型来得到洪水的淹没范围。淹没模型有统计模型和水文模型两种。统计模型是根据历史上出现过的洪涝灾害的淹没范围来估计当前同样强度洪涝灾害的淹没范围及水深，只要孕灾环境和防灾工程没有发生变化，统计模型不失为一种有用的模型。水文模型是在精细的 GIS 支持下，根据DEM 数据、排泄条件等模拟洪水汇流、淹没范围和水深，以评估可能的经济损失和人员伤亡，有了承灾体脆弱性曲线，便可以进行经济损失和人员伤亡的评估。

（3）建立基于 GIS 的承灾体数据库和自动化风险评估平台

为评估自然灾害对承灾体的影响，应建立基于 GIS 的承灾体数据库，包括承灾体数据库和承灾体脆弱曲线库。目前 GIS 中已包括村镇、土地利用等数据，还需增加人口、房屋、道路、桥梁、学校、医院、变电站、危险的企事业单位（如化工厂等）、商业单位、风景名胜等数据，并添加到 GIS 的图层中去。

自动化风险评估平台应能自动获取致灾因子实况和预报数据，并能自动与致灾临界条件相比较，当达到阈值时自动报警；对于洪涝类灾害，还能自动启动淹没模型，自动计算淹没范围和水深；根据承灾体数据库，自动生成承灾体物理暴露评估产品；如果有承灾体脆弱性曲线，还可以自动生成这种承灾体灾损评估产品。这个平台应能够人机交互修改灾害预警和风险评估产品，经责任人签发后向预警分发系统推送该产品。

4.3.7 社会脆弱性评估模型

社会脆弱性是脆弱性的维度之一，是暴露于自然因素或人为因素扰动下的社会系统，由于自身的敏感性特征和缺乏对不利扰动的应对能力而使系统受到的负面影响或损害状态。社会脆弱性特征包括：①自然因素或人为因素扰动，主要包括自然灾害、气候变化、资源衰退、环境污染、土地利用变化等，可能源于社会系统之外或社会系统自身，也可能受多重压力影响。②社会系统的内在结构特征是社会脆弱性产生的主要原因，外部扰动是社会系统脆弱性变化的驱动因素，扰动对社会系统施加的影响并不均衡，取决于系统的结构特征和应对能力，扰动与社会系统之间的相互作用加剧或缓解了社会脆弱性状态。③社会脆弱性描述了暴露于扰动过程中社会群体的敏感性特征及其对扰动的应对能力特征。因此，它是一个关于暴露度、敏感性和应对能力的函数。④社会脆弱性具有明显的尺度特征，包括社会系统中的个体、家庭和群体尺度以及空间上的地方、区域和国家尺度。

社会脆弱性评估模型主要有四种基本类型：空间整合评估模型、灾害周期评估模型、微观与宏观评估模型及函数关系评估模型等。以空间整合评估模型为例，其指标体系如表4-11 所示。

表 4-11　社会脆弱性指标及数据来源

指标	指标意义	数据来源
年龄 1	14 岁以下人口比例/%	人口普查
年龄 2	65 岁以上人口比例/%	人口普查
教育 1	文盲率/%	人口普查
教育 2	高中以下人口比例/%	人口普查
农村状况	农林牧渔业人口比例/%	人口普查
城市化 1	第二产业人口比例/%	人口普查
城市化 2	非农业人口比例/%	人口普查
就业	失业率/%	人口普查
性别	性别比	人口普查
人口密度	人口密度/（人/km^2）	人口普查
人口变化	人口增长率/‰	人口普查
经济状况 1	人均 GDP/（元/人）	社会经济数据库
经济状况 2	人均储蓄/（元/人）	社会经济数据库
经济状况 3	人均固定资产投资/（元/人）	社会经济数据库
医疗服务	床位数/（床/万人）	社会经济数据库

（1）社会脆弱性指数构建

一般采用因子分析法。它用降维原理将反映客观事物特征的指标用少数几个指标综合，消除指标间的信息重叠和多重共线性问题。基本思想是将相关性较高的变量归在同一类，而不同类变量间的相关性较低，每一类变量实际上代表一个基本结构，称为公共因子。由于社会脆弱性受多个因素影响，难以用单一指标或方法进行量化，因此因子分析法适宜用来识别社会脆弱性的主要影响因子。

（2）原始数据矩阵构建

假设有 n 个社会脆弱性的原始变量，表示为 x_1，x_2，$\cdots$，x_n，将这些变量进行 Z 标准化（均值为 0，标准差为 1）。

标准化公式：

$$X_{ij} = \frac{x_{ij} - \bar{X}_j}{\sigma_j} \tag{4-29}$$

式中，X_{ij} 是标准化后的值；x_{ij} 是指标值；$\bar{X}_j$ 是该指标的平均值；σ_j 是该指标的标准差。

假设这 n 个变量可由 k 个公共因子 f_1，f_2，$\cdots$，f_n 表示为线性组合，即因子分析模型可表示为

$$\begin{cases} x_1 = a_{11}f_1 + a_{12}f_2 + \cdots + a_{1k}f_k + \omega_1 \\ x_2 = a_{21}f_1 + a_{22}f_2 + \cdots + a_{2k}f_k + \omega_2 \\ \qquad\qquad\qquad \vdots \\ x_n = a_{n1}f_1 + a_{n2}f_2 + \cdots + a_{nk}f_k + \omega_n \end{cases} \tag{4-30}$$

式中，f_1，f_2，$\cdots$，f_n是公共因子；ω_1，ω_2，$\cdots$，ω_n是随机误差；系数 a_{ij} 是第 i 个变量 x_i 在第 j 个因子上的载荷。

式（4-30）可用矩阵表示为

$$X = AF + \omega \tag{4-31}$$

其中，$X = (x_1,\ x_2,\ \cdots,\ x_n)^{\mathrm{T}}$；$F = (f_1,\ f_2,\ \cdots,\ f_n)^{\mathrm{T}}$；$\omega = (\omega_1,\ \omega_2,\ \cdots,\ \omega_n)^{\mathrm{T}}$；

$$A = \begin{bmatrix} a_{11} & a_{12} & \cdots & a_{1n} \\ a_{21} & a_{22} & \cdots & a_{2n} \\ \vdots & \vdots & & \vdots \\ a_{n1} & a_{n2} & \cdots & a_{nn} \end{bmatrix} \tag{4-32}$$

（3）指标同向化

指标值越大，社会脆弱性越高的为正向变量，如老人、儿童、文盲率、失业率等；而有的指标会降低社会脆弱性，为负向变量，如人均 GDP、床位数和人均储蓄等，正向指标不做调整，负向指标测乘以 –1。

（4）公共因子提取

将所有样本同时代入因子分析模型，计算相关系数矩阵 R，通过主成分分析法求解其特征方程 $|R-\lambda E| = 0$，得到 k 个特征值。根据特征根大小和因子的累积方差贡献率，确定公共因子的个数作为主成分。

1）公共因子旋转。由于初始公共因子的综合性较强，不能很好解释因子的实际意义，需要通过旋转坐标轴，以降低每个因子的综合信息，从而凸显各因子的可解释性，为使因子分析法求出因子载荷阵结构简化，便于对主因子进行专业上解释，常对因子载荷阵施行变换或称因子旋转。最常用的方法是方差最大的正交旋转法，使旋转后的因子载荷阵中的每一列元素尽可能地拉开距离，即向 0 或 1 两极分化，使每一个主因子只对应少数几个具有高载荷变量，其余变量载荷很小，且每一变量也只在少数几个主因子上具有高载荷，其余载荷都很小。正交旋转适用于正交因子模型，即主因子是相互独立的情况，如果主因子是彼此相关的，这时要做非正交旋转即斜交旋转。

2）公共因子得分。采用回归法计算各个因子的得分系数矩阵，由公共因子的分系数矩阵或因子载荷于标准化值可计算得出各个因子的得分 F_1，F_2，$\cdots$，F_k。

3）综合因子得分。将各公共因子的方差贡献率占累积方差贡献率的比例记为公共因子的权重，加权求和得到综合因子得分：

$$\text{SoVI-China} = a_1 F_1 + a_2 F_2 + \cdots + a_k F_k \tag{4-33}$$

式中，a_1，a_2，$\cdots$，a_k是公共因子的方差贡献率占累积方差贡献率的比例；F_1，F_2，$\cdots$，F_k是公共因子得分。

4）模型结果。首先对社会脆弱性主要影响因子进行识别。对样本进行 Z 标准化和指标正向化转换，用主成分法提取因子载荷矩阵，进行方差最大化正交旋转。根据特征根大于等于 1 的准则识别 5 个主成分，可以解释原始数据方差变化的 66.95%。5 个主成分分别为：年龄、就业状况、教育和人口变化是第 1 主成分；农村状况、城市化为第 2 主成分；经济状况为第 3 主成分；第 4 和第 5 主成分分别是性别和粮食保障因子（表 4-12）。可见，年龄、就业状况、教育和人口变化是影响我国社会脆弱性的主要因子。社会脆弱性是人口、年龄、性别、教育、就业、医疗服务、经济等社会因素相互作用的结果，这些因素在空间上相互依赖，如经济发展水平与受教育程度影响等。

表 4-12　提取主成分特征根、方差解释力和权重

主成分	因子名	特征值	方差解释力/%	权重
1	年龄、就业状况、教育和人口变化	5.31	31.26	0.47
2	农村状况、城市化	2.37	13.93	0.21
3	经济状况	1.48	8.68	0.13
4	性别	1.19	7.02	0.10
5	粮食保障	1.03	6.07	0.09

其次进行风险等级评估。针对研究区的不同区域，给予相应的风险等级数值（表 4-13）。

表 4-13　社会脆弱性等级

地区	2018~2010 年的社会脆弱性
东部	−0.36
中部	−0.18
西部	0.44

4.4　风险评估模型案例

4.4.1　台风灾害风险评估模型

台风灾害是我国东南沿海地区最严重的自然灾害，据 1988~2004 年统计，我国平均每年因台风造成的直接经济损失约 233.5 亿元，死亡 440 人，倒塌房屋 30.7 万间，农作物受灾面积 $288.5 \times 10^4 \text{hm}^2$。

为了有效地规避台风灾害，进行台风风险评估是其中重要的环节之一。从宏观层面来看，台风风险评估是为民政部门防灾备灾提供依据和帮助；从微观层面来看，台风风险评估是保险部门进行台风保险费率厘定的科学依据。方法一、方法二是以期望损失为最终表达的台风灾害风险评估整体思路，该评估方法对保险中的费率计算有指导意义。

假设利用历年来气象部门的台风数据，提取风速资料，估计得到台风风速的年发生概率密度函数是 $f(v) = 0.8 \, e^{-0.0896v}$。

同时，历年来保险损失数据及其对应的台风风速数据已知，且通过统计回归分析，实现了经验的台风强度（风速表示）与损失破坏（百分比）函数关系：

$$F_D(v) = \exp(0.252v - 5.823) \quad v \leqslant 35 \text{m/s}$$

$$F_D(v) = 100$$
$$v \geqslant 42\text{m/s} \tag{4-34}$$

那么，将推导出如下结论：

当风速 32.7m/s$<v\leqslant$35m/s 时，$\int_{32.7}^{35} 0.8\,\mathrm{e}^{-0.089\,6x} \times \mathrm{e}^{(0.252x-5.823)}\,\mathrm{d}x = 1.336$

当风速 35m/s$<v\leqslant$42m/s 时，$\int_{35}^{42} 0.8\,\mathrm{e}^{-0.089\,6x} \times (20 + 11.43(x-35))\,\mathrm{d}x = 10.096$

当风速 42m/s$<v\leqslant$50m/s 时，$\int_{42}^{50} 0.8\,\mathrm{e}^{-0.089\,6x} \times 100\,\mathrm{d}x = 10.6$

即风速为 32.7m/s$<v\leqslant$35m/s 时的年期望损失率为 1.336%；风速为 35m/s$<v\leqslant$42m/s 时的年期望损失率为 10.096%；风速为 42m/s$<v\leqslant$50m/s 时的年期望损失率为 10.6%。

4.4.2　地震灾害模糊风险评估模型

地震灾情的严重性主要是由少数灾难性的特大地震和严重破坏性的地震造成的。因此，对中国重大地震灾害进行风险评估，对于国家减轻地震灾情、补助地震灾害求助区域和抗震救灾工程开展具有重要意义。

对于特大地震灾害风险评估将面临样本容量不足的问题，导致无法通过概率方法精确估计特大地震灾害风险。用信息扩散方法建立内集–外集模型，用于计算模糊风险，以表述概率估计的模糊性。同时，将分明的观测值转变为模糊集，最大限度地挖掘有限的样本信息，以更好地认识输入输出关系，提高样本量不足情况下的估计精度。

设 $I = \{I_j\}$ 是自然灾害论域（震级），$P = \{P_k\}$ 是概率论域，$\pi_{I_j}(P_k)$ 是 I_j 的概率为 P_k 的可能性。

$$\Pi_{I,p} = \{\pi_{I_j}(P_k) \mid I_j \in I, P_k \in P\} \tag{4-35}$$

是一个可能性——概率分布，称作 I 的模糊风险（fuzzyrisk）。

设某一研究区分为 4 个自然地理基本单元（图4-9）。这 4 个基本单元的某灾种观测样本，地震震级分别为

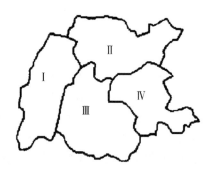

图 4-9　研究区自然地理基本单元

$$X_{\mathrm{I}} = \{x_{11}, x_{12}, \cdots, x_{1j}\}, \quad X_{\mathrm{II}} = \{x_{21}, x_{22}, \cdots, x_{2k}\},$$
$$X_{\mathrm{III}} = \{x_{31}, x_{32}, \cdots, x_{3l}\}, \quad X_{\mathrm{IV}} = \{x_{41}, x_{42}, \cdots, x_{4m}\} \tag{4-36}$$

假定使用内集-外集模型的模糊风险计算方法得到单元 I 灾种的模糊风险如表 4-14 所示。其中，I 是地震震级区间 $[6, 6.5]$，P 是以区间 I 内的致灾因子强度发生灾害的概率（如以区间 $[6, 6.5]$ 内的震级发生地震的概率），$\pi_{Ij}(P_k)$ 是区间 I_j 内的致灾因子强度以 P_k 概率发生的可能性。

表 4-14 所研究灾种在单元 I 的模糊风险

$\pi_{Ij}(P_k)$	P_1	P_2	P_3	P_4	P_5	P_6
I_1	0.17	0.33	1	0.50	0	0
I_2	0.17	0.50	1	0.33	0.17	0
I_3	0.17	0.50	1	0.17	0	0

由内集-外集模型计算得到的自然灾害模糊风险是以几个致灾因子区间和一些概率值组成的笛卡儿积为论域的一个模糊集。如果选定一个区间，则相应的模糊集可以用传统模糊集的方式写出来。例如，对于上例中的区划单元 I，对于灾害事件 I_2（某一震级），其相关的以概率为论域的模糊集的隶属函数由表 4-14 中第 I_2 行给出，即

$$\pi_{I_2}(P) = \frac{0.17}{P_1} + \frac{0.5}{P_2} + \frac{1}{P_3} + \frac{0.33}{P_4} + \frac{0.17}{P_5} \tag{4-37}$$

式中，分子是隶属度，即可能性值，分母是概率值。

以 $\pi_{I_2}(P_1) = 0.5$ 为例，它说明，通过用内集-外集模型对给定样本的计算，我们得知，在单元 I，将来发生灾害事件 I_2 的概率是 P_1 的可能性是 0.5。但是，由表 4-14 可知，还有取其他概率值的可能性，只是程度不同而已，这些差异表达了额外的信息。对于我们面临的复杂灾害系统，这些额外的信息非常有用。

（1）地震风险可能性的评估

根据上述分析和实用性原则，结合历史地震灾害事件的发生和影响的实际情况，对各种地震事件发生可能性进行分类描述（表 4-15）。

表 4-15 地震灾害事件发生可能性的分类描述

等级	描述词	描述
A	几乎不可能发生	事件在极少情况下有发生的可能
B	不太可能发生	事件在很少情况下会发生
C	可能发生	事件在一些情况下可能会发生
D	很可能发生	事件在大部分情况下有可能会发生
E	几乎确定发生	事件在一般情况下肯定会发生

再综合考虑地震复发周期、各种地震活动性和前兆异常特征以及多种数学物理模型计算结果的情况，对各种地震事件风险可能性等级进行划分，结果如表 4-16 所示。

表4-16 各种地震事件风险可能性等级划分结果

地震事件	可能性等级				
	几乎不可能发生（A）	不太可能发生（B）	可能发生（C）	很可能发生（D）	几乎确定发生（E）
$M \geq 6.5$	√				
$6.5 > M \geq 6.0$	√				
$6.0 > M \geq 5.0$		√			
$5.0 > M \geq 4.0$			√		
$M < 4.0$				√	

（2）地震风险后果的形式及等级划分

地震灾害风险后果分级标准和等级划分分别见表4-17和表4-18。

表4-17 地震灾害风险后果分级标准

风险后果等级	风险后果程度	死亡人数（人）或经济损失和建筑物破坏	主观影响
1	影响很小	无人员死亡，或有轻微的财产损失，有震感	影响很小
2	一般	死亡人数少于10人，或本市建筑物（构筑物）和生命线工程出现轻微损坏	一般
3	较大	造成10人以上、50人以下死亡，或造成本市建筑物（构筑物）和生命线工程较大破坏，造成较大的直接经济损失	较大
4	重大	造成50人以上、300人以下死亡，或造成本市建筑物（构筑物）和生命线工程重大破坏，造成重大直接经济损失	重大
5	特别重大	造成300人以上死亡，或直接经济损失占本市上年GDP1%以上；本市建筑物（构筑物）和生命线工程特别严重破坏	特别重大

（3）地震风险定级

参考表4-17地震灾害风险后果分级标准，得到表4-18的各种地震事件风险等级划分表。结合A地区地震灾害的承受能力和事前的控制能力对地震灾害风险等级作适当的修正，得到表4-19各种地震事件风险等级分析表。

表4-18 各种地震事件风险等级划分表

地震事件	风险后果等级				
	等级一影响很小	等级二一般	等级三较大	等级四重大	等级五特别重大
$M \geq 6.5$					√
$6.5 > M \geq 6.0$				√	
$6.0 > M \geq 5.0$			√		
$5.0 > M \geq 4.0$		√			
$M < 4.0$	√				

表 4-19 各种地震事件风险分析表

风险描述 （地震事件）	风险后果等级					
震级	可能性等级	脆弱性等级	抗灾能力	后果等级	风险等级	风险等级综合评价
$M \geqslant 6.5$	A	一般–较弱	一般	5	高	低
$6.5 > M \geqslant 6.0$	A	一般–较强	较强	4	中	低
$6.0 > M \geqslant 5.0$	B	较强	强	3	中	较低
$5.0 > M \geqslant 4.0$	C	强	强	2	中	中
$M < 4.0$	D	强	强	1	中	低

4.4.3 气象灾害防御能力评估模型

从风险角度来进行灾害防御能力评价，灾害防御能力是灾害风险分析的一部分（图 4-10）。灾害防御能力与风险分析的其他要素之间具有线性或非线性关系，国际上通行的模型如下：

灾害风险 = 预警×易损性/防御能力和措施

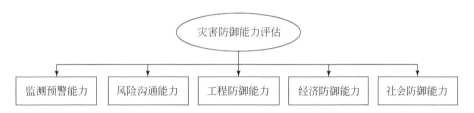

图 4-10 自然灾害防御能力评估的风险评估框架

依据气象灾害防御能力评价理论体系和指标构建原则，建立气象灾害防御能力一般评价指标体系（表 4-20）。每种能力评价的指标体系分别从不同的侧面对气象灾害防御能力进行描述。例如，气象灾害监测预警能力指标是从气象部门投入产出角度进行构建的，其投入主要是人力、财力和设备等，产出主要是指气象部门所提供的气象产品和服务。

评价指标包括的内容是非常复杂的，如社会防御能力评价指标体系，实际上灾害影响社会建设的每项内容都应包括其中，而社会建设的内容是非常丰富的，其主要包括社会事业建设、社会制度、社会体制机制建设、社会结构建设以及社会管理建设和社会组织建设五方面内容。社会事业建设包括教育、科技、文化、就业、医疗、卫生等在内的社会公共服务体系的完善与建设。社会制度与体制机制建设是促进社会分配、协调利益关系的社会基本规则制定，包括城乡管理制度、劳动就业制度、工资和收入分配制度、社会保障制度、社会福利制度等。社会结构建设包括城乡结构、区域结构、社会阶层结构的调整与重建。构建城乡、区域均衡发展和形成中间大、两头小的现代社会阶层结构，是社会结构建设的重要内容。社会管理建设方面：一是社会秩序规范，如涉及经济领域的合法经营、诚实守信市场规范以及社会文明的道德规范。二是对社会资源进行优化配置。社会组织建设包括扶持民间组织的发展，充分培育公民社会，形成政府、社会、公民共同参与社会管理的格局。针对这个特点，我们主要就灾害防御的社会医疗、卫生事业，灾害防御的规划、预案、法制，灾害的管理体制，灾害社会组织等几个方面进行指标体系构建。

表 4-20 气象灾害防御能力评价指标体系

一级指标	二级指标
（一） 监测预警能力 （38 个二级指标）	①气象预报准确率；②地均区域级气象观测站；③地均太阳地均辐射观测站；④地均雷电观测站；⑤地均土壤水分自动观测站；⑥地均高空气象观测站；⑦地均天气雷达观测站；⑧地均农气试验站；⑨地均农气观测站；⑩地均辐射观测站；⑪地均大气本底站；⑫大气成分站；⑬地均风能观测站；⑭地均强风观测站；⑮地均国家级无人自动气象站；⑯人均高性能计算机台数；⑰职工总数；⑱地均气象部门在用雷达台数；⑲基础设施达标的台站数量；⑳监测台站密度；㉑气象科技投入经费；㉒全省气象部门事业经费实际总支出；㉓人才总体素质；㉔人均高级职称科技人员数量占总职工比例；㉕气象灾害直接损失占 GDP 比例；㉖科技成果产出（科技项目成果认定得分）；㉗预报产品精细度；㉘地面气象观测要素总数；㉙气象灾害风险预警准确率；㉚24 小时城镇晴雨预报滑动平均准确率；㉛24 小时城镇最高气温预报滑动平均评分；㉜24 小时城镇最低气温预报滑动平均评分；㉝月降水预报滑动平均评分；㉞月平均气温预报滑动平均评分；㉟预报产品时效分辨率目标实现率；㊱预报产品空间分辨率目标实现率；㊲预报产品客观检验实现率；㊳乡镇气象自动观测站比例
（二） 风险沟通能力 （30 个二级指标）	①互联网上网人数比例（万人）；②地均域名数（万个）；③地均网站数（万个）；④人均网页数（万个）；⑤人均互联网宽带接入端口（万个）；⑥互联网拨号用户比例（万户）；⑦互联网宽带接入用户比例（万户）；⑧城市宽带接入用户比例（万户）；⑨农村宽带接入用户比例（万户）；⑩移动电话交换机容量（万户）；⑪互联网普及率（%）；⑫通过质检的数据量（种类）；⑬国家地面气象站数据到达省内桌面时间；⑭区域气象站和雷达数据省内到达时间；⑮区域气象站和雷达数据省际到达时间；⑯预警信息覆盖的村屯单元数；⑰辖区内管理的村屯单元数；⑱预警信息覆盖的城市社区单元数；⑲辖区内管理的城市社区单元数；⑳建立预警绿色通道的省级电视频道；㉑省级电视频道；㉒气象预警绿色通道的广播电台数；㉓建立气象预警发布机制的社会机构数；㉔拥有公共传播媒体的社会机构总数；㉕全省带宽指数之和；㉖全省局域网总数；㉗省市通信带宽指数之和；㉘全省地级市数量；㉙市县通信带宽指数之和；㉚全省县级局数量
（三） 工程防御能力 （22 个二级指标）	①防洪标准（年一遇）；②长度；③总库容；④单位耕地面积库容；⑤有效灌溉能力；⑥灌溉面积占耕地面积比例；⑦除涝面积；⑧占耕地面积比例；⑨万亩以上灌区数量；⑩电排灌站数；⑪电排灌装机容量；⑫机电井眼数；⑬机电井装机容量；⑭蓄水工程供水量；⑮饮水工程供水量；⑯水闸数量；⑰防雷设备；⑱防台风设施；⑲防高温设施；⑳除冰设备；㉑沙尘暴防御工程；㉒避难场所数量
（四） 经济防御能力 （25 个二级指标）	①减灾投入占 GDP 比例；②人均 GDP；③人均农村居民消费水平；④人均城镇居民消费水平；⑤人均地方财政一般预算收入；⑥地方财政社会保障和就业支出；⑦地方财政医疗卫生支出；⑧地方财政国土资源气象等支出；⑨城乡居民人民币储蓄存款；⑩人均原保险费收入；⑪原保险赔付支出；⑫人均第一产业增加值；⑬人均第二产业增加值；⑭人均第三产业增加值；⑮交通运输邮电及通信业增加值；⑯人均全社会固定资产投资额；⑰人均社会消费品零售总额；⑱总人口；⑲全社会就业人口；⑳建筑及房地产业增加值；㉑对外贸易及进出口；㉒土地及水资源状况；㉓城市化水平；㉔工业化水平；㉕救灾物资储备种类、数量、救灾装备、技术手段

一级指标	二级指标
（五） 社会防御能力 （22 个二级指标）	①气象灾害应急预案覆盖率（县级）；②应急联动部门衔接率；③联动部门信息共享率；④社会捐赠款物合计；⑤社区服务机构数；⑥社区服务机构覆盖率；⑦每万人医疗机构床位数；⑧城市居民最低生活保障人数；⑨农村居民最低生活保障人数；⑩基金会单位数；⑪社会组织单位数；⑫气象灾害规划覆盖率（县级）；⑬全省按时办理行政许可和服务比例；⑭本地气象局组织制修订的现行有效的国家标准的数量；⑮本地气象局组织制修订的现行有效的行业标准的数量；⑯本地气象局组织制修订的现行有效的地方标准的数量；⑰实际业务服务中使用的气象国家标准库和气象行业标准库中标准的数量；⑱实际业务服务中使用由本省（自治区、直辖市）标准化行政主管部门批准发布并报中国气象局备案的现行有效的气象地方标准的数量；⑲实际业务服务中使用的其他标准的数量；⑳县级和乡镇（街道）气象防灾协调部门比例；㉑有气象协理员的乡镇（街道）比例；㉒有气象信息员的村（社区）比率

4.5 减轻灾害风险决策

4.5.1 主要方法

在灾害风险治理的每个阶段中每个行动的目的都是力图挽救生命，降低经济影响，并使社会恢复正常状态。而风险治理面临的系统是动态变化复杂系统，并且要求做出实时、有效的决策。主要方法包括数学规划、网络分析、决策分析、排除论、存货模型、仿真模型等几种。

1. 数学规划

在管理科学中，数学规划主要用于求解优化问题，这主要指在特定环境下使某些功能最大化（如利润、期望回报、效率）或最小化（如成本、时间、距离）。一般而言，有约束数学规划模型包括三部分：①决策者可控的一系列决策变量；②需要被最大化或最小化的目标函数；③模型的解必须满足的一系列约束。

2. 网络分析

通信网、交通网、电视网，虽然表现形态不同，其中却都包含了一些由网络（导线、公路、卫星中转站）相互联系的个体（微芯片、城市、电视台）。这些个体可以付出一定的代价拥有或使用那些通过相互联系的通路"传递"过来的资源（电能、运输车辆、电视节目）。每一个结点都拥有一定数量的资源，如生产生活需要的电能、可用或所需的运输车辆、接收或发送的电视节目。为了使资源通过这些网络进行传输，必须付出一定的代价，如金钱、里程、时间等。那么，如何通过有限的网络传输最多的资源，或者以最小的成本传输一定的资源。这类问题需要网络模型分析解决。

网络模型包括：①运输模型，该模型研究的是如何以最低的成本将货物从原始结点运抵目标结点。②能量传输模型，该模型研究如何以最低的成本将标的物从原始结点通过中间结点运抵目标结点，同时不能超出所经过弧的运输能力。③分派模型，该模型研究如何以最低的成本为每个工人分配合适的工作。④最短路模型，该模型研究如何寻找两个结点间的最短路径。⑤最大流模型，该模型研究如何寻找两个结点间的最大资源流量。

3. 决策分析

政府在灾害风险治理过程中，面临着无数决策，选择上的失误有无可能损失大量金钱甚至生命，或者导致其他严重的后果。决策分析领域为进行此类重大决策提供了必要的框架。当未来存在不确定性时，决策分析可以使个人或企业从可能的决策方案集中选择其中一个。决策目标是根据决策准则使相应的回报或收益最大化。

在决策模型中，支付矩阵用于分析单个决策问题。当自然状态的发生概率信息未知时，可以使用大中取大、小中取大、大中取小后悔值和不充分理由原则来做出决策。当自然状态的发生概率信息已知时，可以使用期望收益方法来做出决策。贝叶斯定理可以用于根据附加试验修正自然状态的发生概率。对于过于复杂而不能使用支付矩阵表示的问题，可以使用决策树方法。

当未来存在不确定性时，决策分析可以使个人或企业从可能的决策方案集中选择其中一个。决策目标是根据决策准则使相应的回报或收益最大化。可用支付矩阵分析单个决策问题，支付矩阵中的行表示决策方案，列表示自然状态。

对于过于复杂而不能使用支付矩阵表示的问题，可以使用决策树方法。决策树是一种按时间顺序对决策过程进行描述的方式。

4. 排队论

在灾害救援过程中，受灾群众都要花费一定时间等待救援人员和救援工具的救助，如果等待的时间过长可能造成人员伤势加重甚至死亡。这种情况可以简化成一个等待队列来描述，而排队论就是要对等待队列进行研究。

排队分析的目的是设计一些系统，通常要保证组织能够按照某种标准（如效用最大化或成本最小化）采取最合适的行为。例如，为保证在救援中可以救治的伤员数量尽可能多，需要确定所需的救护车和医生的数量。设计不好的排队系统所带来的后果可能是不方便（排队等待服务的时间过长）甚至死亡（当需要时缺少可用的救护车）。为了合理地分析排队系统，必须对服务的评价有一个清晰的认识。平均排队等待时间、平均队长以及顾客到达时必须排队等待服务的概率是所考虑的几个队列运行评价指标。

排队分析的目的是设计一些系统通常要保证组织能够按照某种标准（如效用最大化或成本最小化）采取最合适的行为。研究内容分包括①性态问题，即研究各种排队系统的概率规律性，如队长分布、等待时间分布、忙期分布。②最优化问题，即静态最优——排队系统最优设计。③动态最优，即排队系统最优运营。④排队系统统计推断，即判断排队系统属于哪种模型。

5. 存货模型

合适的应急资源储备是保障应急管理顺利运行的关键。存货模型就是可以用来制定合适的存货策略。在存货模型中，和一个特定库存策略相联系的成本是确定的。如果救援物资储备过少，会导致灾害发生时应急工作停顿；如果储备过多，会造成经济上的浪费。因此，存货分析可以看成是一种在存货过多或存货过少之间寻求平衡的成本控制技巧。例如，最佳批量公式，简称 EOQ 模型（Economic Order Quantity，EOQ）。

$$Q^* = \sqrt{\frac{2DS}{C}}$$

式中，Q^* 是经济订货批量；D 是商品年需求量；S 是每次订货成本；C 是单位商品年保管费用。

6. 仿真模型

我们已经研究了很多的分析模型，但是，这些模型得出合理的运算结果都需要满足一些潜在的假设，而很多情况下这些假设是不成立的。例如，在排队问题中，如果服务时间某类分布，就不能准确地描述的结果。而仿真却可以打破这些假设的限制，在所关心的时间范围内，通过建立模型用数量化的方法来评估一个系统。仿真的目的在于评价系统的备选方案，然后从一系列正在考虑的备选方案中选出最佳方案。与很多其他的分析技术不同，仿真不是通过计算来得出最佳解决方案的，而是利用仿真器的计算机程序来评价每一种备选方案。它是在所关心的时间范围内，通过建立模型用数量化的方法来评估一个系统。

4.5.2 治理决策模型

1. 治理决策框架

在灾害风险治理过程中，面临各种各样的管理决策问题，下面把这个过程中的一些基础问题描述成治理决策模型，如表 4-21。

表 4-21 灾害治理决策模型应用

活动		问题描述举例			方法
		决策变量	目标	约束条件	
减灾	防灾工程建设	防灾项目的选择	防灾的效能–费用比最优	防灾工程的减灾效果；费用限制；时间限制	决策分析
		防灾项目建设流程	项目建设效率–费用比最优	时间与费用	项目规划
	税收激励与反激励	对于主动采取减灾措施的组织和群众的税收减免措施	使组织群众主动采取减灾措施，以保证整体效益最大化	政策约束；灾害发生频率后果	博弈论
	通过保险降低灾害的财政损失	配置资金采取合适的保险与再保险规划	在企业获利的前提下，保证政府财政损失最小	企业利益约束；可用于保险与再保险的资金约束	数学规划

活动		问题描述举例			方法
		决策变量	目标	约束条件	
备灾	应急规划	应急预案的制定	应急预案的实施确保应急响应效果最好	人员约束；资金约束	网络分析
	需求的车辆与设备预算	需求车辆与设备的种类与数量	如何在节约资源的前提下达到救灾效果最优	资源（费用与车辆设备）约束	排队论；存货理论
	维持应急供应	应急物资的储备地点与数量	在灾害发生后，保障最多人员的生活	资金约束；物资的时效约束；运输约束	存货理论
	建立应急运作中心	应急运作中心的选址与人员设施配置	保障最大范围的受灾人员	资金约束；人员约束；设备约束	排队论；存货理论
响应	开设应急中心	应急中心开设过程中活动安排	迅速地开设应急中心	时间约束；费用约束；人员约束	项目计划
	人员疏散	人员疏散的路径选择、疏散流量控制等疏散方案选择	最优效率地将受灾人员疏散到安全地区	时间约束；路线约束；运输工具约束	网络分析
	设置避难处与供应中心	避难处与供应中心选址	最大覆盖率和供应量	地理条件约束；规划约束；人员约束；自己约束	排队论；网络分析
	提供救济和医疗	配置救济和医疗人员	保障受灾群众最快得到医疗救济	人员约束；工作时间约束	排队论
		提供救济和医疗物资	保障最多人员得到救济和医疗	资金约束；物资存放时间约束	存货理论
	搜救	搜救策略	挽救最多生命	搜救人员约束；搜救时间约束	数学规划
	应急平台保护与生命线维修	如何安排工程维修流程	维修时间最短	时间约束；资金约束；人员约束	项目计划
恢复	重建道路桥梁与关键设施	清理灾后废墟；生命线重建	恢复与重建时间最短	时间约束；资金约束；人员约束	项目计划
	转移与安置幸存者	转移安置人员数量与地点	最多最快转移安置受灾群众	运输工具约束；运输条件约束；时间约束	网络分析

注：对于以上各种问题，如果情景复杂无法用数学模型描述，可以应用仿真方法描述问题

2. 建筑安全检查模型

在洪涝季节之前,需要对城市的管线设施进行安全排查。需要调查的项目包括电线、天然气管道以及绝缘设施,只有一星期时间用于检查;有三名电气专家与两名天然气专家负责该项工作,每人可以在其专业领域范围内进行 40 小时的检查工作,另外还预留出了 10 000 元用于绝缘设施的检查。这 10 000 元可以雇用当地专业的绝缘设施企业进行多达 100 小时(100 元/h)的检查。

这些专家需要对当地的民宅、写字楼以及工厂进行检查。目标是在指定时间内对尽可能多的建筑进行全面检查以收集所需信息。但是,检查的写字楼及工厂数量均不能少于 6 处,且检查的民宅数量不能少于检查总数的 60%。

一旦确定了需要检查的每种建筑的数量,下面就是将专家随机安排到各个建筑处执行检查工作,并指定每种建筑及检查项目的大致检查时间(表 4-22)。

表 4-22　检查时间表

建筑	电气	天然气	绝缘
民宅	2	1	3
写字楼	4	3	2
工厂	6	3	1

根据问题所构造的最终线性规划模型为

$$
\begin{aligned}
&ST \rightarrow X_1 + X_2 + X_3 - X_4 = 0 && \text{(写字楼)}\\
&X_2 \geqslant 6 && \text{(工厂)}\\
&X_3 \geqslant 6 && \text{(民宅比例} \geqslant 60\%)\\
&X_1 - 0.6X_4 \geqslant 0 && \text{(电气)} && (4\text{-}38)\\
&2X_1 + 4X_2 + 6X_3 \leqslant 120 && \text{(天然气)}\\
&X_1 + 3X_2 + 3X_3 \leqslant 80 && \text{(绝缘)}\\
&3X_1 + 2X_2 + X_3 \leqslant 100 &&
\end{aligned}
$$

由模型求解可以得出结论:共能够检查 40 处建筑(民宅 27 所,写字楼 6 栋,工厂 7 座),其中,民宅所占比例为 67.5%(=27/40)。使用了全部 120 小时的电气检查时间与 100 小时的绝缘检查时间。剩余 12 小时的天然气检查时间尚未使用。

3. 地震应急救援物资最优分配模型

在灾害发生后,如何将有限的救灾物资投入应急救援最急需的地方,实现最优化配置,这时需要确定一个最合理的距离问题。解决这个问题的方法可借鉴救援物资的最优化分配问题上,即最短路问题。

假设有 m 个物资供应点分别有救援物资 a_i($i = 1, 2, 3, \cdots, m$),需救援的受灾区 n_i 每个受灾点需要救援物资 b_j($j = 1, 2, 3, \cdots, n$)。这样,每个物资供应点与需救援的受灾区之间的距离构成了距离矩阵 D_{ij}($i = 1, 2, 3, \cdots, m$;$j = 1, 2, 3, \cdots, n$)(表 4-

23）。i 供应物资点供给 j 点受灾的物资 X_{ij} 满足条件：$\sum\limits_{i=1}^{m} X_{ij} = b_j$，$j = 1$，$2$，$3$，$\cdots$，$n$；$\sum\limits_{j=1}^{n} X_{ij} = a_i$，$i = 1$，$2$，$3$，$\cdots$，$m$。

那么，该问题可以描述为

$$\min \sum_{i=1}^{m} \sum_{j=1}^{n} D_{ij} X_{ij}$$

$$\text{s. t.} \sum_{i=1}^{m} X_{ij} = b_j, j = 1,2,3,\cdots,n$$

$$\sum_{j=1}^{n} X_{ij} = a_i, i = 1,2,3,\cdots,m \tag{4-39}$$

$$\sum_{i=1}^{m} a_i = \sum_{j=1}^{n} b_j$$

经过求解得到最优的方案为 $X_{32} = 5$，$X_{34} = 0$，$X_{24} = 10$，$X_{22} = 15$。运输距离为535。

表 4-23　该问题的距离矩阵

参数	b_1	b_2	b_3	b_4	可供应量
a_1	10	5	6	7	25
a_2	8	2	7	6	25
a_3	9	3	4	8	50
实际需求量	15	20	30	35	100

4.5.3　减轻灾害风险的典型活动

灾害风险治理被描述为四个阶段：减灾、备灾、响应和恢复。它表明了综合自然灾害风险管理是从自然灾害风险的结构和形成机制出发的，将自然灾害风险管理看成是一个系统的从灾前预防和缓解风险、灾中高效地防灾抗灾以及灾后合理地恢复与救助的周期。在这四个阶段中有一些典型活动，如表4-24所示。

表 4-24　灾害风险治理典型活动

减灾是灾害发生前采取一些减小灾害发生可能性和减轻其影响后果的预防措施	备灾是为了保证灾害发生时社会系统能处理灾害影响
风险区划控制，避免在高风险地区居住	招募社区志愿者
防灾工程建设	应急规划，援助协议规章，建立应急运作中心
采取积极预防控制事态的发展	演练培训应急人员和居民并检验能力
制定建筑规范以提高建筑抗灾能力	公众教育
税收激励与反激励	需求的车辆与设备预算
潜在极端灾害的风险分析	维持应急供应
通过保险降低灾害的财政损失	开发通信系统

续表

响应是灾害暴发时，为保护生命、财产、环境、社会、经济和政治而采取的应急措施	恢复是重建社会正常运转所采取的措施
执行应急计划，开设应急中心	清理灾后废墟
人员疏散	财政救助
设置避难处与供应中心	重建道路桥梁与关键设施
提供救济和医疗	维持无家可归的人员生活
消防与搜救	转移与安置幸存者
应急平台保护与生命线维修	生命线重建
设备管理	心理护理

扩展阅读　预警"叫应"机制建设的逻辑建构

从加强政策法规指导供给、建立完善智慧预警"叫应"能力体系、研制精细服务产品、提高基层解耦效能、筑牢防灾减灾救灾的"人民防线"等五个方面，提出加强临灾预警。

1. 临灾

一般来说，临灾是指临近发生自然灾害的一种状态。然而，当处于预警"叫应"语境时，具体是指临近发生自然灾害并极度危及人员生命的高度风险状态。洪涝、台风、崩塌、滑坡、泥石流等灾种由于监测预报预警难度较大、发生概率较高、表现形式相对激烈，甚至有时出现小灾大损，需要予以重点关注并加以应对。

2. 预警

预警源于军事领域，指通过某种特定的手段及时发现敌人的行动，对其进行分析研判并采取防御应对措施。随着人类社会发展，人们不断拓展预警的概念，逐步将其应用于商业、政治、社会治安、自然灾害等多个领域。

自然灾害社会预警，也可称为自然灾害预警，指运用现代技术手段进行监测，及时识别致灾因子的演变态势，对孕灾环境和受灾体开展灾害风险初步评估，向有关方面和社会公众传递预警信息，以实现促使其采取防范应对措施的目的。在特定情景下，根据生活阅历形成的正确经验对灾害风险状态进行推断，并对特定人员发出紧急警示信息，是对自然灾害预警的有益补充。突发事件应对法、防洪法、防震减灾法、气象法、破坏性地震应急条例、地质灾害防治条例、防汛条例以及一些地方性法律法规均对自然灾害预警统一发布工作进行了规制。

3. "叫应"

"叫应"是通过迅速传递灾害风险信息以极力促使处于此种风险状态下的人们采取紧急避险措施的特殊工作方法。"叫"即"叫出"，其作用是传递灾害风险信息，发出避险建议或指令；"应"即"应答"，其作用是确认收到灾害风险信息，反馈落实避险建议或指令情况。通常来讲，"叫应"既要求"叫出"，也要求"应答"。

　　"叫应"的实施主体包括各级承担防灾减灾救灾和应急管理职责的人员以及群众、志愿者,一定条件下也可以是作为人的影子的"机器人"。"叫应"的实施手段包括使用固定座机、手机、微信、传真、电子邮件等方式,以及大喇叭、口哨、敲锣、入户敲门等方式。实施"叫应"需要处理三个方面的关系:一是分级负责与扁平化的关系,即体制与效率问题;二是综合协调与专业行业的关系,即秩序与活力问题;三是应急行动与群众权益的关系,即安全与发展问题。

　　影响"叫应"效能的因素至少有六个:①监测预报预警不够精准,人们对灾害风险迫近态势茫然无知,"叫应"无从谈起;②监测预报预警信息发布时间提前量不足,"叫应"难以有效实施;③"叫应"实施个体的特性,包括工作作风、决策水平、业务能力等;④灾害风险的严重程度,断路、断电、断网等极端情况将给"叫应"造成极大困扰;⑤灾害风险隐患摸排治理情况,如果底数不清、目标不明、治理不力,可能导致"叫应"缺位或失败;⑥群众的接收意愿和配合程度。

　　临灾预警"叫应"机制不是临灾、预警、叫应三者的简单拼接,而是有机融合。预警是充分条件,并非必要条件。当预警作用有限或缺位时,临灾预警"叫应"机制实际上应当成为临灾"叫应"机制并持续发挥作用,而不是理所当然地走向失效。

　　受经济社会发展状况、风俗民情等影响,临灾预警"叫应"机制的具体实现形式难免存在一定差异,但就其本质而言,仍然存在一些共同的特性。

　　1)时效性。时效性是临灾预警"叫应"机制应当具备的核心要求。临灾预警"叫应"机制的首要目标是挽救处于灾害风险状态中的人员生命,时间就是生命,险情就是号令。如果缺乏时效性,临灾预警"叫应"机制不论其形态怎样,也不管运用多么精彩生动的语句进行描绘,基本上都等于零。追求时效性,重在发挥人的主观能动性,要在现代科技信息化技术与传统方式之间寻求最大公约数。

　　2)制导性。制导性是临灾预警"叫应"机制应当具备的根本要求。临灾预警"叫应"机制贯穿始终的一条主线,在于灾害风险信息的交互传递。同质信息产生叠加效应,各类信息产生累积效应,对于在极短时间内形成的信息流,需要给其设置"高速公路",避免信息交互传递过程中出现梗阻、中止现象,既要严格制约,又要明确导向,精确控制临灾预警"叫应"直达基层责任人。

　　3)集约性。集约性是临灾预警"叫应"机制应当具备的基本要求。临灾预警"叫应"机制是一个系统工程,需要各级各有关部门和乡村基层共同合作。在人力、物力、财力等资源的调配使用方面,要充分挖掘有限资源,避免产生内耗、浪费、碎片化等不良现象,做到人力精干、过程精简、措施精准,以集约求效益,有力推动临灾预警"叫应"工作取得实效。

　　4)开放性。开放性是临灾预警"叫应"机制应当具备的基础要求。临灾预警"叫应"机制的生命力在于因地制宜、因时而变,需要根据实践发展进行调整完善。在现代人类活动的影响下,灾害风险隐患的演变显得复杂而隐蔽,"黑天鹅"和"灰犀牛"事件并不鲜见,要积极发挥人民群众的聪明才智,鼓励引导社会力量有序参与进来,广泛营造全社会联防联控的浓厚氛围。

学习要点

重点掌握减轻灾害风险识别的原理和方法，熟悉不同评估模型的建模思路和分析过程。理解灾害信息管理的过程，即信息采集、传输、加工、分析、存储、传播等环节中的主要工作内容和活动。在实际应用时，能够为减轻灾害风险决策提供主要定性和定量的技术支撑。

问题与思考

1. 灾害信息失真现象可以通过什么措施或手段消除和减轻?

2. 根据自己所熟悉地区的主要灾害，分析灾害风险特点与规律，并阐述适合哪一类灾害风险评估模型及理由。

3. 选择一个典型区，收集数据，练习用一种灾害风险评估模型评估灾害风险。

第5章 | 灾害应急响应

📖 **学习目标**：学习灾害管理过程中的监测预警、防灾备灾、应急响应等关键环节，了解灾害应急响应的基本要素和主要内容，掌握应急灾情评估方法和应急救灾决策评价方法。

📖 **本章主要内容**：中国灾害监测预警体系建设的基本现状，防灾备灾的基本内容，包括灾害应急预案、防灾减灾队伍、救灾资金准备、救灾物资储备、科学技术保障等；灾害应急响应的基本要素和主要内容，包括应急指挥中心、灾害响应机制、灾害紧急救援、紧急转移安置、临时生活救助、医疗救助服务、社会动员机制等；典型案例分析，2008年"5·12"中国汶川特大地震应急处置情况及其经验。

5.1 应 急 响 应

根据《国家自然灾害救助应急预案》（2024年），按照自然灾害的危害程度、灾害救助工作需要等因素，国家自然灾害救助应急响应设定为一级、二级、三级和四级，其中一级是最高级别。不同级别的应急响应所包括的具体工作不一样，如投入的人力、物力、财力都不一样，管理架构和模式可能也不一样。当灾害事件发生时，由决策层根据事件的严重程度选择应对措施的应急响应级别，相关工作人员按照这个级别展开工作。

当发生特别重大突发自然灾害时，国务院根据灾情第一时间启动一级响应，省级指挥部根据国务院的决策部署和统一指挥，组织协调本行政区域内应急处置工作。

5.1.1 一级响应启动主要内容

1. 启动条件

1）发生重特大自然灾害，一次灾害过程出现或经会商研判可能出现下列情况之一的，可启动一级响应：①一省（自治区、直辖市）死亡和失踪200人以上（含本数，下同）可启动响应，其相邻省（自治区、直辖市）死亡和失踪160人以上200人以下的可联动启动；②一省（自治区、直辖市）紧急转移安置和需紧急生活救助200万人以上；③一省（自治区、直辖市）倒塌和严重损坏房屋30万间或10万户以上；④干旱灾害造成缺粮或缺水等生活困难，需政府救助人数占该省（自治区、直辖市）农牧业人口30%以上或400万人以上。

2）党中央、国务院认为需要启动一级响应的其他事项。

2. 启动程序

灾害发生后，国家防灾减灾救灾委员会办公室经分析评估，认定灾情达到启动条件，向国家防灾减灾救灾委员会提出启动一级响应的建议，国家防灾减灾救灾委员会报党中央、国务院决定。必要时，党中央、国务院可直接决定启动一级响应。

（1）指挥中心

对于特别重大的灾害事件，必须建立集中统一、坚强有力的应急指挥机构或指挥中心。这一指挥机构同时也是一个综合协调的平台，要具有功能全面、责任明确、信息畅通、运转高效、成本合理的特点。

> **小知识**
>
> 为应对2008年南方低温雨雪冰冻灾害，国务院成立了应急指挥中心，统筹协调抗击雨雪冰冻灾害和煤电油运保障工作，应急指挥中心设立煤电油运保障、抢通道路、抢修电网、救灾和市场保障、灾后重建、新闻宣传等六个指挥部。2008年汶川地震发生后，成立了国务院抗震救灾总指挥部。从中国政府应对2008年两次巨灾的情况看，当发生巨灾时，根据《中华人民共和国突发事件应对法》设立国家突发事件应急指挥机构，是十分必要的。具有中国特色的应对巨灾管理体制，为有力有序有效应对巨灾提供了强有力的组织保障。

（2）按照应急预案启动应急响应

按照应急预案启动应急响应是救灾工作的一个重要环节，灾区各级政府应在第一时间，根据响应指标和标准体系的内容，启动应急响应（表5-1），成立由当地党委和政府领导担任指挥、有关部门作为成员的灾害应急指挥机构，负责统一制定灾害应对策略和措施，组织开展现场应急处置工作，及时向上级政府和有关部门报告灾情和抗灾救灾工作情况。国家相关部门应立即做出反应，在国务院统一领导下，密切配合，及时启动应急预案，及时通报会商预测预警信息、灾情和抗灾救灾工作等应急信息，派工作组赶赴灾区协助指导地方开展应对工作，紧急下拨抗灾救灾资金、物资，落实各方面支持措施。

根据《国家自然灾害救助应急预案》的规定，凡是启动四级以上响应，立即启动救灾应急资金的拨付机制、救灾帐篷的调拨机制，一般情况下中央财政救灾应急资金3日内拨付到省；启动三级或二级响应后，由应急管理部相关鮰负责人带队，发展改革委、财政、民政、水利、教育、自然资源、住建、交通、农业、卫生、地震、气象等主管部门和中国人民解放军总参谋部等相关部门组成国务院现场工作组，赴灾区指导抗灾救灾工作，共同分析灾害形势和灾区需求，协调抗灾救灾行动，提出对灾区的支持意见。

3. 启动措施

国家防灾减灾救灾委员会组织协调国家层面灾害救助工作，指导支持受灾省（自治区、直辖市）灾害救助工作。国家防灾减灾救灾委员会及其成员单位应采取以下措施。

表 5-1 　《国家自然灾害求助应急预案》启动救灾应急响应的指标和标准体系

响应等级	灾种指标	因灾死亡人数	紧急转移安置和需紧急生活求助人数	倒塌房屋数	其他情况
一级响应	特别重大自然灾害	200 人以上	100 万人以上	10 万间以上	事故灾难、公共卫生事件、社会安全事件等其他突发公共事件造成大量人员伤亡，需紧急转移安置或生活救助
二级响应	重大自然灾害	100 人以上、200 人以下	50 万人以上、100 万人以下	1 万间以上、10 万间以下	
三级响应	较大自然灾害	50 人以上、100 人以下	10 万人以上、50 万人以下	0.1 万间以上、1 万间以下	
四级响应	一般自然灾害	50 人以下	10 万人以下	0.1 万间以下	

（1）会商研判灾情和救灾形势

研究部署灾害救助工作，对指导支持受灾地区救灾重大事项作出决定，有关情况及时向党中央、国务院报告。

1）派出由有关部门组成的工作组，赴受灾地区指导灾害救助工作，核查灾情，慰问受灾群众。

2）汇总统计灾情。国家防灾减灾救灾委员会办公室按照有关规定统一发布灾情，及时发布受灾地区需求。国家防灾减灾救灾委员会有关成员单位做好灾情、受灾地区需求、救灾工作动态等信息共享，每日向国家防灾减灾救灾委员会办公室报告有关情况。必要时，国家防灾减灾救灾委员会专家委员会组织专家开展灾情发展趋势及受灾地区需求评估。

（2）下拨救灾款物

财政部会同应急管理部迅速启动中央救灾资金快速核拨机制，根据初步判断的灾情及时预拨中央自然灾害救灾资金。灾情稳定后，根据地方申请和应急管理部会同有关部门对灾情的核定情况进行清算。国家发展改革委及时下达灾后应急恢复重建中央预算内投资。应急管理部会同国家粮食和物资储备局紧急调拨中央生活类救灾物资，指导、监督基层救灾应急措施落实和救灾款物发放。交通运输、铁路、民航等部门和单位协调指导开展救灾物资、人员运输与重要通道快速修复等工作，充分发挥物流保通保畅工作机制作用，保障各类救灾物资运输畅通和人员及时转运。

（3）投入救灾力量

应急管理部迅速调派国家综合性消防救援队伍、专业救援队伍投入救灾工作，积极帮助受灾地区转移受灾群众、运送发放救灾物资等。国务院国资委督促中央企业积极参与抢险救援、基础设施抢修恢复等工作。中央社会工作部统筹指导有关部门和单位，协调组织志愿服务力量参与灾害救助工作。军队有关单位根据国家有关部门和地方人民政府请求，组织协调解放军、武警部队、民兵参与救灾，协助受灾地区人民政府做好灾害救助工作。

1）安置受灾群众。应急管理部会同有关部门指导受灾地区统筹安置受灾群众，保障受灾群众基本生活。国家卫生健康委、国家疾控局及时组织医疗卫生队伍赶赴受灾地区协助开展医疗救治、灾后防疫和心理援助等卫生应急工作。

2）恢复受灾地区秩序。公安部指导加强受灾地区社会治安和道路交通应急管理。国家发展改革委等有关部门做好保障市场供应工作，防止价格大幅波动。应急管理部、国家发展改革委、工业和信息化部组织协调救灾物资装备、防护和消杀用品、药品和医疗器械等生产供应工作。金融监管总局指导做好受灾地区保险理赔和金融支持服务。

3）抢修基础设施。住房城乡建设部指导灾后房屋建筑和市政基础设施工程的安全应急评估等工作。水利部指导受灾地区水利水电工程设施修复、蓄滞洪区运营及村镇应急供水等工作。国家能源局指导监管范围内的水电工程修复及电力应急保障等工作。

4）提供技术支撑。工业和信息化部组织做好受灾地区应急通信保障工作。自然资源部及时提供受灾地区地理信息数据，开展灾情监测和空间分析，提供应急测绘保障服务。生态环境部及时监测因灾害导致的生态环境破坏、污染、变化等情况，开展受灾地区生态环境状况调查评估。

5）启动救灾捐赠。应急管理部会同民政部组织开展全国性救灾捐赠活动，指导具有救灾宗旨的社会组织加强捐赠款物管理、分配和使用；会同外交部、海关总署等有关部门和单位办理外国政府、国际组织等对我国的国际援助事宜。中国红十字会总会依法开展相关救灾工作，开展救灾募捐等活动。

（4）加强新闻宣传

中央宣传部统筹指导有关部门和地方建立新闻发布与媒体采访服务管理机制，及时组织新闻发布会，协调指导各级媒体做好新闻宣传。中央网信办、广电总局等按职责组织做好新闻报道和舆论引导工作。

（5）开展损失评估

灾情稳定后，根据党中央、国务院关于灾害评估和恢复重建工作的统一部署，应急管理部会同国务院有关部门，指导受灾省（自治区、直辖市）人民政府组织开展灾害损失综合评估工作，按有关规定统一发布灾害损失情况。国家防灾减灾救灾委员会办公室及时汇总各部门开展灾害救助等工作情况并按程序向党中央、国务院报告。

5.1.2 预警发布系统

1. 预警监测系统

为了在灾害来临前及时采取应对措施，最大限度减少灾害可能造成的损失，灾害预警预报系统必不可少。灾害预警预报信息如果发布及时，将为政府正确决策、及时应对以及社会公众科学防范提供有力支持。

全国已经形成了由地面气象站、测雨站（点）、无线电探空和雷达测风站组成的气象监测报网，水文站、水位站、雨量站、水文实验站和地下水测井组成的水文监测网，地震前兆观测系统，农作物和森林病虫害测报网，草原虫鼠害监测预报网，还形成了海洋环境和灾害监测、森林和草原火灾监测、地质灾害勘查及报灾等系统。

我国已建成了以资源系列地球资源卫星、风云系列气象卫星、海洋系列海洋监测卫星和环境系列环境与灾害监测小卫星星座组成的民用航天基础设施。实现大范围、全天候、全天时、动态的环境和灾害监测,将有效地对环境污染和自然灾害进行预报预警,实现灾情快速评估,推动中国灾害管理水平迈上一个新台阶。

2. 信息产品

应急管理部每年年初都会组织相关专家和部门分析预测全年灾害趋势,每月也会组织相关部门分析当月灾害特点、预测下月灾情趋势,并向相关部门和地区及时通报预测结果,及时制定应对措施。民政部建立了中央、省、市、县四级联网的自然灾害信息管理系统,建立 24 小时灾情监测系统,确保灾害发生后及时获取灾情信息(表 5-2)。

表 5-2　中央各有关部门主要灾害信息产品

部门	产品名称
民政部	《昨日灾情》《救灾快报》《全国自然灾害月度公报》《全国自然灾害年度公报》
水利部	《防汛抗旱简报》《当前旱情》
农业农村部	《种植业简报》《农业统计年报》
中国地震局	《震情通报》《地震局值班信息》《地震趋势预测》
中国气象局	《重要天气预警信息》《中国旱涝气候公报》《中国气候年度公报》《生态与农业气象决策服务专报》等系列产品
国家林业和草原局	《重要森林火灾摘报》《森林防火指挥部简报》
自然资源部	《风暴潮预警》等

5.2　应　急　储　备

5.2.1　灾害应急预案

针对突发性自然灾害,需要一个完备、科学、有效的应对方案,居安思危,有备无患。灾害应急预案是政府、非政府组织、企业、社区等组织管理和指挥协调防灾备灾和抗灾救灾工作的整体计划与程序规范。

灾害应急预案的核心是要明确灾前、灾中、灾后各个阶段中做什么、谁来做、怎么做、用什么资源做的问题。灾害应急预案要体现早发现、早报告、早控制、早解决,要有很强的科学性、实用性、可操作性和权威性。

中央层面应对突发性自然灾害预案体系分为三个层次:第一层次是《国家突发公共事件总体应急预案》;第二层次是应对自然灾害国家专项应急预案;第三层次是应对自然灾害部门应急预案。各部门还根据自然灾害专项应急预案和部门职责,制定了更具操作性的预案实施办法和应急工作规程。

目前,全国 100% 的省(自治区、直辖市)、98% 的市(州)、95% 的县(市、区)制订灾害应急救助预案，全国应急预案体系基本形成（表5-3）。全国31个省（自治区、直辖市）均编制完成省级突发公共事件总体应急预案；各地区还结合各自实际编制了自然灾害应急专项预案、保障预案和地市分预案；许多区、县以及企事业单位也制定了应急预案。

表5-3 中国政府中央层面应对自然灾害预案体系

预案分类	预案组成
国家总体应急预案	《国家突发公共事件总体应急预案》
国家专项应急预案	《国家自然灾害救助应急预案》《国家防汛抗旱应急预案》《国家地震应急预案》《国家突发地质灾害应急预案》《国家处置重、特大森林火灾应急预案》
国务院部门应急预案	《水路交通突发公共事件应急预案》《公路交通突发公共事件应急预案》《三峡葛洲坝梯级枢纽破坏性地震应急预案》《农业重大自然灾害突发事件应急预案》《国家森林草原火灾应急预案》《农业重大有害生物及外来生物入侵突发事件应急预案》《重大外来林业有害生物灾害应急预案》《重大沙尘暴灾害应急预案》《重大气象灾害预警应急预案》《风暴潮、海啸、海冰灾害应急预案》《赤潮灾害应急预案》《中国红十字总会自然灾害等突发公共事件应急预案》……

5.2.2 灾害应急队伍

防灾减灾队伍建设是一项基础性工作，中国政府根据救灾工作面临的新形势和新任务，以应急机制的建设为中心，建立了一支具备科学的决策能力、高速的行动能力、责任心强、务实高效、廉洁勤政、装备精良的防灾减灾队伍（表5-4）。

表5-4 中国防灾减灾队伍构成

人员分类	主要人员
灾害管理人员	包括国家各级、各部门的防灾、减灾、救灾行政管理官员和职工
专业技术人员	包括国家各级、各部门以及相关科研院所的防灾、减灾、救灾技术人员和各类专家等
专业救援人员	包括人民解放军、武警官兵、专业救援队伍、消防队伍、医疗人员等
社会服务人员	包括民兵预备役人员、减灾救灾志愿者、相关非政府组织和公益组织等

针对灾害监测预警，中国形成了涵盖国土资源、水利、农业农村、林业、气象、地震、海洋等各专业部门的灾害管理专家队伍。在抢险救援方面，军队、武警、公安民警、民兵预备役人员以及专业应急救援队伍是救灾工作的主力军。

5.2.3 救灾资金准备

1. 中央和地方的救灾资金

救灾资金是中央一般公共预算安排用于支持地方人民政府履行自然灾害救灾主体职

责，组织开展重大自然灾害救灾和受灾群众救助等工作的共同财政事权转移支付。这里的重大自然灾害是指应急管理部启动应急响应的自然灾害。救灾资金作为备灾中的重要因素，其直接影响着灾害管理的响应与恢复。

对未达到启动应急响应条件，但局部地区灾情、险情特别严重的特殊情况，由应急管理部商财政部按照程序报国务院批准后予以补助。救灾资金的支出范围包括搜救人员、排危除险等应急处置，购买、租赁、运输救灾装备物资和抢险备料，现场交通后勤通信保障，灾情统计、应急监测，受灾群众救助，保管中央救灾储备物资，森林草原航空消防等应急救援所需租用飞机、航站地面保障等，以及落实党中央、国务院批准的其他救灾事项（表5-5）。

表5-5　中央救灾资金构成及其用途

资金种类	主要用途
灾害应急救助资金	应对突发性自然灾害受灾人员紧急救援、转移安置所需费用，重点解决在紧急救援阶段受灾人员无力克服的临时吃、穿、住、医等生活困难
灾民倒房恢复重建补助资金	解决灾后恢复阶段受灾人员的生活困难，重点解决因灾倒塌房屋的恢复重建和损坏房屋的修缮
旱灾临时生活困难救助资金	对因旱灾造成生活困难、需要政府救济的人员给予适当补助
受灾人员冬春临时生活困难救助资金	主要解决这个时段的灾民口粮、衣被和治病救济，救助时段为每年12月至次年5月（一季作物区为12月至次年7月）

中国建立了救灾工作分级负责、救灾资金分级负担的救灾管理体制。对于一般自然灾害，中央和地方财政都已安排救灾资金预算，在国家现行预算管理体制内安排救灾资金；对于特别巨大的自然灾害，如四川汶川特大地震灾害，会对国家财政收支产生较大影响，需要巨额资金进行救助和恢复重建的，经报国务院批准可设立专门的救灾基金。

中央政府对地方抗灾救灾工作的补助资金主要有中央自然灾害生活救助资金（以下简称"中央救灾资金"）、特大防汛抗旱补助资金、汛前应急度汛资金、水毁公路补助资金、卫生救灾补助资金、文教行政救灾补助资金、农业救灾资金、林业救灾资金等。其中，应急管理部负责中央救灾资金的使用和管理，由中央财政预算安排，用于遭受特大自然灾害的省（区、市）在安排灾民基本生活经费发生困难时给予专项补助。

中央救灾资金包括灾害应急救助资金、灾民倒房恢复重建补助资金、旱灾临时生活困难救助资金、受灾人员冬春临时生活困难救助资金等四项。

救灾资金的发放坚持民主评议、登记造册、张榜公布、公开发放的程序，自觉接受社会监督。根据应急管理部下发的救灾工作规程，基层发放救灾款物时严格遵循"一卡一账两公开四程序"，即确定救助对象后，受灾人员凭灾民救助卡领取救灾款物，县、乡要有救灾工作台账，救助人员名单和救助款物数额要公开，救助对象要严格按照"户报、村评、乡审、县定"四个程序确定，保证救灾款物发放的公开、公正和公平。

2. 救灾资金的需求类型

我国受灾群众的基本生活需求主要分四个方面：①救灾应急需求，即灾害发生后无处安身灾民的基本生活需求，主要解决灾民的吃饭、喝水、衣被、取暖、临时住房等方面的临时生活困难。②灾民因灾倒塌房屋的恢复重建，洪涝、地震、滑坡、泥石流等重大突发性自然灾害发生后，往往会造成灾区大量民房倒塌或损坏，需要恢复重建帮助。③灾害造成农作物受灾和绝收，导致大量灾区群众春荒冬令期间口粮短缺，过冬衣被短缺和伤病困难。④因灾死亡家庭的丧葬和抚恤补助。与之相对应，政府对受灾群众的救济主要有四个部分，即救灾应急资金、灾区民房恢复重建补助资金、春荒冬令灾民生活救济补助资金和因灾死亡人员丧葬及抚恤补助资金。

3. 救灾资金供给保障

按照"政府主导、分级管理、社会互助、生产自救"的救灾工作方针，救灾资金的投入主要由中央和地方各级政府的救灾资金预算、社会捐赠和受灾地区的群众自救投入三部分组成。

（1）中央救灾资金的类型和下拨程序

中央和地方各级政府的救灾资金预算是中央财政安排的重特大自然灾害救助救济费和地方各级财政安排的地方自然灾害救济事业费。灾害发生后，应急管理部根据灾情和地方政府请款报告制定初步的救灾资金方案报财政部，两部协商一致后，以两部名义下拨。一般情况下，救灾应急资金在灾害发生后 3 天内下拨，恢复重建资金在收到报告后 10～15 天下拨，冬令、春荒救助资金在收到地方报告后 20 天内下拨。

（2）中央救灾补助的标准

1）救灾应急资金标准。按照国务院指示，应急管理部组织灾情会商确定为特大自然灾害区域或省级应急管理厅和财政部门提出紧急申请，下拨救灾应急资金，救灾应急资金原则上按照紧急转移安置人口进行补助。

2）恢复重建补助资金标准。口粮补助标准按照每间倒房折算为人，每人每天安排原粮加工而成的符合一定标准的成品粮食；紧急转移安置灾民按每人补助生活费；地震灾害因灾倒塌房屋、损坏房屋按每间补助生活费；因灾损坏房屋的修缮补助视灾情程度酌情考虑。因洪涝、旱灾等新灾造成灾民口粮夏不接秋，按需救济人口安排成品粮和生活费。

（3）中央和地方救灾投入比例

中央和地方在救灾资金投入上的比例大致为 60：40，但若加上地方各级政府在应急救灾过程中的人员、物资、设备投入和恢复重建中优惠政策等折算，中央救灾资金投入与地方救灾资金投入比例大致为 55：45。

（4）社会捐赠和群众自救投入

国内的社会捐赠主要包括非灾区支援灾区、城市支援农村、群众邻里间和亲友间互助互济等，全国各地城市的社会捐赠接收站点不断增加，以捐助活动经常化、募集主体民间化、参与捐助自愿化为特点的经常性社会捐助活动已成为各大城市备灾体系的重要组成部分和中国特色灾害救助体系的重要组成部分。群众自救投入是救灾资金投入的主体，中央和地方政府的救灾投入只是用于帮助受灾群众解决自身无力克服的困难，社会捐赠是政府救灾的有力补充。

5.2.4　救灾物资储备

1. 救灾物资

救灾物资是指用于救助受灾紧急转移安置人口，满足其基本生存需要的物资，主要包括帐篷、棉被、棉衣裤、睡袋、应急包、折叠床、移动厕所、救生衣、净水机、手电筒、蜡烛、方便食品、矿泉水、药品等。一般要求在灾害发生 24 小时内提供基本救助，确保受灾群众有饭吃、有衣穿、有临时住所、有洁净水喝、有病能得到及时医治。因此，各级政府都建立了一定数量的救灾物资储备库。

2. 专用应急物资与装备

专用应急物资与装备是指由各级相关部门和机构根据各自职能储备的专用应急物资和装备，主要包括地震、洪涝干旱、地质灾害、火灾、矿山事故、危化品事故、溢油事故、环境污染、公共卫生、社会安全等突发事件应急救援与处置用物资与装备。这类物资与装备的专业性很强，一般都是由专业部门储备与管理。

按照其主要功能又可分为三大类：一是生命救援与生活救助类，主要涵盖处置中各类人员安全、搜救、救助、医疗等有关的物资；二是工程抢险与专业处治类，主要涵盖突发事件处置中交通、电力、通信等基础设施恢复，以及污染清理、防汛抗旱和其他专业处治所需的各类物资；三是现场管理与保障类，主要涵盖突发事件发生后为维持应急处置现场正常运行所需的物资。在每一大类之下，又可以进一步根据完成功能的应急任务或作业方式等细分为不同的中类和小类，以方便应急物资与装备的生产、储备、选择和使用。

3. 救灾应急物资储备

救灾应急物资储备主要包括实物储备、生产能力储备等。①实物储备。实物储备是指以实物形式储存在仓库中，当突发事件发生后随时可调用的物资储备。实物储备是突发事件，尤其是大规模突发事件初期应对的主要物资来源，实物储备对于拯救生命、控制灾情具有重要意义。但是如果过多依靠实物储备，则有可能会造成大量资产的长期闲置甚至浪费。②生产能力储备。生产能力储备是指政府委托某些物资的生产企业，储备一定的富余生产能力，以便在发生突发事件时迅速生产、转产应急物资。生产能力储备主要适用于不易长期储存，生产周期较短，或者储存需要占用较多空间的物资。这种储备对大规模突发事件的长期救灾可以起到非常重要的作用。对于生产能力储备企业，政府相关部门一般事先签订储备协议并适当给予补贴。

按照救灾物资储备库设计标准，2023 年应急管理部已在 31 个省（自治区、直辖市）拥有 126 个中央级储备库（表 5-6 和表 5-7），储备了近千万件中央应急抢险救灾物资；全国 100% 省（自治区、直辖市）、98% 的市（州）、50% 的县（市、区）设有救灾物资储备库，可以随时调运。

表5-6　救灾物资储备库设计标准

设计标准		紧急转移安置人口/万人	总建筑面积/m²
中央级（区域性）	大	72～86	21800～25700
	中	54～65	16700～19800
省级	小	38～40	15600～18600
市级		4～6	2900～4100
县级		0.5～0.7	630～800

表5-7　救灾物资储备库选址条件

储备库选址条件	不应选为库址的情形
工程地质和水文地质条件较好，并高于当地历史最高水位	设防烈度大于9度的震区；泥石流、滑坡、流沙等直接危害地质的地段
邻近地铁路货站、高速公路入口及其他交通运输便利的地区	设计防洪标准低于救灾物资储备库的设防标准的堤，或者堤坝溃决后可能淹没的地区
市政条件较好，具有可靠、稳定的电力保障和完善的给排水系统	Ⅳ级自重湿陷性黄土、厚度大的新近堆积黄土、高压缩性的饱和黄土和Ⅲ级膨胀土等工程地质不良地区
地势较为平坦，视野相对开阔，便于紧急情况下直升飞机起降	受交通管制的地段；居民区；历史文物古迹保护区；具有开采价值的矿藏区；雷暴区

到2010年，我国基本建成统一指挥、规模适度、布局合理、功能齐全、反应迅速、运转高效、保障有力、符合中国国情的中央级救灾物资储备库体系。

5.2.5　科学技术保障

信息、通信、空间技术等高科技手段在灾害管理中得到了更广泛的应用，气象灾害监测预报体系、地震监测预报体系、灾害性洪水预警预报体系、森林和草原防火预警体系、农作物和森林病虫害测报体系、海洋环境和灾害监测预报体系、地质灾害预警预报体系的预测预报水平不断提高，为灾害预警、评估、决策、行动提供了有力的技术保障。

应急救援现场有实时动态监测等应用需求，利用物联网、卫星遥感、视频识别、网络爬虫、移动互联等技术，通过物联感知、卫星感知、航空感知、视频感知和全民感知等途径，汇集各地、各部门感知信息，建设全域覆盖的感知网络，实现对自然灾害易发多发频发地区和高危行业领域全方位、立体化、无盲区动态监测，为多维度全面分析风险信息提供了数据源。

卫星遥感技术、北斗导航定位技术和无人驾驶飞机等高新技术在救灾工作中得到应用，为救灾决策提供了科技支撑。同时，一大批基础灾害管理数据库在各有关部门系统建立，空间技术、数字化技术、计算机技术和网络化技术的科研成果得到进一步推广和应用，遥感监测系统、地理信息系统、全球导航卫星系统及网络通信系统等在灾害预警预报、灾害响应、灾情评估、灾后恢复重建等方面发挥着越来越重要的作用。

5.3 紧 急 救 援

5.3.1 生命财产紧急救援

紧急救援是指灾害发生时，对人民生命财产的急救，对次生灾情的抢险。救灾是一项极为复杂的、社会性的、半军事化的紧急行为。从抢险到医疗、从生活秩序到社会秩序、从技术到工程、从策略到指挥，组成一个完整的救灾系统。它是衡量政府管理能力和社会文明程度的重要标志之一。科学完备的灾害救援体系主要表现在：救援体系的建设与其作用发挥的状况；灾害救援中社会力量的动员与资源配置状况；外部组员的组织与利用能力；救援力量的后勤保障能力、技术支撑与装备水平；灾害紧急救援的政策设计与完善程度。很多国家已经形成了国家、地方和民间共同参与的网络结构，救援力量形成了以专业救援力量为主、全民参加的完整的救援体系。

"以人为本，救人第一"始终是中国救灾工作的最重要原则。目前，中国已基本形成了以公安、武警、军队为骨干和突击力量，以灾害救助、防汛抗旱、抗震救灾、森林消防、海上搜救、铁路事故救援、矿山救护、核应急、医疗救护、动物疫情处置等专业队伍为基本力量，以企事业单位专兼职队伍、应急志愿者为辅助力量的应急救援队伍体系。灾情发生后，中国县级政府必须在24小时之内启动救灾应急预案，做到紧急转移受灾人员，保证受灾人员有临时住所、有饭吃、有衣穿、有干净的水喝、有病能医。达到中央规定的四级响应标准后，县、地（市）与省级政府和相关部门须立即启动应急预案，在24小时之内由省级应急管理厅、财政厅向应急管理部、财政部提交申请救灾应急资金的报告。

中国政府根据灾区实际条件，坚持就地安置与异地安置，集中安置与分散安置，政府安置与投亲靠友、自行安置相结合的原则，因地制宜，为灾区民众安排临时住所，对投亲靠友和采取其他方式自行安置的受灾人员给予适当补助。

5.3.2 医疗救助服务

医疗救助应本着平等的原则，保证所有受灾人员均能接受基本医疗救助。医疗救助行动的各个阶段均应建立设计、实施、监督与评估体制，以保证满足最重要的需求和良好的服务覆盖面，同时优化就医渠道，提高救助质量（表5-8）。

表5-8 做好灾区卫生防疫工作的注意事项

序号	注意事项
1	做好尸体的消毒和处理
2	做好灾区水源监测消毒，加强食品和饮用水卫生监督

续表

序号	注意事项
3	做好畜禽尸体无害化处理，以及垃圾、粪便消毒等环境卫生工作，保证消杀药品供应
4	加强疫情监测，实行重大传染病和突发卫生事件每日报告制度
5	普及卫生防病知识，组织开展环境卫生整治，防止传染病流行蔓延

1）对医务人员的培训和监督。医护人员应具备同其职责相适应的技能，并接受培训。医疗救助组织有责任向救助人员提供这种培训，以确保其获得最新的专业技能。

2）患者的权利。灾难期间的诸多因素，使得救助机构难以始终如一地保护患者的隐私权、保密权和知情选择权。尽管如此，救助人员仍应尽力维护上述权利。

3）药品管理。医疗救助组织需要建立一套有效的药品管理制度，目的在于保障药品使用的疗效高、成本低、使用合理。这一制度应包括药品管理周期的四项要素：品种、采购、发放与使用。

4）医疗信息系统。灾区医疗部门应建立规范的医疗信息系统，定期采集安置区有关人口结构、死亡率、发病率以及医疗救助的信息。

5）心理救助服务。灾区医疗部门应提供相应的心理救助服务。对于愿意提供志愿服务的心理专家、医务人员和志愿者，灾区医疗机构应当组织和协调，保障心理救助工作的顺利实施。

6）卫生防疫。作为救灾工作的一个关键环节，防疫工作要确保大灾之后无大疫。在灾后应及时派遣卫生防疫队伍，覆盖所有受灾县乡村，组织专业防疫队伍及时开展建筑物废墟消毒清理，加强对饮用水监测、食品卫生和农副产品质量监督检查，组织易感人群接种传染病疫苗，实行突发公共卫生事件每日报告制度，加强疫情监测，严密防范传染病流行蔓延。

5.3.3 社会动员与心理援助

灾害发生后，立即启动社会动员机制，组织社会各方面参与抗灾救灾，是战胜灾害的重要举措。社会动员涉及抢险动员、搜救动员、救护动员、救助动员、救灾捐赠动员等方面，人的心理更是急需救护与重建的。以地震为例，一般地震后的心理救助分为如下五个阶段。

1）紧急救援阶段（灾后72小时内），目标是确保受灾群众的安全和基本需求，提供心理支持。主要措施包括提供食物、水、住所等基本生活保障；安抚受灾群众的情绪，减轻恐慌和焦虑；通过陪伴、倾听等方式提供心理支持。

2）稳定情绪阶段（灾后1周至1个月），目标是帮助受灾群众稳定情绪，恢复正常生活节奏。主要措施包括提供心理疏导，帮助受灾群众表达情感；组织团体活动，增强社会支持；提供心理健康教育，普及应对创伤的方法。

3）心理干预阶段（灾后1个月至3个月），目标是针对有严重心理创伤的个体进行专业干预。主要措施包括开展心理评估，识别需要专业帮助的人群；提供个体或团体心理咨询和治疗；使用认知行为疗法（CBT）、眼动脱敏与再加工疗法（EMDR）等方法。

4）恢复重建阶段（灾后 3 个月至 1 年），目标是帮助受灾群众重建生活，恢复社会功能。主要措施包括提供就业、教育等方面的支持，帮助恢复正常生活；继续开展心理辅导，增强心理韧性；鼓励参与社区活动，重建社会联系。

5）长期跟踪阶段（灾后 1 年以上），目标是持续关注受灾群众的心理健康，预防长期心理问题。主要措施包括定期进行心理健康随访和评估；提供长期心理支持和咨询服务；加强社区心理服务体系建设。

5.4　灾情快速评估

灾情包括人员伤亡和直接经济损失以及灾害经历者的心理伤害，灾情评估至今仍然是一个比较困难的任务。灾害风险评估包括广义的和狭义的两种类型，前者是对灾害系统可能造成的风险进行估计，后者则仅对致灾因子造成的风险进行评估，即假定承灾体的脆弱性与恢复力在一定时间内是相对不变的，仅评估不同水平致灾因子发生的可能性及其造成的损失。本节以狭义的灾情评估为核心，关注我国灾情评估集中的两个层面：一是履行减灾救灾管理职能的政府部门的灾情评估；二是研究层面对灾情评估的探索。从政府管理层面看，民政、国土资源、水利、农业、地震等部门都开展了相关的灾情评估，其主要对基层上报灾情统计数据开展评估，为管理提供决策支撑。在研究层面，形成了多种类型的评估方法，在理论和实践上都取得了一定的成果。

5.4.1　灾害影响人口快速评估

基于多要素综合的灾害影响人口评估法，主要是分析"H-V-E-D"之间的关系，研究方法主要有情景查找、经验统计、多元回归和概率网络等。以英国水力研究院针对欧洲洪水开发的洪水人口风险法（flood risks to people' methodology）为例，介绍灾害影响人口的快速评估方法。该方法属于经验统计法，是以经验为基础构建 H、V、E 与 D 的关系式，以区域统计数据为基础计算灾害影响人口的方法可归类为经验统计法。

该方法认为人口损失是洪水特征、位置特征、人口特征综合作用的结果，可用式（5-1）的概念模型表示：

$$E = f(F, L, P) \tag{5-1}$$

式中，E 是受影响人口；F 是洪水指标（水深、流速等）；L 是位置特征（在建筑内或外；房屋特征等）；P 是人口属性（年龄、健康状况等）。基于该概念模型，结合专家经验，提出人口受伤数量和死亡数量的计算公式：

$$NI = 2NZ \times \frac{HR \times AV}{100} \times PV \tag{5-2}$$

$$ND = 2NI \times \frac{HR}{100} \tag{5-3}$$

$$HR = d \times v + 0.5 + DF \tag{5-4}$$

$$AV = ONSET + AREA + FW \tag{5-5}$$

$$PV = p_i + p_a \tag{5-6}$$

式中，NI 是受伤人口数量；NZ 是风险区域人口数量；HR 是洪水特征函数；AV 是位置特征函数；PV 是人口特征函数；ND 是死亡人口数量；d 是洪水水深（m）；v 是洪水流速（m/s）；DF 是洪水诱发泥石流的可能性赋分（由小到大，依次赋值 0、0.5、1）；ONSET 是洪水上升速度赋值（1，非常缓慢/多个小时；2，缓慢/1 小时左右；3，快速/小于 1 小时）；AREA 是区域特征赋值（1，多层建筑；2，两层建筑；3，平房、移动房、拥挤道路、停车场、露营地等）；FW 是洪水预警赋值（1，具有有效的洪水预警和应急计划；2，仅有有限的洪水预警系统；3，没有洪水预警系统）；p_i 是区域内长期生病人口比例；p_a 是区域内 75 岁及以上人口比例。基于式（5-2）~式（5-6）的经验关系，结合洪水灾害事件数据及区域统计数据，可直接计算人口损失数量。

经验统计方法不仅以确定的公式表达 H、V、E 等多要素与 D 的关系，而且基础数据较易获取。但"H-V-E-D"关系式的构建是基于专家经验的，在不同区域的适用性和推广性尚需进一步验证。该方法适用于案例数据缺少、调查数据较易获取区域的暴雨洪水灾害人口损失评估。

5.4.2 灾害范围快速评估

本节以汶川地震灾害为例，介绍灾害范围快速评估方法。2008 年 5 月 12 日 14 时 28 分，四川省汶川县（31°N、103.4°E）发生 8.0 级特大地震，最大烈度 11 度，超过唐山大地震。四川、甘肃、陕西是受影响最大的三个省。

1. 评估原则

1）简单明了便于操作，满足震后重建规划的需求。

2）全面考虑灾情程度、地震致灾强度和地质灾害影响，突出灾区遇难人数和倒塌房屋数量因素，并考虑灾区转移安置人数。

3）充分利用多途径获取的灾情数据，科学综合评估。

4）评估以县级行政功能区域为单元，保持县域完整，便于整体规划和重建。

5）考虑与国家已经出台的相关政策措施衔接。

2. 综合灾情指数与权重

根据死亡和失踪人员的情况、倒塌房屋情况、转移安置人员情况、地震烈度和地质灾害危险度，选择评估指标和计算。

1）平均地震烈度：考虑到存在一个受灾县覆盖几个不同地震烈度的情况，采用不同烈度等级所占面积加权求和法生成受灾县平均地震烈度值（I），用来表示分县的平均地震烈度，公式如下：

$$I = \sum \left(I_i \times \frac{S_i}{S} \right) \tag{5-7}$$

式中，I_i 是烈度等级值；$\dfrac{S_i}{S}$ 是某个烈度等级占行政单元的面积比。

2）死亡和失踪人数、万人死亡失踪率：以县（市、区）为统计单元的死亡和失踪人数，并以县（市、区）户籍人口为基数计算万人死亡和失踪率。

3）倒塌房屋数、万人倒塌房屋数率：以县（市、区）为统计单元的倒塌房屋数，并以县（市、区）户籍人口为基数计算万人倒塌房屋率。

4）地质灾害危险度：对崩塌、滑坡、泥石流造成的危害居民地（处）、危害公路（处）、威胁堵塞河流（处）、威胁桥梁（座）、威胁水库（座）、损毁土地（km²）等，进行等权加权归一化处理，得到各县（市、区）指标值。

5）万人转移安置率：以县（市、区）户籍人口为基数计算万人转移安置率。

综合灾情指数的计算公式为

$$DI = \sum \left(f_k \times DI_k \right) \tag{5-8}$$

式中，DI_k 是归一化的单项指标，$DI_k = \left[DI_k - \min \left(DI_k \right) \right] / \left[\max \left(DI_k \right) - \min \left(DI_k \right) \right]$；$f_k$ 是上述五项指标的权重。

根据发展改革委、财政部、民政部、国土资源部、地震局、统计局、国家汶川地震专家委员会，以及四川、甘肃、陕西三省会商，一致同意计算综合灾情指数的权重为，平均地震烈度值为 0.3，死亡失踪人数、万人死亡和失踪权重各为 0.15，倒塌房屋数、万人倒塌房屋率权重各为 0.1，地质灾害危险度权重为 0.1，万人转移安置率权重为 0.1。

3. 数据来源

1）中国地震局提供的地震烈度数据。

2）按国家 1:20 万基础地理信息数据编绘的行政区域界线；四川、甘肃、陕西三省人民政府上报的"汶川地震灾害损失统计表"和灾害损失评估报告，以及其他省份上报民政部的灾情统计表。

3）自然资源部、民政部、水利部等相关专业部门提供的地震引发崩塌、滑坡、泥石流、堰塞湖及其他次生灾害危险图，自然资源部提供的 84 个受灾县（市、区）地质灾害数据，以及国家减灾中心提供的地质灾害危险度。

4）按照民政部编制的《中华人民共和国行政区划简册 2008》得到的各县（市、区）户籍人口。

5）灾区遥感监测数据分析，研判后获得的房屋倒塌、交通破坏、耕地损毁以及植被破坏的空间分布图。

6）专业人员、工作组人员奔赴灾区实地调查、核查所获得的灾情资料。

4. 灾害范围类别及灾害范围划定

依据灾害范围评估原则和依据，将灾害范围划分为严重受灾地区［包括极重灾、重灾县（市、区）］和一般灾区，同时界定灾害影响范围。

按照各县（市、区）的综合灾情指数及其突变点，考虑受灾县（市、区）累计直接经济损失占灾害总损失份额等因素，经有关部门和四川、甘肃、陕西三省的共同商定，依据以下综合灾情指数区间来划分灾害范围类别：①综合灾情指数大于 0.4 的县（市）为极重受灾县（市）；②综合灾情指数介于 0.15~0.4 的县（市、区）为重受灾县（市、区）；③综合灾情指数介于 0.01~0.15 的县（市、区）为一般受灾县（市、区）；④综合灾情指数小于 0.01 的县（市、区）为受灾影响区。

5. 评估结果

汶川地震灾害范围类别如表 5-9 所示：严重受灾地区包括 10 个极重受灾县（市）和 36 个重受灾县（市、区），一般受灾区包括 191 个县（市、区），影响区包括 180 个县（市、区）。

表 5-9　汶川地震灾害范围类别评估结果统计表

范围类别		省份	县（市、区）
严重受灾地区（46 个）	极重受灾县（市）（10 个）	四川省（10 个）	汶川县、北川县、绵竹市、什邡市、青川县、茂县、安县（现安州区）、都江堰市、平武县、彭州市
	重受灾县（市、区）（36 个）	四川省（26 个）	理县、江油市、利州区、朝天区、旺苍县、梓潼县、游仙区、旌阳区、小金县、涪城区、罗江县（现罗江区）、黑水县、崇州市、剑阁县、三台县、阆中市、盐亭县、松潘县、苍溪县、芦山县、中江县、元坝区、大邑县、宝兴县、南江县、广汉市
		甘肃省（7 个）	文县、武都区、康县、成县、徽县、西和县、两当县
		陕西省（3 个）	宁强县、略阳县、勉县
一般受灾区（191 个）	略		
影响区（180 个）	略		

资料来源：《应对 2008.5.12 汶川大地震灾害咨询材料汇编（2008 年）》

根据灾害范围和收集的数据，可以计算不同灾害等级范围面积，进而结合收集的数据推算出极重受灾县（市）、重受灾县（市、区），以及一般受灾区县（市、区）、影响区县（市、区）的地震烈度、死亡与失踪人数、倒塌房屋总间数及直接经济损失，得到因灾直接经济损失占此次地震灾害直接经济损失的百分比。

5.4.3　灾害直接经济损失快速评估

1. 直接损失

灾害通常会造成居民住房、企业财产、基础设施和公共设施等的损害或破坏（图 5-1）。这些损失或者破坏利用经济学方法货币化后可统一评估为直接经济损失。灾害损失可以分为直接和间接损失两种，前者是指直接的、实质的损失，强调灾害事件对于标的本身所造成的破坏，是风险事件导致的初次效应；后者强调由直接损失所引起的破坏，即事故的后续效应，包括额外费用损失和收入损失等。

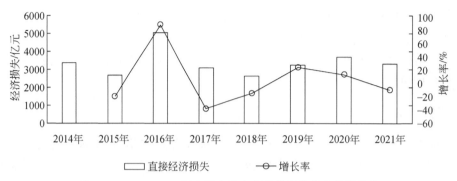

图 5-1 2014~2021 年中国自然灾害直接经济损失及增长率

《地震现场工作第 4 部分：灾害直接损失评估》（GB/T 182084—2011）和 2024 年发布《特别重大自然灾害损失统计调查制度》在评估受灾面积和倒损房屋的基础上，特别强调分部门的直接损失评估目标（表 5-10），并明确了直接经济损失的基本计算方法是受灾体损毁前的实际价值与损毁率的乘积。

表 5-10　因灾造成的直接损失评估目标

损失类别	损失部门
农业损失	种植业、林业、畜牧业、渔业的直接经济损失
工矿企业损失	采矿、制造、建筑、商业等企业的直接经济损失
基础设施损失	交通、电力、水利、通信、市政等公共设施的直接经济损失
公益设施损失	教育、卫生、科研、文化、体育、社会保障和社会福利等公益设施的直接经济损失
家庭财产损失	居民住房及其室内附属设备、室内财产、农机具、运输工具、牲畜等的直接经济损失

2. 灾害直接经济损失的关键评估指标

自然灾害不仅危害人类生命健康和正常的生产生活，还会破坏公益设施和公私财产，导致社会无法正常运转，造成严重经济损失，同时会破坏资源和环境，阻碍经济健康发展，削弱人类可持续发展能力。

灾害直接经济损失关键评估指标如表 5-11 和表 5-12 所示。

表 5-11　灾害直接经济损失关键统计指标

指标名称	计量单位/万元
农村居民住宅用房经济损失	
城镇居民住宅用房经济损失	
居民家庭财产经济损失	
农林牧副渔业经济损失	
工业经济损失	
服务业经济损失	
基础设施（交通）经济损失	

指标名称	计量单位/万元
基础设施（通信）经济损失	
基础设施（能源）经济损失	
基础设施（水利）经济损失	
基础设施（市政）经济损失	
基础设施（农村地区生活设施）经济损失	
基础设施（地质灾害防治设施）经济损失	
公共服务（教育系统）经济损失	
公共服务（科技系统）经济损失	
公共服务（医疗卫生系统）经济损失	
公共服务（文化系统）经济损失	
公共服务（广播电视系统）经济损失	
公共服务（新闻出版系统）经济损失	
公共服务（体育系统）经济损失	
公共服务（社会保障和社会服务系统）经济损失	
公共服务（公安系统和国家综合性消防救援队伍系统）经济损失	
公共服务（社会管理系统）经济损失	
经济损失合计	

表 5-12　灾害直接经济损失统计汇总表

灾害事件名称							发生时间				年 月 日 时 分 秒				
行政区							评估项目								合计
	房屋						生命线系统				企业	水利	农田	室内外财产	
	农村住宅	农村共用	城市住宅	城市共用	政府办公	教育系统	卫生系统	电力	交通	通信	供排水				室内财产	牲畜	围墙
...															
小计															
分项合计															
百分比%															

3. 评估模型

（1）损失评估通用模型

$$L = W \times P \times D \tag{5-9}$$

式中，L 是经济损失；W 是承灾体价值；P 是区域灾害发生的频率；D 是灾害强度。

中国现行的自然灾害损失统计主要通过基层行政管理部门（及其相关业务部门）的调查上报数据、遥感调查和实地调查三种方式提供，分别由应急管理部、水利部、农业农村部、中国气象局、中国地震局、自然资源部、国家统计局等多部门同时进行统计。由于各部门对灾害管理的侧重点存在差异，损失统计内容规范化、统一化的问题尚待解决。

（2）损失项目价值加总方法

灾害发生后，快速盘点损失项目，由各损失项目数量与单位损失价值乘积之和测算得到经济损失总量。

从评估的机理和数据获取等方面考虑，损失评估方法包括三类如下。

第一类方法，包括基于历史灾情统计资料的评估方法和基于承灾体易损性的评估方法。它们都是确定致灾因子和承灾体损失率之间的关系。在确定承灾体的易损性特征后，模拟某一致灾因子超越概率水平下或某一特定灾害情景下，某一地区可能的受灾情况，前者是后者机理模型的验证。

这种基于调查的区域灾害直接损失统计方法思路简单，对于不同地区不同灾害具有较强的适用性，但也存在不足。首先，是项目分类的问题，如果损失项目划分得粗糙，计算结果误差较大，容易低估或高估损失；反之则在损失统计过程中耗费大量人力、物力、财力，还会造成漏算和重复计算的问题。其次，是货币度量存在争议，对于生命或者人力资源损失的货币度量不仅涉及经济问题，还涉及社会文明和伦理道德问题。最后，是建筑物易损性面积合理性的问题，将建筑物损失换算为面积来刻画虽然解决了以数量来刻画建筑物损失的弊端，但也带来了奇异性。例如，城里一套 $50\mathrm{m}^2$ 的商品房一般是一层，其货币价值可能高于乡下一栋 $50\mathrm{m}^2$ 的住宅，然而上述方法的测算结果可能恰恰相反。

根据《特别重大自然灾害损失统计调查制度》开展直接损失统计，该调查制度是根据《中华人民共和国统计法》《中华人民共和国突发事件应对法》《自然灾害救助条例》《中华人民共和国统计法实施条例》《国家自然灾害救助应急预案》等有关法律法规和制度的规定设置的。

直接经济损失均按照统计对象的重置价格核算，重置价格为采用与受损统计对象相同的材料、建筑或者制造标准、设计、规格及技术等，以现时价格水平重新购建与受损统计对象相同的全新实物所需花费的材料和人工等成本价格，不考虑地价因素。因灾造成的抢险救援费用、停工停产等间接经济损失，生态系统受灾造成的损失和恢复重建费用等不计入直接经济损失。

第二类方法，是直接获取灾害破坏和损失情况的方法，更注重评估承灾体因灾引起的各种破坏形式，包括三种：现场抽样调查方法是人工采集数据的方法，通过现场抽样调查数据推导出灾情总体情况，适用于灾中快速掌握灾情；基层统计上报方法是人工采集数据的方法，灾区最小单元（家庭户、事业单位等）逐级上报汇总得到灾情总体情况，一般适用于灾后对灾情的综合评估；遥感图像或航片识别法更多地用于灾害影响范围和典型区域的灾情数据提取，主要适用于灾中快速评估。

第三类方法，是易损性清单方法，主要用于实际的直接经济损失快速测算，表达式如下。

$$直接经济损失 = 灾害危险性 × 灾害易损性 × 社会财富 \tag{5-10}$$

式中，易损性的核心为建筑物易损性，根据建筑物损失程度划分，利用灾害烈度、易损性矩阵和损失概率矩阵来计算。

易损性清单法建立在一个社会财富系统明确划分的基础之上，需要充足的社会易损性数据和历史经验的储备。然而，对于我国大多数地区而言很难满足。并且，灾害损失矩阵的确定多受专家的主观经验干扰，缺乏客观性，对评估结果的精确性直接产生影响。

调查方法是直接获取灾害破坏和损失，属于地面人工采集数据方法，更注重承灾体因灾引起的破坏形式。现场抽样调查方法，通过抽样调查数据推导出灾情总体情况，一般用于灾中快速掌握灾情。基层统计上报方法，由灾区最小单元的家庭户、企事业单位，逐级上报汇送得到总体的灾情，一般适用于灾后对灾情的全面综合评估。遥感图像识别法，更多用于灾害影响范围和典型区域的灾情数据提取，主要适用于灾中快速评估。

（3）宏观经济易损性方法

宏观经济易损性方法是在掌握直接破坏的情况下，货币化衡量灾害损失的手段。利用经济损失标定灾情的大小，进行灾后的综合评估，不针对某种灾害类型。

自然灾害损失程度用经济收益损失率表示，基本公式为式（5-11）：

$$经济收益损失率 = 农工财建等各行业收入损失额/农工财建等各行业计划收入额 × 100\% \tag{5-11}$$

$$资产损失率 = 固定和流动资产总损失额/固定和流动资产总额 × 100\% \tag{5-12}$$

$$生活损失率 = 民众私有财产损失总额/民众私有财产总额 × 100\% \tag{5-13}$$

$$人口伤亡率 = 伤亡总人口数/总人口数 × 100\% \tag{5-14}$$

$$综合损失率 = [（经济收益损失率 + 资产损失率 + 生活损失率）/3] × 100\% \tag{5-15}$$

在确定承灾体易损性特征后，模拟某一致灾因子超越概率水平下或某一特定灾害场景下，某一地区可能的受灾情况，一般用于灾前预评估和灾中快速评估。用这两种方法开展评估时，对于不同的灾种，灾情评估管制的主要区别在于不同类型灾害强度的前提下，确定承灾体易损性和损失率。

由于存在着社会财富系统划分的繁杂和社会易损性数据、历史经验数据储备不足的难题。该方法侧重于宏观经济数据角度，用宏观经济指标代替建筑物等易损性清单。宏观经济数据具有易查找、更显快的优点，在经济发展迅速的地区也能以较高的精度近似真实的直接经济损失。不足在于将 GDP 按照单位区域人口数量平均分配，会导致单位 GDP 出现"被平均"现象而被低估，而单位 GDP 越小，反映出的伤亡人数越小，因此伤亡人数往往被低估。

在掌握灾害直接破坏的情况下，货币化衡量灾害经济损失的一种手段，用经济损失来标定灾情的大小，这也是国际通用的办法，主要用于灾后全面评估灾情。在单次灾害过程灾情的基础上，利用地统计学、GIS 技术等方法，进一步对单次灾害过程或阶段性区域灾情进行强度级别和区域分布特征的分析评估。

（4）多元回归方法

以灾害基础指标（降水量、震级等）和承灾体指标（人口密度、人均GDP等）为解释变量，以经济损失、房屋损失数量或综合损毁指数等为被解释变量建立多元回归模型。这是一种基于历史灾情统计资料的多元统计方法。具体的回归形式不尽相同，但常用的有三种：多项式回归模型、幂函数拟合以及联立方程组模型。多元回归分析的理论成熟，简单易行，但也存在不足。首先是对数据的要求较高，基本假定多，不易满足，但实际应用时假设这些数据满足要求。其次是解释变量经过幂变换或指数变换后，虽然在统计意义上可以通过显著性检验，但现实意义却难以解释。理论上讲回归代表的不仅仅是数理背景下的显著性，更体现了被解释变量与解释变量间的因果关系。若解释变量缺乏现实意义，其背后的因果关系就难以解释。

（5）神经网络方法

神经网络方法是人工智能学科中的一个用于分类和回归的非参数建模方法。相比传统的回归和分类方法，该方法具有高强度的计算、学习、非线性拟合能力，处理复杂系统时更有优势，某种程度上能有效解决灾害系统的复杂性，并且对数据需求较少，具有较高的并行数据处理能力。网络设定只考虑输入模式和输出模式，连接权通过优化训练完成，不需要考虑连接权的现实意义。常用的神经网络有反向传播（BP）神经网络、支持向量机（SVM）神经网络和径向基函数（RBF）神经网络等。若网络构建不合理，则十分容易出现局部最优、收敛不稳定、过度拟合、误差较大的问题。

（6）统计模拟法

统计模拟法更偏向于灾害过程模拟。通过模拟灾害基础指标的大小、社会经济承灾因子和灾害发生过程来对经济损失进行测算。主要分三个部分：灾害主体演化的动力学动态模拟、社会工程易损性模拟和灾害损失精算模拟。该方法适用于小范围、具体的灾害，评估流程明细，但存在以下不足。其一，灾害形成机理及其演化过程具有复杂性和偶然性，参数选择直接影响评估精度和结果。其二，在建筑物易损性模块中，建筑物种类繁多，建筑材料不一，抗灾强度存在典型差异。其三，缺乏历史数据支撑，易损性矩阵的构建往往基于建筑物的大致分类、模拟实验和专家主观打分建立，其结果可能与灾害事实产生较大偏差。其四，只能测算由灾害直接导致的损失，对于灾害诱发的二次灾害损失则无能为力，因而无法评估灾害造成的总损失。

为计量直接损失，基于脆弱性曲线的评估方法也得到广泛应用，它主要根据历史灾害资料中致灾因子和灾情的对应关系，采用统计学或者计量经济学的方法计算，或者在构建承灾体与致灾因子相互作用的机理模型基础上，通过致灾过程的模拟仿真计算。

5.4.4 结构地震易损性快速评估

1. 数值模型

这里介绍基于增动量分析的结构地震易损性评估。按照《混凝土结构设计规范》

（GB 50010—2010）和《建筑抗震设计规范》（GB 50011—2010），对一栋 10 层三跨的框架结构进行结构设计。该建筑抗震设防烈度为 8 度（0.2g），设计地震分组为第二组，场地类别为 Ⅱ 类，框架抗震等级为一级，场地特征周期为 0.4s。该结构 1 ~ 3 层层高为 3.9m，4 层及以上层高均为 3.3m，总高度 34.8m，跨数为 8×3，结构外形尺寸为 38.4m× 14.4m。1 ~ 3 层采用 C40 混凝土，4 层及以上采用 C35 混凝土，梁柱钢筋为 HRB400，楼板厚均为 100mm。楼面均布活载严格按照设计规范取值，楼层重力荷载代表值组合按照 "1.0×恒载+0.5×活载" 折算，结构梁柱的截面尺寸及配筋面积按照实际构件配筋确定。

2. 地震波的选取和调幅

选取的结构位于 8 度区、Ⅱ 类场地，与美国的 S2 场地相似。根据美国 ATC-63 报告中建议，选取震级大于 6.5 级，峰值加速度大于 0.2g，震中距大于 10km 的远场地震动记录。根据建筑所处场地类别，综合考虑结构基本周期的影响，从美国太平洋地震中心数据库中选取 20 条地震波。对选取的地震动等比例进行调幅，且波形保持不变，调幅后得到 20 条地震动加速度时程。将 20 条地震记录的加速度反应谱（0.2g）与标准设计反应谱进行对比，在结构基本自振周期 T = 1.077s 处，加速度反应谱的谱值接近设计谱的谱值。

3. 地震动强度指标和结构损伤指标

选取谱加速度 S_a（T_1，5%）作为地震动强度指标，选取最大层间位移角 θ_{max} 作为结构损伤指标。

4. 极限状态的确定

抗震性能点具有多种划分形式，美国 FEMA356 规范定义了 3 个极限状态点：立即使用点（immediate occupancy，IO）、生命安全点（life safety，LS）、防止倒塌点（collapse prevention，CP）。在对工程结构进行抗震性能评估时，需要在 IDA（incremental dynamic analysis）曲线上定义出结构的各个极限状态性能点，通常有两种方法：DM（damage measures）准则和 IM（intensity measures）准则。本书在定义极限状态点时采用 IM 准则，按照 FEMA356 中定义的倒塌极限状态点，取 20% 初始斜率点和层间位移角为 10% 的点对应 IM 的值较小的点。以 S_a（T_1，5%）为地震动强度参数时，结构在 IO、LS 和 CP 极限状态时对应的性能值分别为 0.01、0.02 和 0.0375。

5. 计算结果及分析

（1）地震概率需求模型

假定地震动强度参数服从对数正态分布，反映地震动不确定性的地震需求参数可分别对地震动强度指标 IM 和结构损伤指标 DM 取对数，并对 IDA 分析得到的数据按照式（5-16）的形式进行线性回归拟合：

$$\ln(\theta_{max}) = A + B\ln(S_a) \tag{5-16}$$

（2）地震易损性曲线

地震易损性曲线描述不同强度地震激励下，结构响应达到或超过某一极限状态所设定的结构能力参数的概率。结构响应达到特定极限状态的失效概率可表示为式（5-17）：

$$P_f = \Phi\left[\frac{-\ln(\tilde{C}/\tilde{D})}{\sqrt{\beta_c^2 + \beta_d^2}}\right] \tag{5-17}$$

将得到的地震概率模型代入式（5-17）中，可知地震动调整前 S_a（T_1，5%）为自变量的失效概率表达式为式（5-18）：

$$P_f = \Phi\left[\frac{\ln(0.03505[S_a(T_1,5\%)]^{1.3659}/\tilde{C})}{\sqrt{\beta_c^2 + \beta_d^2}}\right] \tag{5-18}$$

式中，结构能力参数 $\tilde{C}$ 是极限状态对应的性能值；Φ 是正态分布函数，其值可通过查找标准正态分布表确定；地震动强度参数为 S_a 时，根据 HAZUS99 设计规范，$\sqrt{\beta_c^2 + \beta_d^2}$ 取为 0.4，代入 S_a 的值，即可得到结构响应在不同地震强度下达到该极限状态的失效概率。

将其绘制在以地震动强度参数为横坐标，结构反应的超越概率为纵坐标的坐标系中，就可以得到结构的地震易损性曲线，原始地震动下结构易损性曲线如图 5-2 所示。由图 5-2 可以看出，框架结构随着 S_a 的增大破坏逐渐严重，结构从进入破坏发展到倒塌状态，易损性曲线逐渐变得平缓，失效概率改变越来越小。当 $S_a=0.1g$ 时，地震作用下结构倒塌的超越概率为 37.1%，当超越概率为 90% 时，对应于立即使用、生命安全、防止倒塌状态的 S_a 分别为 0.61g、0.97g、1.59g。根据地震易损性曲线的变化趋势可知，在立即使用状态下，随着 S_a 的增大，结构的超越概率急剧上升，易损性曲线走势相对较陡，结构在小震作用下超越立即使用状态的可能性较大。结构在生命安全和防止倒塌状态时易损性曲线走势越来越平缓，结构在受到大震作用下生命安全和防止倒塌极限状态的失效概率相对较小，这说明结构由弹性阶段进入塑性阶段后，表现出一定的延性耗能能力，使结构具有一定的抵抗地震倒塌能力。

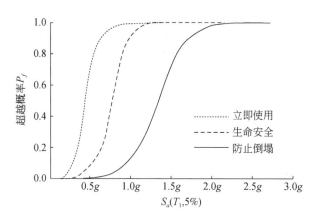

图 5-2　原始地震动下结构易损性曲线（王子英，2023）

以实际 RC 框架结构（8 度设防）为研究对象，以谱加速度为地震动强度指标、层间位移角最大值为结构损伤指标，基于 IDA 方法进行地震易损性计算分析，实现对该结构抗震性能的定量评估。在 IO 状态下，随着 S_a 的增大，RC 框架结构失效概率急剧上升，结构进入屈服阶段，凭借其延性来抵抗地震作用，结构不易出现严重破坏和倒塌。

基于实测震害数据的经验法中易损性函数构建的方法不仅简单，且得到的易损性分析结果也趋于真实，但是这种真实性是建立在所获得的震害资料实际有效的基础上的。然而，所得到的震害资料数据往往不够真实，这也使得该方法在实际应用中具有一定的局限性，具体表现在以下几个方面：①所研究区域的现场震害数据收集困难，能够调查到的震害资料少之又少，样本数量具有局限性；②在某些偏远地区，房屋建筑具有民俗风情，所以所收集到的震害数据不具有代表性；③震害数据收集过程中有很大的人为因素，主观性较强，具有不确定性。

6. 地震损失评估的信息

中国大陆历史地震灾害损失数据来自中国地震局（www.cesi.ac.cn），包括自公元前780年以来中国发生地震的日期、时间、经纬度、震级、震源深度和震中位置。1950～2018年中国大陆31个省（区、市）的地震灾害记录及其他数据见表5-13。

表 5-13　地震损失评估数据的基本信息

数据	时空分辨率	来源
中国地震灾害信息	1950～2018年单次事件	中国地震局（www.cesi.ac.cn）
中国地震灾害灾情记录	1950～2018年单次事件	中国古今地震灾情总汇；中国大陆地震灾害损失评估汇编
中国地级资产价值数据集	1990～2015年地级行政区	Wu 等（2014）
中国县级 GDP	1990～2015年，每五年，县级	中国统计年鉴数据库
承重结构类型住宅建筑数据	2000年，2010年，县级	中国统计年鉴数据库
中国地震动峰值加速度区划	2015年，矢量	中国统计年鉴数据库
中国居民消费价格指数 CPI	1990～2020年，全国	中国统计年鉴数据库
中国固定资产投资价格指数	1990～2020年，全国	中国统计年鉴数据库
全球数字高程模型 DEM	2010年，0.5°	USGS（lta.cr.usgs.gov/SRTM）
降水气候数据记录（PERSIANN-CDR）	1990～2020年，全球，每日，0.25°×0.25°	美国国家海洋和大气管理局（National Oceanic and Atmospheric Administration，NOAA）（ftp://data.ncdc.noaa.gov/cdr/persiann/files/）

5.5　紧急救灾响应程序

应急响应程序如图5-3表示。主要包括识别危机、评估救灾方案和追踪灾情信息反馈与评价。

5.5.1　识别危机与评估救灾方案

1）识别危机，判断灾情。政府在接到地震、气象、水利等部门送达的灾情报告后应高度重视，紧急会商，分析灾情的范围、程度、影响及发展趋势，剔除不必要的信息，分

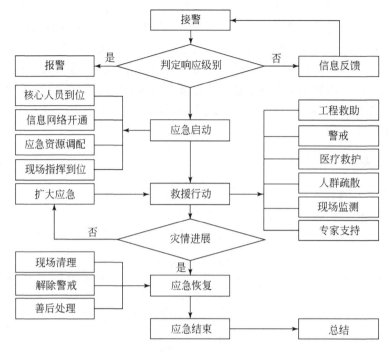

图 5-3　应急响应程序

清问题的严重性，并决定是否发布灾情，如何发布。

2）分析比较问题的轻重。在诸多问题中分清轻重缓急，选择解决、处理最急迫、最重要、对全局最有影响的问题。控制灾情，防止灾情扩大。

3）评估救灾方案。对多种救灾方案实施评估，分析不同救灾方案的优劣及后果。

4）做出决策。选择最佳方案，具体部署有关部门及救灾队伍的任务和各项救灾措施。具体解决救灾活动所需的人力、物力、财力资源。

5.5.2　追踪灾情信息反馈与评价

1. 追踪灾情信息反馈

追踪灾情发展及救灾措施贯彻落实的反馈信息，评估救灾措施的效果和质量，追踪决策，修正决策。一旦做出决策，一定要尽快执行，犹豫不决或踌躇以及缺乏决策信心都会影响决策落实的效果。

2. 组织协调的效果评价

各类应急事件往往有不同的具体评价标准。民众对于生态系统治理的意见和产生的相关冲突作为评价效果的标准，体现了民众评价的作用；在对环境与健康的协同研究中，将公众健康情况作为评价的判定因素；在针对跨政府协作的灾害应急管理中，将社区的备灾能力作为判定协同效果的重要因素。

应急管理中组织协调的效果评价，既包括主观的评价，也包括客观的评价。主观的评价主要体现为民众对突发事件、应急情况应对的满意程度；客观的评价主要体现为在面对应急情况时，政府的备灾情况、应对效果、损失情况等。

中国政府有关部门负责组织开展灾后调查评估工作，为编制灾后恢复重建规划提供依据。灾害调查评估采用全面调查评估、实地调查评估、综合评估的方法，确保数据资料的真实性、准确性、及时性和评估结论的可靠性。

扩展阅读　汶川地震的应急响应

2008 年 5 月 12 日 14 时 28 分，中国发生了震惊世界的四川汶川特大地震，它是1949 年以来破坏性最强、波及范围最广、救灾难度最大的一次地震，震级达里氏 8级，最大烈度达 11 度，余震 3 万多次，涉及四川、甘肃、陕西、重庆等 10 个省（区、市）417 个县（市、区）、4667 个乡（镇）、48 810 个村庄。灾区总面积约 50万 km^2，其中，极重灾区、重灾区面积 13 万 km^2，造成 4625 万人受灾、69 227 人遇难、17 923 人失踪，紧急转移安置受灾人员 1510 万人，房屋大量倒塌损坏，基础设施大面积损毁，工农业生产遭受重大损失，生态环境遭到严重破坏，直接经济损失8451 亿多元，引发的崩塌、滑坡、泥石流、堰塞湖等次生灾害举世罕见。

1. 成立抗震救灾指挥部和专家组

汶川地震发生当天，在飞往灾区的专机上，成立了以温家宝总理为总指挥的国务院抗震救灾总指挥部，根据抗震救灾工作需要，设立 9 个工作组，统筹协调全国抗震救灾工作。5 月 15 日，总指挥部又决定在成都设立前方总指挥部，统一协调前方抗震救灾工作。中国政府成立了国家汶川地震专家委员会和国家减灾委–科技部抗震救灾专家组，专门就应急救援、灾后救助、灾害评估、恢复重建等问题提供技术和专家支持，先后共有 323 名专家参加了专家委员会及专家组的工作，为中国政府制定重大抗震救灾决策提供了重要支持。

2. 紧急救援

中国共出动解放军、武警兵力 14.6 万余人，民兵预备役 7.5 万余人，消防特勤、特警、边防等公安救援队伍 1.7 万余人，地震、矿山等专业救援队 5200 多人。解放军、武警官兵在震后 2 天内就到达了全部受灾县，3 天内到达全部重灾乡镇，7天内到达全部受灾村庄。各方救援力量累计解救转移被困人员 148.6 万余人，从废墟中抢救生还者 8.4 万余人。

3. 医疗援助

灾区医疗机构 5.2 万余名医务人员立即投入救治。全国各地 1400 多名医务人员于地震当日紧急赶赴灾区，并根据需要陆续增派了 4 万余名医疗、防疫、医药和卫生监督人员。震后 72 小时内，实现了重灾县（市、区）医疗救援全覆盖。通过设立野战医院、医疗点以及派出医疗队巡回诊疗，及时救治大量受伤人员，最大限度降低了死亡率和致残率。向 20 个省（区、市）的 375 家医院安全转送了 10 015 名重伤病员，创下中外历史上非战争状态下转运伤员规模之最。针对地震造成大量人员遇难的严峻形势，中国政府适时开展遗体鉴别工作，严格遵守操作规程，及时稳妥地做好遗体处理，同时制定出台了给予每个遇难者家庭抚慰金政策。

4. 生活救助

针对地震灾情，按照《国家自然灾害救助应急预案》，国家减灾委、民政部于 5 月 12 日 15 时 40 分紧急启动国家应急救灾二级响应，并于 12 日 22 时 15 分将响应等级提升为一级响应。汶川地震发生当晚，民政部便会同财政部向四川地震灾区紧急下拨 2 亿元中央救灾应急资金。第二天又向甘肃、陕西两省各下拨 5000 万元中央救灾应急资金。之后，根据灾区需求，不断加大投入力度，提供了必要的资金保障。为保证救灾资金及时下拨到位，财政部、民政部制定了快速拨付机制。截至 9 月 25 日，中国各级政府共投入抗震救灾资金 808 亿元，其中，中央财政投入 734 亿元（其中应急抢险救灾资金 331 亿元），地方财政投入 74 亿元。

及时从中央救灾物资储备库向灾区调运大批救灾帐篷和棉衣、棉被；启动紧急采购程序，面向社会采购灾区急需的帐篷、衣裤、棉被、简易厕所、照明灯、蜡烛、发电机等生活物品，有力保障了灾区 1500 多万紧急转移疏散人员的基本生活。为解决地震受灾人员临时住所问题，中国政府向灾区调运帐篷 157.97 万顶，搭建活动板房 67.71 万多套。积极鼓励帮助受灾人员自建简易过渡房，四川灾区组织搭建简易房 184.3 万户，并利用集中安置、投亲靠友等方式，解决了受灾人员临时居住问题。

中国政府出台了灾后三个月内对"三无"（因灾无房可住、无生产资料和无收入来源的）困难群众补助钱和成品粮，对因灾造成的"三孤"（孤儿、孤老、孤残）人员补助生活费的救助政策，以及灾后三个月对受灾困难人员补助生活费的后续救助政策，累计救助灾区困难群众 900 余万人。

5. 社会动员

来自国内外近 130 万人次的志愿者来到地震灾区参加抗震救灾工作，主要从事现场搜救、医疗救护、卫生防疫、物资配送等志愿服务。国内外社会各界已累计捐款捐物 752 亿元，这些捐款捐物极大地补充了国家救灾资源，为受灾人员生活安置和灾后恢复重建发挥了重要作用。

6. 经验总结

1）迅速形成应急处置能力。地震后，中国政府国家领导人在第一时间部署抗震救灾工作，在第一时间赶赴灾区，成立国务院抗震救灾总指挥部；灾区各级政府、各有关部门在第一时间启动应急预案，紧急调集各方力量投入抗震救灾；各方救援队伍在第一时间集结，急驰灾区；救灾款物在第一时间调拨；全国各地群众、各方志愿者在第一时间送温暖、献爱心。这种在指导思想和实际举措上的快速反应，赢得了抗震救灾工作最宝贵的时间，为抗震救灾取得重大胜利奠定了基础。

2) 始终以人的生命为重。地震后, 从不惜一切代价抢救人民生命到妥善安排灾区群众临时生活, 从做好救灾款物的采购调拨到规范救灾款物的管理使用, 从落实因灾困难群众生活补助政策到做好"三孤"人员特殊安置, 从开展部门对口援助到实现全方位立体支援, 都最大限度地实现和维护了灾区群众的根本利益, 保证了抗震救灾工作有力有序有效推进。

3) 统一指挥、协调联动, 建立了上下贯通、军地协调、区域协作的工作机制。协同联动、步调一致、有效配合是应急管理工作的基本要求, 只有建立协调顺畅的工作机制才能完成应急应对管理任务。汶川地震后成立设有9个工作组的国务院抗震救灾总指挥部, 建立了高效的抗灾救灾指挥机制, 确保了抗震救灾工作及时全面展开、协调有序推进。

4) 全民参与, 形成抗灾救灾强大合力。抗灾救灾工作是一项庞大的系统工程, 涉及方方面面, 牵涉众多部门, 需要全社会的共同参与。社会各界精诚协作、同舟共济, 非灾区支援灾区、城市支援农村, 亲友相帮、邻里互助, 在全国范围内迅速展开了规模空前的抗灾救灾行动。

5) 信息公开、政策透明。地震后, 政府权威媒体及时发布灾情和抗震救灾信息, 充分保障公众的知情权, 维护了社会安定团结的局面。及时、准确、公开、透明的信息传播, 有利于公众及时了解灾情, 既能安定人心, 又能够凝聚力量, 有利于赢得社会各界的广泛理解和支持, 为抗灾救灾工作创造良好条件。

学习要点

重大自然灾害发生后, 按照应急预案启动应急响应是救灾工作的一个重要环节, 对保障人民生命财产安全、维护国家安全和社会稳定极为重要。在中国救灾工作中, 灾区各级政府和各相关部门按照应急预案的要求, 紧急启动应急响应, 及时部署救灾工作, 调集各方资源参与抗灾救灾, 形成救灾的合力。中国政府注重发挥人民解放军、武警官兵、公安干警和民兵预备役人员的重要作用, 注重发挥人民团体、社会组织及志愿者的辅助作用。

问题与思考

1. 如何使灾情和应急处置信息, 以及救灾款物的发放过程更加透明和公开?

2. 请选择自己熟悉的灾害作为对象, 阐述针对这种灾害恢复重建的主要活动有哪些, 以及在这些活动中, 我们可以应用哪种决策模型作为优化工具。

第6章 恢复重建与综合减灾

📒 **学习目标**：学习了解灾区恢复重建的主要环节，以及综合减灾的基本含义和主要内容。

📒 **本章主要内容**：中国灾后恢复重建体制的基本情况，包括组织领导机构、恢复重建政策、恢复重建规划、重建资金筹集、重建工作实施、灾后心理援助等；综合减灾的基本含义和主要内容，包括减灾规划、减灾工程、宣传教育、社区减灾、灾害保险等；典型案例分析，2008 年"5·12"中国汶川地震时安县桑枣中学成功避险情况介绍及其经验总结。

6.1 恢复重建基本概念

6.1.1 恢复重建的目标与分类

恢复重建是消除灾害事件短期、中期、长期影响的过程。主要包括三类活动：①恢复，使社会生产活动恢复正常状态；②重建，对于因为灾害影响而不能恢复的设施等进行重新建设；③减少心理影响，为受灾的社会公众提供心理咨询服务，开展心理危机干预，重塑积极乐观向上的精神面貌。

恢复重建关系灾区社会公众的切身利益和长远发展，要以消除突发灾害事件影响为基础以谋求未来发展为导向，重建物质家园和精神家园提高社会的公共安全度，使社会生产生活恢复正常，使灾区社会公众在恢复重建中赢得新的发展机遇。

从时间上看，恢复重建可以分为短期恢复重建和长期恢复重建。恢复重建工作短则持续数月，长则持续数年。一般来说，短期恢复重建在灾害事件处置活动结束后立刻实施，并且可以得到立竿见影的效果，如开展搜救、进行损失评估、为灾民提供临时住房、清理废墟等。当开始重新修建道路、桥梁、住宅、商店等设施时，长期恢复重建工作开始。长期恢复重建活动一般着眼于长远，也需要较长时间的努力，如改善交通设施、改变土地用途、提高建筑标准等。从经济社会整体发展的高度，进行全面的规划，以促进灾区经济发展。

恢复重建遵循的原则包括宏观性原则和微观性原则。

1. 宏观性原则

1）以人为本，民生优先。要把保障民生作为恢复重建的基本出发点，把修复重建城乡居民住房摆在突出和优先的位置，尽快恢复公共服务设施和基础设施，积极扩大就业，增加居民收入，切实保护灾区群众的合法权益。

2）尊重自然，科学布局。根据资源环境承载能力，考虑灾害和潜在灾害威胁，科学确定不同区域的主体功能，优化城乡布局、人口分布、产业结构和生产力布局，促进人与自然和谐。

3）统筹兼顾，协调发展。着眼长远，适应未来发展需要适度超前考虑，注重科技创新，推动结构调整和发展方式转变，努力提高灾区自我发展能力。

4）创新机制，协作共建。正确区分政府职责与市场作用。充分发挥灾区社会公众的积极性、主动性和创造性。建立政府、企业、社会组织和个人共同参与、责任明确、公开透明、监督有力、多渠道投资的重建机制。

5）安全第一，保证质量。城乡居民点和重建项目选址，要避开重大灾害隐患点。严格执行国家建设标准及技术规范，严把设计、施工、材料质量关，做到监控有力，确保重建工程质量。

6）厉行节约，保护耕地。坚持按标准进行恢复重建，不超标准，不铺张浪费。尽量维修加固原有建筑和设施，尽量统建共用设施和用房。规划建设城镇、村庄和产业集聚区，要体现资源节约、环境友好的要求。坚持节约和集约利用土地，严格保护耕地和林地。

7）传承文化，保护生态。保护和传承优秀的民族传统文化，保护具有历史价值和少数民族特色的建筑物、构筑物和历史建筑，保持城镇和乡村传统风貌。避开自然保护区、历史文化古迹、水源保护地等，同步规划建设环保设施。

8）因地制宜，分步实施。充分考虑当地实际的经济、社会、文化、自然和民族等各方面因素，合理确定重建方式、优先领域和建设时序。有计划、分步骤地推进恢复重建。

2. 微观性原则

1）城镇和工程选址要充分考虑灾害综合区划，既要防止类似的灾害重复发生，又要防止其他灾害的侵袭。

2）城镇规划要根据自然条件和居民密度，设计避防灾害的安全空地、疏散渠道和救灾设施。

3）城镇建设时，要根据灾害的发展趋势和可能达到的程度，保证建筑物，特别是诸如供水、供电、供暖、供气、医院等生命线工程、交通枢纽、高技术中心的抗灾能力。

4）严格控制城镇易引发次生灾害与衍生灾害的工程和企业建设。

5）农村被毁住宅的重新建设规划，可以与新农村建设同步进行。

6.1.2 恢复重建的过程

1. 成立恢复重建机构

建立恢复重建工作机构来指导恢复工作。并且，恢复重建机构与应急机构是不可替代的。①两者的目的不同。恢复重建机构的目的是使组织从灾害事件的不良影响中恢复过来，使组织得以生存，并且保持可持续发展。而应急机构的目的是减少突发事件对组织造成的损失和影响。②它们的组成成员不同。应急机构通常由专业应对人员组成，很少使用非专业人员。这些专业人员除了来自组织内部外，必要时还包括组织外部的人员，如医疗、消防人员等。而恢复重建机构成员可以包括部分应急机构成员，但是更多的是组织内部的负责人和技术人员，很少使用组织外部人员。③突发事件的应急机构不仅要进行应急决策，还要执行决策任务；而恢复重建机构主要是策划恢复工作流程，很少参与直接的恢复工作。当然，当组织内部工作人员能力不足时也可以借助组织外部的社会力量。

2. 确定恢复目标

恢复重建机构成立后，首先要调查危害程度和收集相关信息，以确定恢复目标。收集信息过程中，恢复机构不仅要听取应急机构提供的详细信息，还要通过对受害者的调查，掌握第一手资料，组织专人进行灾害现场调查，评估破坏程度，综合对损失进行整理和归纳，对危害、损失做到全面的了解。

总的来说，恢复工作一般有两个目的：①恢复灾害造成的损失以维持组织的生存和持续发展；②抓住危机中的机会进行重组，维持组织的完整性，使其恢复到灾前的正常运转状态，恢复公信力获得新的发展机会。

3. 制订恢复计划

确定恢复目标后，要确定需要恢复的对象。参加制订计划的人员除了恢复重建机构的成员外，还应该包括组织各个部门的代表、部分突发事件应对人员，一些评估专家、利益相关者的代表等。这样的人员组成应代表绝大多数受影响者，全面总结出需要恢复的对象。

基于资源和恢复的可行性，统筹全局的利益，决定潜在的恢复对象中哪些可以成为实际需要的恢复对象，并且决定恢复对象的重要性排序。恢复工作中，许多待恢复的对象是可以同时进行的。恢复对象越重要，对其投入的人力、物力、财力、时间就应当越多。

4. 寻求援助，组织重建

制定恢复计划后，恢复重建工作机构应迅速调集各种社会资源，根据有关专家指导，准备基础设施的恢复和重建工作，引导被破坏的工业生产和商业经营秩序走向正轨，稳定社会生活。其中，可能需要请求政府、社会，甚至国际组织给予人力、物力、财力上的帮助。

1）建立国家援助机制。资金上的一个可行的办法，就是利用财政拨款和其他财政工具建立一个预算外独立的常设基金，专门用于突发事件的必要开支，遇到危险自动启动，从而起到对财政的"减压"作用。针对人身伤害，构建符合中国国情的国家援助机制，是制止恐慌情绪蔓延、稳定社会、提高公众安全感、促进经济发展和增加对外交流的客观需要。

2）呼吁社会援助。国家、政府及各个部门是恢复重建主要力量，但除了政府的财政拨款、物资救助、政策扶植等手段外，呼吁社会全民帮助，以及其他非政府组织援助，是赈灾后期做的主要工作。

3）寻求国际援助。按国际规则寻求国际组织的援助，同时要争取国际上先进的技术、资金、人员、教育和培训及道义上的支持。

6.1.3 恢复重建的内容

恢复重建的内容一般包括社会的、组织的、物质的、精神的四个方面的内容。这种恢复重建并不是简单地恢复到灾害发生前的状态，而是要在以前的基础上、在总结过去经验教训的基础上，在更高起点上进行恢复和重建，以尽量避免同样灾害事故的再次发生或者减少同样灾害造成的损失。

1. 组织机构的恢复重建

组织机构的恢复重建主要是组织机构及其功能和制度的恢复重建。一些领导人和工作人员因公殉职或者受伤，容易造成业务的停顿和组织功能的丧失，需要补充人员；通过突发事件原因调查发现组织管理中的漏洞，如制度不健全、组织结构不合理、管理不严等问题，需要在事后通过完善组织机构的功能和设置加以解决。例如，汶川大地震使当地一些政府和部门遭受了严重破坏，房屋倒塌，设备损坏，人员受伤、失踪甚至死亡，造成了工作的瘫痪。因此，事后应该尽快恢复这些组织的功能，补充人员和设备，使其能够尽快履行职能，领导和组织当地的恢复重建工作。

公共服务设施的恢复重建，要根据城乡布局和人口规模，整合资源，调整布局，推进标准化建设，促进基本公共服务均等化。优先安排学校、医院等公共服务设施的恢复重建，严格执行强制性建设标准规范，将其建成最安全、最牢固、群众最放心的建筑。

基础设施的恢复重建，要把恢复功能放在首位，根据地质地理条件和城乡分布合理调整布局，与当地经济社会发展规划、城乡规划、土地利用规划相衔接，远近结合，优化结构，合理确定建设标准，增强安全保障能力。

产业的恢复重建，要根据资源环境承载能力、产业政策和就业需要，以市场为导向，以企业为主体，合理引导受灾企业原地恢复重建、异地新建和关停并转，支持发展特色优势产业，推进结构调整，促进发展方式转变，扩大就业机会。

2. 社会方面的恢复重建

社会方面的恢复重建主要指法律和社会秩序的恢复重建。政府的首要任务就是尽快恢复当地的法律和社会秩序，加强社会治安，保障其他方面的恢复重建工作才能够正常开展，人们也才能安心从事恢复重建工作。汶川地震发生后，为了保证恢复重建工作的顺利进行，做到质量与效率、眼前与长远的协调统一，实现依法科学重建，需要制定一部行政法规。国务院公布了《汶川地震灾后恢复重建条例》（2008 年 6 月 8 日起施行），这是我国首个地震灾后恢复重建的专门条例，成为我国地震灾后恢复重建工作纳入法治化轨道的重要标志，为今后普遍适用的灾后恢复重建立法提供了实践基础和经验。

3. 物质方面的恢复重建

物质方面的恢复重建主要是指人们生产和生活方面的各种设施的恢复和重建。事后的恢复和重建不是过去的简单复原，应该用发展的眼光来看待，取得比过去更好的成绩和效果。

物质方面的重建涉及四个方面的内容：①紧急安置和救助，包括居民临时住宅的修建和提供，受伤人群的搜寻与救助；②恢复公共服务设施及其供给，水、电、气、通信、电视等事关民众和社会发展的生活必需品与服务供给；③住房、交通和商业设施等的恢复和重建，主要是对受到破坏的建筑物、道路桥梁、通信设施等进行恢复建设，以保障人们正常的工作和生活，其中也包括各种社会经济关系的恢复；④通过重建改善当地居民的居住环境，促进地方发展与经济增长，其中也包括增加预防突发事件的各项措施与设备。

城乡住房的恢复重建，要针对城乡居民住房建设和消费的不同特点，制定相应的政府补助支持政策。对经修复可确保安全的住房，要尽快查验鉴定，抓紧维修加固；对需要重建的住房，要科学选址、集约用地，合理确定并严格执行抗震、防洪标准，尽快组织实施。

城镇的恢复重建，要按照恢复完善功能、统筹安排的要求，优化城镇空间布局，增强防灾能力，改善人居环境，为城镇可持续发展奠定基础。

农村生产生活设施的恢复重建，要与统筹城乡综合配套改革、新农村建设和乡村振兴相结合，做到资源整合、分区设计、分级配置、便民利民、共建共享。

恢复生产重建作为灾后重建中的重要一环是减轻灾害损失、保证社会秩序稳定和人民生活正常化的重要措施，恢复生产重点关注以下几个方面。

1）首先要恢复生产，要重视国际与国内的援助，更要注意发挥社会保险、社会互助的作用。

2）先急需和先重点的原则，首先恢复生命线工程，如供水、供电、医院和与国家建设、人民生活密切相关的大型厂矿企业。

3）先易后难的原则，首先恢复破坏较轻的厂矿企业和农业，然后逐步全面恢复。

4）精神方面的恢复重建，主要是对突发事件当事人与受灾者提供精神和心理救助。与物质方面的损失相比，公众的心理和精神所受到的伤害可能更加严重而且涉及范围广，持续时间长。对于这种影响不是所有人都能够自我调节的，不少人必须借助外力的帮助才能从突发事件的阴影中走出来，他们不仅需要物质的援助，还需要心理上的帮助。因此，帮助他们从突发事件的阴影中走出来，恢复生活的信心，恢复对社会的信心，就成为事后精神方面恢复和重建的一项重要内容。

4. 恢复重建的关键问题

（1）住房恢复重建

政府有责任采取积极主动的措施，减少和缓解突发事件所带来的有形物质损害，特别是关系民生的物质损害。其中，居民住所是重中之重。一般认为，住房的恢复重建要经历四个阶段。

1）应急住处。指社会公众在灾后紧急安身、躲避风雨的场所，如许多家庭在地震等灾害发生后暂时在汽车中休息。

2）临时住房。避难场所是多人共有的；而临时住房则是灾民个人拥有的、非长期的安身场所，不仅能提供休息，也能满足灾民的饮食需要。

3）临时住房。带有避难场所的色彩，是多人共有的；而临时住房则是灾民个人拥有的、非长期的安身场所。许多时候，临时住房的选址并不理想。

4）永久住房。在理想的地址重建的长期住宅。在永久住房完工后，灾民乔迁新居。

（2）经济恢复重建

灾害除了经常造成基础设施损毁、工业停产、商业中断、农业绝收等严重的直接经济影响外，还可能引发物价上涨、就业率降低、居民收入下降等难以估算的间接经济损失。特别是重大自然灾害，往往对农业、渔业、畜牧业、养殖业、林业等带来灭顶之灾。因此，消除突发事件所造成的经济影响非常困难。

历史悠久、财力雄厚的大企业往往要比小企业更加具有抵御风险的能力。而且，小企业的脆弱性更强，损失也更为严重，因为小企业的安全措施不如大企业健全，缺少应对风险的计划；灾害发生后，如果小企业所在区域的居民大量远距离搬迁，企业的经营也不可避免地要受到影响。

由于现代社会的运转高度依赖基础设施，在灾后恢复重建中，首先要恢复关键性基础设施的运行。其次，对于工农业生产受到严重影响的灾区，政府及时出台减免税收、提供低息贷款等一系列的优惠和扶植政策，帮助灾区恢复正常的生产秩序，甚至实现产业升级。最后，政府及非政府组织应及时收集、传递对恢复生产有用的信息，派出专家提供技术支持和指导，推动灾区经济的快速恢复与发展。当然，灾区也应发挥自身的主观能动性，自力更生，积极探索生产自救的有效方式。

（3）灾害损失补偿

政府补偿。政府是应急管理的重要行为主体。在恢复重建过程中，政府下拨救灾款项以帮助灾区恢复生产生活秩序，这是灾害损失补偿的主要手段。

灾害保险是一种以财产本身及与之有关的经济利益为保险标的的保险。保险者对所承保的财产负赔偿责任的范围有：因遇保险责任范围内的各种灾害而遭受的损失，进行施救或抢救而造成的损失以及相应支付的各种费用。依据所保风险的不同，灾害保险具体规定有不同的险种，如火灾保险、雹灾保险、地震保险、洪水保险等。

社会捐助主要包括国内社会捐助与国际社会捐助两种。联合国粮食计划署、国际劳工组织、世界卫生组织等国际组织援助。此外，一些非政府组织在灾害捐助中也发挥着独特的作用，是恢复重建不可忽视的重要力量。

（4）管理救灾资金

救灾资金的使用范围主要包括以下四个方面：①解决灾民无力克服的衣、食、住、医等生活困难。②紧急抢救、转移和安置灾民。③灾民倒房恢复重建。④加工及储运救灾物资。救灾捐赠款物的使用范围包括：①解决灾民衣、食、住、医等生活困难。②紧急抢救、转移和安置灾民。③灾民倒塌房屋的恢复重建。④捐赠人指定的与救灾直接相关的用途。⑤经同级人民政府批准的其他直接用于救灾方面的必要开支。

救灾资金的使用必须遵循以下四个原则进行管理：①统筹安排、重点使用的原则。面对同样一场灾害，不同的地区、不同的人群脆弱程度不同。脆弱程度高的地区和人群，灾害损失严重，反之亦然。因此，为了确保公平和正义，不能平均分配救灾资金，而应统筹安排、集中调配，突出重灾地区和重灾户，适当向老、少、边、穷地区倾斜。为了保证救灾资金的重点使用，如果捐赠人所捐赠的资金过于集中，则有关行政管理部门应在征得捐赠人许可的情况下，适当调剂捐赠款的分配。②专项管理、专款专用的原则。不得挤占、截留、挪用、盗用和贪污救灾资金，不得有偿使用，不得提取周转金，不得擅自扩大使用范围，必须保证救灾资金用于灾害的救助。救灾捐款受赠人应指定救灾资金专用账户，进行专项管理，以确保专款专用。③有效监管、注重效益的原则。救灾资金的使用应当得到行之有效的监管，彻底扭转"重筹集、轻监管"的现象，使救灾资金发挥最大的效益。审计、民政等有关部门应对救灾资金的使用情况进行监管，使其发挥最大的效益。并及时公布有关结果，接受广大社会公众的监督。同时，司法部门要对挪用、贪污救灾资金等违法犯罪行为予以严惩，加大涉及救灾资金犯罪的成本，还要对救灾资金的使用进行合理的绩效评估，找出差距和问题，不断提升救灾资金的使用效益。④及时拨付、公开透明的原则。灾害发生后，报灾核灾应该做到迅速、快捷，救灾资金的分配、审批、拨付应做到高效、及时，必要时可特事特办、急事急办，先进行应急拨款，再办理结算手续。如果救灾资金不能及时拨付，灾害影响就不能及时得到控制，甚至出现扩大升级的趋势。为此，救灾资金的使用必须规范、合理、公开、透明，将救助对象、分配方案、发放程序与救灾账目置于社会公众的监督之下。

（5）心理干预

心理干预与辅导是恢复重建阶段的一项重要工作。精神卫生部门应该特别关注的对象包括灾前有精神疾病患者、目睹亲人死亡或严重受伤者、单身女性家长、儿童、参与艰难搜救任务的应急响应者、工作负担沉重的医务人员。消防队员、医疗工作者和警察由于职业原因目睹了许多残酷的现实，反复发生的创伤事件将产生积累效应。因此，应急救援人员出现体重减轻、愤怒、抑郁、酗酒、胸痛、头痛、记忆减退、失眠等症状，也是创伤后应激障碍的信号和征兆。

6.2 直接经济损失估算与恢复重建

6.2.1 直接经济损失估算对恢复重建的意义

对于单次灾害过程，灾害发生时，需快速判断损失的强度和影响范围，了解了灾区需求才能及时有效地开展灾害应急救助；灾情稳定或灾害过程结束后需综合评估灾害损失情况，为灾区恢复重建和备灾工作提供重要的决策依据。经济损失评估的结果可用于监测经济恢复和重建按项目的进展，短期内，评估可用于确定政府对灾害直接后果的干预手段，减少人们所受的痛苦并启动经济恢复。从长期看，评估可用于确定全面恢复中间必要的财政需求，除了能揭示灾害造成影响的数量外，还为确定灾害对大部分区域和经济行业造成的后果和影响，以及这个整体经济的运行表现提供信息。评估结果可用于估算恢复重建活动所必需的资金需求，利用损失的价值及其时间和空间以及行业间的分布来估算经济恢复的需求。

损失强度的大小决定着减灾行动方案的制定，并可作为建立致灾因子与灾情间关系的基础数据，为今后进一步发展完善灾情评估模型提供条件。可见，直接损失评估是开展灾害管理工作的基础。突发事件事态得到有效控制后，应急管理从抢险救灾为主的阶段转变为以恢复重建为主的阶段。建立健全突发事件的恢复重建机制，不仅要尽快恢复灾害损毁设施、实现社会生产与生活的复原，还要贯彻可持续发展的理念，将恢复重建作为增强社会防治灾害、减少灾害能力的契机，整体提升全社会抵御风险的水平。

6.2.2 基于网格的直接经济损失估算

以洪涝灾害为例，一般来说，洪涝灾害造成的直接经济损失广义上可分成两类：有形和无形损失。其中，有形损失是可用货币来衡量的损失，由直接和间接经济损失构成，而直接和间接经济损失又可根据损失的重要性分成主要和次要两种损失。无形损失是指任何动物的伤亡、人的心理和精神创伤等，这类损失不可直接用货币进行衡量（表6-1）。

表6-1 广义的损失分类

分类	有形损失				无形损失
	直接损失		间接损失		
	主要损失	次要损失	主要损失	次要损失	
例子	房屋结构损失、财产损失、农业损失	土地和环境恢复付出的损失	商业中断损失	对地区或国家经济的影响	人员伤亡、人的心理和精神创伤

在这些损失中，仅有有形的主要直接损失与灾区的致灾强度直接相关，数学建模的研究相对成熟，其他损失的估算相对复杂，因此本节仅针对主要直接损失的估算。

针对洪涝灾害影响承灾体的特点，根据土地利用类型，主要直接损失可被分成城镇损失、农村损失和生命线系统损失。根据承灾体对象性质这三类损失又可分成若干个小类（表6-2）。

1. 网格单元（i, j）的城镇损失估算模型

（1）住宅建筑破坏

1）结构破坏损失 D_{sr} 估算：

$$D_{sr}(i,j) = \sum_{k=1}^{rt} \left(NR(i,j,k) FA(k) EC_{sr}(k) C_{sr}(i,j,k) \right) \tag{6-1}$$

式中，sr 是城镇中住宅的建筑物类型总数（主要依据建筑结构的分类，如木制结构建筑、砖混结构建筑和钢筋混凝土建筑等）；NR（i, j, k）是网格单元（i, j）内的第 k 类建筑物的数量（栋）；FA（k）是第 k 类建筑物平均每栋的居住面积（m^2/栋）；EC_{sr}（k）是第 k 类建筑单位面积的平均造价（元/m^2）；C_{sr}（i,j,k）是网格单元（i,j）内积水造成第 k 类建筑的破坏比例（%），它通常是由住宅建筑物的"积水-破坏函数"来确定的。

表 6-2　洪涝灾害主要有形直接损失的分类

主要有形直接损失			
城镇损失		农村损失	生命线系统损失	
住宅和非住宅建筑破坏	结构损失	农作物损失	水供应破坏	系统破坏损失
	室内财产损失	农村房屋损失	下水和排水破坏	系统中断损失
	室外财产损失	农村生产设施损失	燃气供应破坏	
	应急和清扫费用		能源供应破坏	
			电信破坏	
			交通破坏	

2）室内财产损失 D_{cr} 估算：

$$D_{cr}(i,j) = NF(i,j)\,EC_{cr}\,C_{cr}(i,j) \tag{6-2}$$

式中，NF（i,j）是网格单元（i,j）内家庭数量（户）；EC_{cr} 是平均每户家庭的室内财产（元/户）；C_{cr}（i,j）是网格单元（i,j）内的积水造成家庭损失的比例（%），它由家庭室内财产的"积水-破坏函数"来确定。

3）室外财产（校区设施、车辆等）损失 D_{opr} 估算：

$$D_{opr}(i,j) = N(i,j)\,EC_{opr}\,C_{opr}(i,j) \tag{6-3}$$

式中，N（i,j）是网格单元（i,j）内住宅建筑物的数量（栋）；EC_{opr} 是平均每栋建筑物的室外财产（元/户）；C_{opr}（i,j）是网格单元（i,j）内积水造成建筑物室外财产损失的比例（%），它由室外财产的"积水-破坏函数"来确定。

4）应急和清扫费用 D_{er} 估算：

$$D_{er}(i,j) = N(i,j)\,EC_{er}(i,j) \tag{6-4}$$

式中，N（i,j）是网格单元（i,j）内住宅建筑物的数量（栋）；E 是平均每栋建筑物的所需应急和清扫费用（元/栋）；C_{er}（i,j）是网格单元（i,j）内积水带来建筑物室外投入应急和清扫的比例（%），它由室外应急和清扫的"积水-破坏函数"来确定。

（2）非住宅建筑破坏

1）工厂室内财产损失 D_{pnr} 估算：

$$D_{pnr}(i,j) = \sum_{k=1}^{NI} \{NW(i,j,n)\,EC_{pnr}(n)\,C_{pnr}(n)\} \tag{6-5}$$

式中，NI 是城镇中工厂类型的总数（主要依据行业进行划分，如造纸厂、制药厂等）；NW（i,j,n）是网格单元（i,j）内第 n 类工厂的数量（栋）；EC_{pnr}（n）是第 n 类工厂的平均室内财产（元/栋）；C_{pnr}（n）是网格单元（i,j）内积水造成第 n 类工厂室内财产损失的比例（%），它由工厂室外财产的"积水-破坏函数"来确定。

2）工厂外部设施财产损失 D_{snr} 估算：

$$D_{snr}(i,j) = \sum_{k=1}^{NI} \{ NW(i,j,n) EC_{snr}(n)\ C_{snr}(n) \} \tag{6-6}$$

式中，NI 是城镇中工厂类型的总数；NW (i, j, n) 是网格单元 (i, j) 内第 n 类工厂的数量（栋）；$EC_{snr}(n)$ 是第 n 类工厂外部设施的价值（元/栋）；$C_{snr}(n)$ 是网格单元 (i, j) 内积水造成第 n 类工厂外部设施破坏的比例（%），它由工厂外部设施的"积水–破坏函数"来确定。

3）工厂外部设施财产损失 D_{enr} 估算：

$$D_{enr}(i,j) = \sum_{k=1}^{NI} \{ NW(i,j,n) EC_{enr}(n)\ C_{enr}(n) \} \tag{6-7}$$

式中，NI 是城镇中工厂类型的总数；NW (i, j, n) 是网格单元 (i, j) 内第 n 类工厂的数量（栋）；$EC_{enr}(n)$ 是第 n 类工厂平均每栋的所需应急和清扫费用（元/栋）；$C_{enr}(n)$ 是网格单元 (i, j) 内积水造成第 n 类工厂室外应急和清扫的比例（%），它由室外应急和清扫的"积水–破坏函数"来确定。

2. 网格单元 (i, j) 的农村损失估算模型

（1）农作物损失 AD 估算

$$AD(i,j) = \sum_{k=1}^{n} \{ D_m(i,j,k) CRP(i,j,k) mn(k) \}$$
$$D_m = CP_k Y_k DC(i,j) \tag{6-8}$$

式中，n 是农作物种类；对于网格 (i, j) 内的第 k 类农作物，D_m 是单位面积该农作物的损失（元/m²）；CRP 是该类农作物所占的面积（m²）；mn 是一年中不同时间的农作物损失调整系数；CP_k 是该类农作物单位产量的价格（元/斤）；Y_k 是该类农作物单位面积的产量（斤/m²），DC(i, j) 是该类农作物洪涝减产的比例（%），它由该类农作物清扫的"积水–破坏函数"来确定。

（2）农村房屋结构损失 D_{fc} 估算

农村中，房屋结构趋向于砖混结构一种，因此在计算时不考虑结构类型的差异。

$$D_{fc}(i,j) = N_{fc}(i,j) A_{fc} EC_{fc} C_{fc}(i,j) \tag{6-9}$$

式中，N_{fc} 是网格单元 (i, j) 内农舍的数量（栋）；A_{fc} 是农舍的平均面积（m²/栋）；EC_{fc} 是农舍单位面积的平均造价（元/m²）；C_{fc} 是农舍的破坏比例（%），它由农舍的"积水–破坏函数"来确定。

（3）农村房屋室内财产损失 D_{fpro} 估算

$$D_{fpro}(i,j) = N_{fc}(i,j) EC_{fpro} C_{fpro}(i,j) \tag{6-10}$$

式中，N_{fc} 是网格单元 (i, j) 内农舍的数量（栋）；EC_{fpro} 是农舍的平均室内财产（元/户）；C_{fpro} 是农舍室内财产的破坏比例（%），它由农舍室内财产的"积水–破坏函数"来确定。

（4）农业生产设施损失 D_{fl} 估算

$$D_{fl}(i,j) = TA(i,j) EC_{fl} C_{fl}(i,j) \tag{6-11}$$

式中，TA 是网格单元 (i, j) 内拥有农田的面积（m²）；EC_{fl} 是每单位面积农田置换所有农业生产设施的平均费用（元/m²）；C_{fl} 是农业生产设施破坏程度（%），它由农业生产设施的"积水–破坏函数"来确定。

3. 网格单元 (i,j) 的生命线系统估算模型

（1）生命线系统本身破坏损失 SD 估算

$$SD(i,j) = \sum_{i=1}^{nx} SD_x(i,j)$$

$$SD_x(i,j) = \sum_{i=1}^{nc} \left[DR_c(i,j) \cdot TC \right] \tag{6-12}$$

$$DR_c(i,j) = \sum_{i=1}^{n} \left[DR_i \cdot P(i,j,s_i) \right]$$

式中，nx 是网格单元 (i,j) 内存在的生命线系统部件总数；SD_x 是生命线系统第 x 类部件是系统破坏损失（元）；nc 是网格内该部件的个数（个）；DR_c 是该部件总的破坏比例（%）；TC 是该部件的造价（元）；DR_i 是第 i 类的破坏比例（%）；P 是网格内的积水情况（水深和持续时间）造成第 i 类破坏出现的频率（%）；s_i 是第 i 类破坏；n 是破坏类型总数（个）（如轻度破坏、中度破坏和完全破坏）。

（2）生命线服务中断损失 SL 估算

$$SL(i,j) = \sum_{i=1}^{nx} SL_x(i,j)$$

$$SL_x(i,j) = \sum_{i=1}^{nc} \left[RF_c(i,j) \cdot SC \right] \tag{6-13}$$

$$RF_c(i,j) = \sum_{i=1}^{n} \left[RF_i \cdot P(i,j,s_i) \right]$$

式中，nx 是网格单元 (i,j) 内存在的生命线系统部件总数（个）；SL_x 是生命线系统第 x 类部件系统服务中断损失（元）；nc 是网格内该部件的个数（个）；RF_c 是该部件服务中断后恢复所需要的时间（d）；SC 是该部件中断服务的日损失（元/d）；RF_i 是第 i 类破坏的中断服务后恢复需要的时间（d）；P 是网格内的积水情况（水深和持续时间）造成第 i 类破坏出现的频率（%）；s_i 是第 i 类破坏；n 是破坏类型总数（个）（如轻度破坏、中度破坏和完全破坏）。

（3）交通系统破坏损失

交通系统破坏损失包括多小号的燃料费用 MC 和车辆厌恶的费用 DC。利用起点和终点（OD）的链接方式计算：

$$MC = \sum_{i=1}^{n} \sum_{j=1}^{m} \left\{ E(i) \left[a(j) + (b(j)/v(i,j)) + c(j)/v(i,j)^2 \right] T_v(i,j) td \right\} \tag{6-14}$$

$$DC = \sum_{i=1}^{n} \left\{ \sum_{j=1}^{m} \left[E_l(i)v(i,j)D_c(i)T_v(i,j)td \right] \right\} \tag{6-15}$$

式中，n 是网格单元 (i,j) 内淹没道路数量（条）；m 是交通工具种类（种）；$E_l(i)$ 是第 i 条道路由于洪水淹没而要多走的路程（km）；$a(j)$、$b(j)$、$c(j)$ 是第 j 种交通工具不同

驾驶模式的燃料消耗费用（元/km）；$v(i,j)$ 是第 j 种交通工具在第 i 条道路上行驶的平均速度（km/h）；$T_v(i,j)$ 是每小时在第 i 条路上第 j 种交通工具的交通量（辆）；t 是洪水淹没持续时间（h）；d 是用于调整工作日和周末交通流的差异系数；D_e 是第 i 条道路单位时间的延误费用（元/h）。

虽然交通系统的损失估算是利用网络分析来实现的，但在计算中涉及的道路淹没参数仍需要依据道路所在网络单元的积水来确定。

4. 积水–破坏函数的计算

洪涝承灾体的"积水–破坏"函数是测量承灾体在不同积水条件下造成的破坏程度的函数，其输入条件参数包括积水深度（米）和积水持续时间（天），而破坏程度的输出结果一般用破坏率或减产率（%）表示。"积水–破坏"函数获得的主要途径有两种：一种是利用历史洪涝资料进行统计获得；另一种是通过现场破坏实验获得，它们既可以是数学表达式，也可以是曲线。在拥有"积水–破坏"函数后，将网格内积水参数代入函数就可以计算出损失率或减产率，再将损失率或减产率代入洪涝损失估算模型，即可快速估算各类承灾体的洪涝损失估算值。

以朱耀良等的品种 691 中稻受淹的田间实验为例（表6-3），建立水稻洪涝"积水–损失"函数：

$$Y = AH^bT^c \tag{6-16}$$

式中，Y 是水稻受淹减产率（%）；H 是淹水深度（cm）；T 是淹水时间（d）；A、b、c 是模型参数（$b>c$）。

表6-3 中稻减产率损失实验统计表

生育期	淹水部位（生长点）	淹水深度/cm	淹水历时/h		
			2	5	8
分蘖	淹中叉	12	5.73	4.30	7.76
	淹顶叉	18	9.87	19.81	21.25
	淹没叉	45	11.96	28.96	29.43
孕穗	淹中叉	45	7.84	13.00	22.60
	淹顶叉	64	13.9	2.074	23.69
	淹没叉	100	22.3	43.76	59.02
抽穗	淹中叉	46	12.73	20.74	23.69
	淹顶叉	65	21.73	31.36	44.47
	淹没叉	102	51.85	69.9	81.99

品种 691 中稻受淹后的减产率

5. 计算流程

（1）数据清单准备

不同的灾害需要准备的数据清单有一定的差异，以洪涝灾害为例，数据一般按照表6-4准备。

表 6-4 洪涝灾害损失估算的数据清单

破坏类型	栅格图层	统计信息
城镇破坏	住宅建筑	结构类型
		各种结构类型建筑的平均户数
		各种结构类型建筑的平均高度
		各种结构类型建筑的底层总面积
		各种结构类型建筑的平均单位底层面积价值
		平均每户室内和室外财产价值
	非住宅建筑	非住宅建筑的类型
		各种非住宅建筑的底层总面积
		各种非住宅建筑的数量
		各种非住宅建筑的工人数量
		各种非住宅建筑的工人财产、室外设施的价值
农村破坏	农村房屋	总的农村房屋的数量
		平均每栋农村房屋的农民数量
		平均每个农民室内财产
	农作物	农作物类型
		各类农作物所占比例
		各类农作物的生长季节
		各类农作物单位面积产量
		各类农作物单位产量的市场价格
	农业生产设施	农田上平均农业生产设施的数量
		重新购置相同农业生产设施的平均费用
生命线系统	供应型生命线	生命线系统的种类
		各类生命线系统的部件数量
		重新购置部件的费用
		任何部件发生中断时每天的平均损失
	交通系统	路网
		交通模式
		时间尺度上每条道路的交通流
		每条道路上每种交通模式的平均速度
		每条道路的最大交通流
		单位时间的交通延误费

（2）计算流程

计算流程如图 6-1 所示。

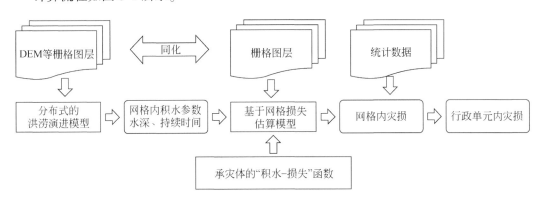

图 6-1　洪涝灾害损失的计算流程

1）利用分布式洪涝演进模型获得研究区内各网格的洪涝积水参数（水深和持续时间），积水参数是灾损估算的初始条件。

2）准备研究区内各种承灾体的栅格图层和统计数据，栅格图层同分布式洪涝研究模型输入的 DEM 等栅格数据具有洪涝通过位置和尺寸特征。

3）利用统计分析法或试验法获取各种承灾体的"积水–损失"函数。

4）将数据和函数输入基于网格的洪涝损失估算模型，计算出研究区各网格洪涝损失值（元），再利用行政边界（市、县）计算出各行政单元内洪涝的损失值（百万元）。

6. 社会效益的估算

维护社会的安定团结，这是减灾的社会效益。经济上能否承受或是否合理，主要是一个经济效益问题。在减灾过程中必须坚持以社会效益为主的原则，将经济效益和社会效益体现的政治因素和经济成本结合起来。在灾害防御上舍不得投入较大经济成本，而在救灾上几乎不惜一切的做法，就是经济效益和社会效益结合得不好的反映。

根据国家经济实力进行救灾物资与救灾资金的投入，投入少了，不能满足救灾的基本需要，可能使救灾工作达不到预期目标。但投入超过了实际需求，在经济上则会构成不必要的开支，甚至浪费。要取得救灾的最佳社会效益和经济效益，需要计算救灾成本，还有一个局部和全局的关系问题。在现代社会化大生产以及市场经济条件下，一个地区遭受破坏会对其他地区产生消极影响，而灾害的减轻又会产生积极影响，这些影响都是社会效益的反映。

自然灾害在未受灾害影响的具有溢出效应。从长远来看，灾害还是可以振兴地方经济的，特别是当灾害伤害了物质资本而不是人的时候。然而，受损地区的长期生态后果取决于灾害的类型和严重程度、灾后投资和决策的方式，以及灾前条件。当损失超过一个地区的重建能力时，灾害会造成贫困陷阱。研究表明，自然灾害的损害导致县级财富的不平等增加。

6.3 灾后恢复与重建

中国政府有关部门负责组织开展灾后调查评估工作，为编制灾后恢复重建规划提供依据。灾害调查评估采用全面调查评估、实地调查评估、综合评估的方法，确保数据资料的真实性、准确性、及时性和评估结论的可靠性。

6.3.1 恢复重建政策与规划

中国鼓励公民、法人和其他组织积极参与灾后恢复重建工作，支持在灾后恢复重建中采用先进的技术、设备和材料政府根据灾害损失情况、环境和资源状况、恢复重建目标和经济社会发展需要等，研究制定支持灾后恢复重建的财税、金融、土地、社会保障、产业扶持等配套政策，如表 6-5 所示。

表 6-5　中国政府关于灾后恢复重建的相关优惠政策

涉及部门	优惠政策内容
自然资源部门	免收灾民重建控制用地范围内的土地划拨、土地管理、宅基地使用、农业重点开发建设、土地审批等费用
建设规划设计部门	免收灾民重建用地范围内的规划、设计等有关费用。做好灾后民房建设设计和施工的技术服务工作，要以乡镇（街道）为单位免费提供设计图纸，在房屋结构等涉及安全方面严格把关，充分考虑沿海地区抗台标准，加强施工质量的监督检查和指导
林业部门	优先解决灾民建房所需自用采伐指标
税务部门	免征灾民控制用地范围内的耕地占用税、城镇土地使用税、房产税和特产税；建筑企业的建筑安装营业税由建筑施工单位或施工工匠缴纳，不得直接或变相向灾民征收
金融部门	农行、信用联社优先为灾民建房提供优惠小额贷款
工商部门	免收灾民建房建筑管理等费用
农业农村部门	免收一切规费

在中国，国家对灾后恢复重建给予财政支持、税收优惠和金融扶持，并积极提供物资、技术和人力等方面的支持。2008 年汶川地震后，中国政府颁布实施了《汶川地震灾后恢复重建条例》《国务院关于支持汶川地震灾后恢复重建政策措施的意见》《国务院关于做好汶川地震灾后恢复重建工作的指导意见》，各地区还制订了金融信贷、税费减免等帮扶措施。中央财政建立了汶川地震灾后恢复重建基金，中国政府按照"一省帮一重灾县"原则，建立了汶川地震灾后恢复重建对口支援机制。中国灾后恢复重建评估主要项目见表 6-6。

表 6-6　中国灾后恢复重建评估主要项目

序号	项目内容
1	城镇和乡村受损程度和数量

序号	项目内容
2	人员伤亡情况，房屋破坏程度和数量，基础设施、公共服务设施、工农业生产设施与商贸流通设施受损程度和数量，农用地毁损程度和数量等
3	需要安置人口的数量、救助的伤残人员数量、帮助的孤寡老人及未成年人的数量、提供的房屋数量，需要恢复重建的基础设施和公共服务设施，需要恢复重建的生产设施，需要整理和复垦的农用地等
4	环境污染、生态损害以及自然和历史文化遗产毁损等情况
5	资源环境承载能力以及地质灾害、地震次生灾害和隐患等情况
6	水文地质、工程地质、环境地质、地形地貌以及河势和水文情势、重大水利水电工程的受影响情况
7	突发公共卫生事件及其隐患
8	编制灾后恢复重建规划需要调查评估的其他事项

6.3.2 重建资金筹集

在中国，通过政府扶持、邻里互助、以工代赈、社会捐助和政策优惠等多种途径，灾区政府妥善解决倒房恢复重建资金问题，确保灾区倒房重建按时完工。如遭遇特大自然灾害，国家可根据灾害损失的实际情况等因素建立灾后恢复重建基金，专项用于灾后恢复重建。灾后恢复重建基金由预算资金以及其他财政资金构成，主要来源见表6-7。

表 6-7　中国灾区民房恢复重建资金主要来源

序号	种类	主要内容
1	中央补助资金	灾民倒房恢复重建补助资金，用于解决灾后恢复阶段受灾群众的生活困难，重点解决因灾倒塌房屋的恢复重建和损坏房屋的修缮。 目前，对于较大规模的自然灾害，凡是达到启动《国家自然灾害救助应急预案》的，中央财政原则上会向灾区下拨灾区民房恢复重建资金，帮助灾区开展恢复重建工作。如遭遇特大自然灾害，国家可根据灾害损失的实际情况等因素建立灾后恢复重建基金，专项用于灾后恢复重建。 灾后恢复重建基金由预算资金以及其他财政资金构成
2	地方配套资金	按照救灾工作分级管理、救灾资金分级负担的原则，地方政府应当投入恢复重建配套资金
3	对口支援资金	国家通过制定对口支援政策，推进非灾区支援受灾区、城市支援农村灾区、工业支援农业灾区，亲友相帮、邻里互助，为受灾群众生活安置和灾后恢复重建作出重要贡献

序号	种类	主要内容
4	社会捐赠资金	国家鼓励公民、法人和其他组织为灾后恢复重建捐赠款物。 捐赠款物的使用应当尊重捐赠人的意愿，并纳入灾后恢复重建规划。 县级以上人民政府及其部门作为受赠人的，应当将捐赠款物用于灾后恢复重建。 国家接受外国政府和国际组织提供的符合灾后恢复重建需要的援助。 外国政府和国际组织提供的灾后恢复重建资金、物资和人员服务以及安排实施的多双边灾后恢复重建项目等，依照国家有关规定执行
5	群众自筹资金	生产自救打破了单纯依赖国家的思想，调动了受灾群众开展恢复重建的积极性，极大地完善和确保了国家对灾害的救济
6	重建政策优惠	大灾之后，灾区的国土、建设、财政、税务、林业等部门会出台一系列优惠政策，通过减免各项税费和提供优惠贷款等形式，帮助受灾群众开展恢复重建工作。国家鼓励公民、法人和其他组织依法投资灾区基础设施和公共服务设施的恢复重建

6.3.3　重建工作实施

在中国，灾区各级人民政府根据灾后恢复重建规划和当地经济社会发展水平，有计划、分步骤地组织实施灾后恢复重建。灾后恢复重建统筹安排交通、铁路、通信、供水、供电、住房、学校、医院、社会福利、文化、广播电视、金融等基础设施和公共服务设施建设。城镇灾后恢复重建，统筹安排市政公用设施、公共服务设施和其他设施，合理确定建设规模和时序。农村灾后恢复重建，尊重农民意愿，以群众自建为主，政府补助、社会帮扶。

灾区的县级人民政府组织有关部门对村民住宅建设的选址予以指导，并提供能够符合当地实际的多种村民住宅设计图，供村民选择。村民住宅应当达到抗震设防要求，体现原有地方特色、民族特色和传统风貌。

在灾区县级人民政府领导下，建设、国土部门负责做好恢复重建选址工作。选址方案必须经上级人民政府批准。灾后重建工程的选址，应当符合灾后恢复重建规划和抗震设防、防灾减灾要求，避开地震活动断层、生态脆弱地区、可能发生重大灾害的区域和传染病自然疫源地。重建选址应避开地震断裂带、滑坡、崩塌、泥石流、河洪、山洪等自然灾害及次生灾害影响的地段；并应避开水源保护区、水库泄洪区、濒险水库下游地段。

有恢复重建任务的地方政府，在各受灾乡、村两级确定专人负责重建项目的实施，并组织人员对灾民房屋受损情况进行逐村逐户调查，建立因灾倒房户台账。依据本人申请、群众评议、张榜公布、严格审批的原则，确定因灾造成的无自救能力的低保户、五保户、困难户等重点帮扶对象和优抚对象。

恢复重建对象的确定程序为：分散建房的由本人申请、村委申报、乡镇政府审核、县级民政部门审批；集中建房的由村委会申请，乡镇审核申报，县级民政部门审批，地级、省级民政部门备案。分散建房和集中建房审批结果均要在村级张榜公布。

县级以上政府负责对下级政府灾后恢复重建工作的监督检查。财政部门负责对灾后恢复重建资金的拨付和使用的监督管理；民政部门负责对各地恢复重建工作情况实行定期通报，并派出工作组进行检查和督导；审计部门负责对灾后恢复重建资金和物资的筹集、分配、拨付、使用和效果的全过程跟踪审计，定期公布灾后恢复重建资金和物资使用情况，并在审计结束后公布最终的审计结果。

6.4 灾后心理恢复与重建

6.4.1 灾害心理的产生

灾害心理是一种灾害条件下产生的心理现象，是在灾害发生之后被动地、消极地出现的，是一种客观必然，并非人的主观要求产物。从产生后对人的生存意义影响来说，灾害心理是将生存环境同人的生存意义连接起来的一种意识方面的中介，从情绪、情感、能力等方面调节着人和生存环境之间的关系。由于人的情绪调整和情感调整、人的生存能力的调整，都是保证人在灾害发生条件下能够生存下去的重要前提，从这个意义上，灾害心理的产生不仅是必然的，而且是必要和必需的。

在生存条件、生存能力和人的心理状态发生严重恶化的情景下，人的实际生活状况也会发生相应的恶化现象，而这种恶化了的实际生活状况也会反转影响人的心理，使之或积极、或消极、或中性的变化。因此，灾害、生存、心理三者之间存在着互相影响和互相制约关系（图6-2）。一方面是灾害影响生存，生存影响心理。另一方面是人的心理在受到灾害变化后，会反转影响灾害的演变或转化。这种影响可以是积极的，有利于灾害后果的消除；也可能是消极的，由于心理状况的恶化而导致灾害后果的放大或加重。

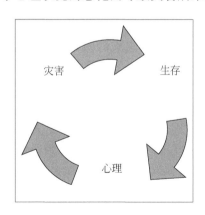

图 6-2 灾害生存心理关系示意

重大自然灾害对灾区民众的心理冲击巨大，灾后心理援助是恢复重建工作的一个重要环节，对于帮助灾民和救援人员消除灾害阴影、保持心理健康、维护社会稳定至关重要。1976 年，"7·28"中国唐山 7.8 级大地震中，约有90%的获救人员，在震后表现出一段时间的痴呆、痛苦、焦虑及慌乱，只有当他转入镇定后，才想起采取进一步措施。1999

年，中国台湾发生"9·21"7.2级大地震，军方投入20余万人次救灾，但至少26.6%官兵救灾状态不佳，患了心理恐惧疾病；灾区民众心理疾病也大幅增加，当地自杀案例呈现上升趋势。针对这种情况，台湾方面加强了灾后心理抚慰工作。社会各方在向灾区提供大量物质援助的同时，更是提供了宝贵的精神援助，大量心理专家和志愿者参与了震后心理抚慰工作，一些学者还开展了地震灾害与自杀趋势的专题研究工作，及时制定了应对措施。

灾害会直接导致人的心理变化，不会因为灾害种类的不同而出现有或无的问题。制约或决定灾害心理的原因有三条。

（1）灾害本身的原因

自然灾害从受害人思想上物质上对灾害的准备而言，可分为突发性和缓发性灾害，前者如地震灾害，后者如干旱灾害。缓发性灾害表示灾害发生是缓慢的、渐进的过程，受灾人有思想或物质的准备。没有准备时，灾害突然发生就是突发性的灾害。30万余人死亡的唐山大地震发生时只用了十几秒，对受害人的心理打击或影响大而深刻，造成心理伤害或扭曲。

程度与规模。灾害程度是指灾害造成的人员伤亡及生存环境破坏的严重程度，可用人口死亡率和财产损失总量表示。研究显示，按照日本气象厅的0～Ⅶ度烈度表，当烈度为Ⅰ～Ⅲ度时，人们比较安心；Ⅲ度以上时，50%以上的人开始意识到自身的安全受到威胁，产生害怕和恐惧情绪，并采取某种行动；烈度达到Ⅴ～Ⅵ度时，几乎所有的人都感到害怕，不由自主地采取本能行动的人急剧增加，表明震级轻度不同，对人的心理行为的刺激也不同。

一般来讲，夜晚发生的灾害对人的心理伤害要大于白天；发生在寒冷冬季的灾害要重于温暖的春夏季；发生在空旷的地区和乡村的灾害和发生在人烟稠密城市的灾害，对人的心理伤害程度有着明显区别，但因为灾害种类的不同而不能一概而论。

（2）人自身的原因

人对于灾害的认知的原因。人对于灾害的认知直接地制约着任何灾害中的心理状况。具有科学灾害认知的人与抱有迷信，甚至愚昧的灾害认知的人，在灾害心理上会有明显的区别。前者更多表现出冷静、客观、沉着和理智，后者则会相反地表现出冲动、盲目和幼稚。

人的生存能力与受损情况的原因。人的生存能力是人自身得以在灾害发生条件下能够继续生存下去的重要前提。当生存能力受到灾害损伤到一定程度的时候，人就会失去生存下去的信心和勇气。如果人的生存能力基本没有被灾害损伤，即使生存条件遭到重大损失，人也会保留着生存下去的信心和勇气。

家庭和人际关系的变化。如果家人遭受灾害损害严重甚至发生死亡，对人的心理影响要比不是家人遭受损害的大得多，亲人的失去会引起人的嫉妒悲伤情绪，悲伤还会引起人的生存意志的弱化，常说的"痛不欲生"。

人的性格的原因。性格内向的人和性格外向的人，在灾害打击下，发生的心理变化是不一样的，遗憾的是这方面的实证研究还没有真正展开。

（3）社会环境的原因

社会经济文化的发展水平，对于灾害心理的影响是双向的、复杂的，可能是积极的，也可能是消极的。社会经济文化程度越高，人的素质相应就要高一些，这对于灾害心理中的积极因素的产生是有利的。另外，人的生活水平越高，对灾害的心理承受能力越低。越是艰难困苦的生活越能锻炼人的心理承受能力，承受能力越强，产生的消极灾害心理就越少。

社会秩序及社会心理的稳定程度对于灾害心理的影响呈现正相关关系，秩序越好，社会心理越稳定，灾害心理的发生便会越缓、越轻。如果灾害发生后出现社会制度混乱和社会心理的大动荡，就会进一步刺激和引发产生消极的灾害心理。灾后社会救援工作的积极有效，是影响灾害心理的极其重要的因素，救援工作越及时灾害心理问题就会越轻。

6.4.2 灾民意识与精神救灾

1. 灾民意识影响思维方式

灾民意识是直接制约与影响灾民在灾害条件下的思维方式、价值取向和行为倾向的主观因素，决定着个人在灾害面前采取什么样的态度，是积极还是消极，是客观冷静还是盲目迷信，是沉着还是冲动，是相信自己的力量还是消极等待外援，是与他人相互扶持还是自我孤立甚至乘人之危，直接制约人们的行为方式和生活方式及其后果。灾民意识的影响不仅限于个人行为，由于心理学上讲的"互动"，个人之间相互刺激、增强、放大，严重时会发展到成为一种严重而广泛流行的灾害思潮，形成主导的弥漫于整个灾区人们内心中的对下灾害的观念与意识以及行为倾向，从而对社会行为和社会风尚有着重大影响。所以，灾民意识作为一种灾害条件下的消极心理倾向，如果严重发展，就会形成精神伤害。达到一定程度后，有可能直接瓦解、削弱抗灾精神，涣散灾民的灾害斗志，弱化灾民生存能力等，使灾民生存变得更加困难甚至成为不可能。因此，首先要承认和足够重视灾民意识的存在，寻找对策解决和消除消极心理，这就是精神救灾活动。物质救灾是精神救灾取得实效的前提和基础，有效的精神救灾会使物质救灾发挥更大的作用，二者是相辅相成的、相互促进的。

在灾难事件发生时，谣言对人们的心理和情绪会产生极大干扰，影响人们的理性判断，从而造成混乱，影响稳定。灾害谣传无助于抗御灾害，丝毫不利于人们对防灾减灾的思想和物质准备，是一种完全消极的甚至会造成巨大损失的力量，严重的灾害谣言本身就是一场灾难。因此说，灾害谣言是一种重要的社会心理现象。

从性质上，灾害谣言有两种：一是谣言；二是误传。谣言是无中生有，无从证实的传言。谣言如果和迷信结合起来，对于一部分科学文化素质低的人来说，更有蛊惑力，是一种畸变的舆论形态。误传的情形更复杂，在地震灾害中常见。包括子虚乌有、捕风捉影、扭曲放大、小震大传、误报虚报。

政府已经做出了关于地震预报的工作程序和信息发布权利的规定，任何个人和非法定政府部门，不经法定程序，无权预报包括地震在内的灾害预报。

2. 精神援助

从心理学角度讲，人们在经历灾难后都有自我康复的能力，但这需要经历一个心理变化的过程。灾后心理援助大致可分为三个阶段：第一阶段是应急阶段，这段时间生存是第一要务，人们联合起来对抗灾难，心理问题并不明显；第二阶段是灾后阶段，此阶段如果没有心理援助，受灾者马上会感受到灾难的损失和困难，而感到强烈失落；第三阶段是恢复重建阶段，这个阶段可能需要几个月甚至几年的时间。

一次重大自然灾害发生后的十天或者半个月内，人们普遍会存在失眠、焦虑、抑郁等现象，根据这个时期人们的心理特征，心理援助人员应侧重一些知识的普及，如发放知识手册、做心理讲座等来普及灾后心理变化常识、发放救灾物资等，帮助心理援助人员更好地融入当地百姓中去。

灾害发生半个月后，救灾物资基本稳定下来，丧失亲人的情绪也基本稳定。这时心理援助工作需要系统地全方位地进行。结合这个阶段的特点，应该开始侧重培训灾区教师、基层干部，教授他们一些开展心理援助工作的基本知识。因为他们本身具有身份优势，一旦掌握一些心理援助常识，更容易开展心理援助工作。

灾难发生一个月后，人们逐渐从麻木状态苏醒，开始考虑物质因素，一些社会事件开始出现，心理援助工作者需要开始侧重帮助政府向百姓传达政府的想法和措施，帮助稳定百姓的情绪。

除了有针对性地开展心理援助工作外，灾区还应该进一步加强当地医院精神科和心理科的力量，同时对灾区学生心理学课程应加强外部力量的投入。此外，还应对当地村镇干部、警察等开展心理培训、危机攻关，以此更好地解决灾后重建工作中面临的诸多问题。2008 年 "5·12" 中国汶川地震发生后，针对极其严重的人员伤亡和财产损失情况，国内外大量心理专家和志愿者赶赴地震灾区，在绵竹、绵阳、北川、什邡等重灾区开展了心理援助试点工作，结合当地应重点解决的问题，有针对性地开展心理援助，这次行动也是中国历史上第一次大规模地实施灾后心理援助工作。

充分利用无线电视广播、网络、报纸等各种宣传媒体，告知普通民众如何扮演好减轻自身面对的危险暴露性角色，培养公民科学的灾害意识，强化防灾减灾宣传教育，组织开展不同灾害情况下的救灾演习，提高他们的风险意识水平，促进 "减灾文化" 发展。重点抓好灾前、临灾和灾后三个时段三种情况下的教育，不断提高社会民众防灾避灾、自救互救、自我保护能力和应对各种灾害的心理承受能力，这对于整个国家的防灾减灾有重大影响。

6.4.3 弱势群体的心理重建

弱势群体的心理重建是灾后恢复的重要环节。自然灾害是加剧居民家庭收入差距的重要因素之一。基于调查数据的分析表明，自然灾害不仅扩大了受灾家庭之间的收入差距，也拉大了受灾家庭与未受灾家庭之间的收入差距，同时还加剧了欠发达地区与其他地区居民家庭之间的收入差距。这意味着，收入再分配政策不能仅仅关注常规性、系统性因素对收入差距的影响，还必须高度重视自然灾害对家庭收入差距的冲击。为此，应大力发展灾害商业保险，进一步完善医疗社会保险和救助体系，以减轻灾害对家庭经济的长期影响。特别是，中国农村灾民在灾难中幸存后，往往为寻找工作而被迫搬迁，这对他们的心理健康造成了深远影响。许多移民在新环境中缺乏归属感，进一步加剧了他们的心理压力。灾后恢复的社会生态模型提出了五个关键措施：住房稳定、经济稳定、身体健康、心理健康和社会角色适应。这些措施旨在帮助灾民全面恢复生活秩序，重建心理韧性。

然而，灾害是否以及何时会成为贫困陷阱，还是会推动人们进入更好的经济轨道，这些问题尚未得到充分解答。研究文献中对此也缺乏一致的结论。因此，未来的政策设计和学术研究需要更加关注灾害对弱势群体的长期影响，探索有效的干预措施，以避免灾害加剧社会不平等，并为灾民提供可持续的支持。

6.5 综合减灾

综合减灾是指对各种自然灾害及其全过程进行整体研究、综合策划和减灾措施。综合减灾的根本目的是保护人民生命财产安全保护资源环境促进社会稳定与经济可持续发展。

6.5.1 综合减灾能力

综合减灾，是相对于单项减灾而言的。综合就是立体性的，主要包含两层含义：一是从灾前、灾中、灾后的整个过程强调综合，强调减灾；二是强调减灾是政府和社会的共同行动。它要求在顺应自然规律、经济规律和科学规律的前提下，充分发挥人类的主观能动作用，运用系统科学的理论和方法，调动科学、技术、经济、管理、行政、法律、宣传、教育等手段，削弱、消灭或回避灾害源，削弱、限制或疏导灾害载体，拯救、保护或转移受灾体，多渠道、深层次、全方位地协调人与自然、主观与客观、自身与环境的关系，兴利除害、趋利避害、化害为利，构筑起经济发展、社会进步和人民生命财产的安全屏障。实施综合减灾，可以获得单项减灾所不可能获得的综合整体效益。

综合减灾，需要防灾、抗灾、救灾相结合，工程减灾与非工程减灾相结合，行政手段与法律手段、经济手段相结合，减灾与环境治理相结合，减灾与社会经济发展相结合。还要社会化减灾，政府、企业、社会团体、民众共同参与减灾，形成广泛的社会减灾体系。

综合减灾能力主要包括灾前的灾害监测预警预报、抗灾救灾物资储备和技术装备，灾中的信息汇总分析发布和应急处置能力，以及灾后的恢复重建能力。在工程方面体现为建立防灾减灾基础设施、建筑设施（包括民房的设防标准与抗灾能力）、灾害监测预警系统、抗灾救灾物资储备和技术装备、抗灾救灾专业队伍等，在非工程方面体现为建立减灾政策法规体系、灾害应急预案体系、公众减灾意识、减灾救灾社会动员和减灾文化等。

综合减灾是全新的工作理念，综合减灾必须统筹考虑各类自然灾害和减灾工作各个方面，充分利用各地区、各部门、各行业减灾资源，综合运用行政、法律、科技、市场等多种手段，建立健全综合减灾管理体制和运行机制，着力加强灾害监测预警、防灾备灾、应急处置、灾害救助、恢复重建等能力建设。

6.5.2　减灾规划与风险区划

1. 减灾规划

减灾规划应贯彻预防为主，加强灾害预测预报，制定减灾规划和紧急预案，实施各种防治工程。采取各种措施，保护受灾体或增强受灾体的抗灾能力，避免或减少受灾机会，减轻灾害破坏损失程度；实行有效的抗灾、救灾和灾后恢复重建措施，减少灾害的直接经济损失、间接经济损失以及灾害的社会危害。

2022 年 6 月 19 日国家减灾委员会印发《"十四五"国家综合防灾减灾规划》，到 2025 年，自然灾害防治体系和防治能力现代化取得重大进展，基本建立统筹高效、职责明确、防治结合、社会参与、与经济社会高质量发展相协调的自然灾害防治体系。力争到 2035 年，自然灾害防治体系和防治能力现代化基本实现，重特大灾害防范应对更加有力有序有效。

2. 灾害风险区划

灾害风险区划是第一次全国自然灾害综合风险普查的主要内容之一，是在灾害风险评估的基础上，从自然灾害防治的角度进行区域划分，包括区域自然灾害综合风险区划、单灾种与自然灾害（多灾种）综合防治区划三部分。根据区划内容或基本要素分为灾变区划、灾度区划、减灾能力区划等；根据区划范围分为世界灾害区划、全国灾害区划、区域或地区灾害区划等。

区划的基本目的是根据灾害程度或特点进行的地域划分，能更加清晰地反映灾害的空间分布规律与地区差异，对于防御灾害、保障人民生命财产的安全是非常重要的。科学合理的气象灾害风险区划应当回答两个问题：哪些地区是气象灾害高风险区，不适合建设民用和工业设施；如果确有必要建或人类社会已经处于气象灾害高风险区内又难以搬迁，应当采取什么工程性措施预防风险的发生，并为防灾工程的设计标准提供科学依据，以对灾害做到有效防御。

第一次全国自然灾害综合风险普查工作，完成了全国六大类灾害风险评估与区划、灾害综合风险评估与区划任务，编制了全国主要灾害类型灾害风险图和区划图、全国自然灾害综合风险图和综合防治区划图，制修订了全国地震烈度区划、地质灾害防治区划、主要江河防洪区防治区划、山地洪水威胁区防治区划、干旱灾害防治区划、风暴潮灾害重点防御区划、森林火灾防治区划等，客观认识了全国和各地区自然灾害综合风险水平。

（1）区划原则

1）系统性原则。灾害发生、发展和管理涉及自然生态系统及社会经济系统的多个方面，只有从整体、系统性的角度出发，才能全面认识和理解气候变化风险的发生和发展规律。

2）主导因素原则。中国的自然环境与社会经济要素具有明显空间差异，不同区域气候变化风险的主导因素不同。主导因素的变化可能会引起整个系统发生明显的改变。基于主导因素法进行气候变化风险区划利于风险管理与适应的开展。

3）空间连续性原则。又称共轭性原则。其要求所划分的区域作为个体保证空间连续性，不可分离且不重复。依据空间连续性原则，两个风险要素和等级相对一致的地区，若存在空间彼此分离的状况，则这两个地区不可划分为同一风险（危险）类型区。空间连续性原则对于自下而上合并的区域划分具有重要意义。

4）与行政边界相结合的原则。综合风险区划要为风险管理和适应提供决策支持，各级行政单元是风险管理与适应的基础。在进行综合风险区划时可适当调整风险区划界线以适应某级行政区划界线。

5）相对一致性原则。相对一致性原则是指任一气候变化风险区，区内相似性尽可能大，区际差异性尽可能大。对于不同的气候变化风险区域单元来说，气候变化敏感区的一致性体现在温度与降水变化的趋势与速率上大致相同；极端事件危险区的一致性体现在大致相近的气候变化背景下，极端气候事件发生的频率与强度也大体相同，承险体风险区的主体风险程度也大体一致。

（2）区划方法

1）自上而下的演绎法。自上而下的演绎法是以宏观格局为基础，根据客观的自然规律以及某些区划指标，先进行最高级别单元的划分，再依次将已划分出的高级别单元根据相关因素的差异划分成低一级单元，一直划分到最低级区划单元为止，是在较大范围上进行区划时多采用的方法。该方法可避免自下而上归纳过程可能出现的跨区合并问题；但其也存在缺点，划分的界线较模糊，继续划分下一级单元的科学性和准确性值得怀疑。

2）自下而上的归纳法。自下而上的归纳法是通过对最小单元指标的分析，合并出最低级的区划单位，再在低级区划单位的基础上，逐步合并出较高级别的单位，直到得出最高级别的区划单位为止，是适用于小范围尺度区划的方法。该方法是在考虑大的自然地域分异规律，综合低一级的各个指标，归纳为高一级别的单元。"自下而上"区划不但是"自上而下"区划的重要补充，而且为区划提供较为准确的区划界线，"自下而上"区划界线才具有确定性。结合自上而下和自下而上的方法，在综合指导下分析，在分析基础上综合。具体来说，首先采用自上而下的演绎法确定气候变化敏感区，并在各大区范围内依据危险性指标（干旱、高温热浪、洪涝等）划分为极端事件危险区；基于各个指标的危险性和暴露度，获取不同指标的风险基本单元，将小范围内进行自下而上的区域合并为不同承险体的综合灾害风险区。

3）等级系统与指标体系。灾害风险由致险因子危险性、承险体脆弱性与暴露度共同组成。为了充分反映灾害风险的要素构成，以中国综合气候变化风险区划为例，采用三级区划系统，即气候变化敏感区（一级）、极端事件危险区（二级）和承险体综合风险区（三级）。

气候变化敏感区。以气温、降水作为基础资料，利用最小二乘法线性拟合，分别计算二者在 2021~2050 年的变化速率。以全国所有栅格单元的气温平均变化速率作为划分标准，根据气温变化速率是否高于全国平均变化速率，将全国划分为强暖敏感区或弱暖敏感区；根据降水变化趋势的增减状况，将全国划分为增雨或降雨敏感区。

极端事件危险区。分别选择综合气象干旱指数［《气象干旱等级》（GB/T 20481—

2017）]、高温热浪指数 [《高温热浪等级》（GB/T 29457—2012）] 和洪涝指数计算干旱、高温热浪和洪涝 3 种极端事件轻度、中度、重度发生的频次，进而根据极端事件发生的频次与强度，基于从重原则，采取叠置分析法得到不同地区极端事件危险性高低（表6-8）。

表6-8　极端事件危险区二级区划分指标体

指标名称	轻度	中度	重度
综合气象干旱指数（CI）	−1.8<CI≤−1.2	−2.4<CI≤−1.8	CI≤−2.4
高温热浪指数（HI）	2.8≤HI<6.5	6.5≤HI<10.5	HI≥10.5
洪涝指数（FI）	30（35）~150mm	150~250mm	≥250mm

注：洪涝指数是基于最大 3 日降水量达到一定数量的次数，并通过下垫面环境修正参数进行修正获得的。表内洪涝指数的不同等级是最大 3 日降水量的不同等级

根据指标的数值，按照式（6-1）对其进行归一化处理，减少区划中指标之间的相互干扰。

$$E_x = \frac{V_x - V_{min}}{V_{max} - V_{min}} \tag{6-17}$$

式中，E_x 是指标中 x 等级指数的影响度，当计算结果为零时，E_x 赋值为 0.01，V_x 是指标中 x 等级指数处理过的数值；V_{max} 是指标中 x 等级指数处理过的最大指数值；V_{min} 是指标中 x 等级指数处理过的最小指数值。

基于上述数据来源、区划原则与方法、指标体系与指标的归一化处理等，将全国划分为 8 个气候变化敏感区、19 个极端事件危险区（表6-9）。

表6-9　中国综合气候变化风险区划系统

气候变化敏感区	极端事件危险区
Ⅰ 东北强暖增雨敏感区	A 大小兴安岭—内蒙古高原干旱危险区
	B 松辽平原—长白山山地洪涝危险区
Ⅱ 华北弱暖增雨敏感区	A 黄土高原干旱危险区
	B 华东沿海洪涝危险区
	C 华北平原热浪危险区
	D 鄂尔多斯高原旱热危险区
Ⅲ 华东—华中强暖减雨敏感区	A 东南沿海洪涝危险区
	B 四川盆地—鄂黔山地热浪危险区
	C 长江中下游涝热危险区
Ⅳ 华南—西南弱暖增雨敏感区	A 滇西—滇中干旱危险区
	B 黔滇山地热浪危险区
	C 华南沿海涝热危险区
Ⅴ 西北强暖增雨敏感区	A 东塔里木盆地热浪危险区
	B 新甘蒙—准格尔旱热危险区

续表

气候变化敏感区	极端事件危险区
Ⅵ西北弱暖减雨敏感区	A 天山高山盆地干旱危险区
	B 西塔里木盆地热浪危险区
Ⅶ青藏高原弱暖增雨敏感区	A 青藏高原东部干旱危险区
	B 东喜马拉雅南翼洪涝危险区
Ⅷ青藏高原强暖增雨敏感区	A 青藏高原中西部干旱危险区

6.5.3 重点减灾工程

加强防灾减灾工程建设，是提高国家减灾能力建设的重要手段之一。成功的案例归纳于表 6-10 和表 6-11 中。重点减灾工程建设包括提升自然灾害综合监测预警能力的灾害综合监测预警系统建设和应急卫星星座应用系统建设。提升抢险救援能力的工程建设包括灾害抢险救援队伍建设、灾害抢险救援技术装备建设、灾害抢险救援物资保障建设、应急资源综合管理信息化建设。提升应急综合保障能力建设的工程包括自然灾害应急科技支撑力量建设和防灾减灾科普宣教基地建设。

表 6-10 中国抗震减灾工程措施的成功应用案例

序号	成功应用案例
1	1966 年，中国河北邢台发生 7.2 级地震，导致 1 万多人死亡，之后，邢台对重建建筑物提出"基础牢、房屋矮、房顶轻、施工好、连接紧"的要求。1981 年邢台发生 5.8 级地震，重建的建筑物基本没有被破坏
2	1976 年 7 月 28 日，中国河北唐山发生 7.8 级地震，整个城市被毁，但唐山第一面粉厂厂房是采取乌鲁木齐的抗震设计图纸建造，地震后框架未倒
3	1990 年，中国山西大同—阳高发生 6.1 级地震，大片房屋倒塌，震后在世界银行支持下灾区按 7 度设防，1996 年原地发生 5.8 级地震，没有造成大的破坏
4	2003 年 2 月 24 日，中国新疆巴楚–伽师发生 6.8 级地震，震中区龙口的民房是 1996 年伽师地震后重建的，采用了木质框架结构，造价不高，但地震发生时尽管房屋剧烈晃动，却没有倒塌，未造成人员伤亡，发挥了很好的防震减灾作用

中国人民在同自然灾害斗争的过程中，创造了灿烂的抗灾文化，建造了一系列宏伟的防灾工程。远古时代，大禹治水"三过家门而不入"的故事传为佳话。在距今 2200 多年的战国时代，秦国太守李冰父子总结前人治水经验，倡导兴建的都江堰工程至今还在发挥作用。1949 年以来，中国加大了对防汛抗旱、防震抗灾、防风防潮、防沙治沙、生态建设等减灾重点工程设施的投入，建成了长江三峡工程、葛洲坝工程、小浪底工程、"三北"防护林工程、京津风沙源治理工程等一批防灾减灾骨干工程，重点区域和城市的防灾减灾设防水平得到有效提高。

表 6-11　中国重要防灾减灾工程

工程名称	基本情况
长江三峡大坝工程	长江中下游地区是中国经济发达地区，也是洪灾最为严重的地区之一，是中国减灾工作的一个重点区域。从 1994 年开始修建长江三峡大坝工程，1997 年顺利截流。长江三峡大坝工程的建成，使荆江河段防洪标准由原来 10~20 年一遇的防御水平提高到百年一遇。同时，增加年发电量 847 亿 kW·h，极大提高了区域的减灾能力，促进了长江流域的经济社会发展
黄河小浪底工程	面对中国黄河河道行洪能力逐年下降，中下游沿岸地区洪灾危险日益增强的严峻形势。从 1997 年开始，利用世界银行贷款，投资近 18 亿美元，在小浪底修建大型水利枢纽工程，建立了一个总库容为 126.5 亿 m^3 的水库，以减轻黄河下游洪水威胁。小浪底水库的主要功能是防洪、防凌、减淤，同时又具有供水、灌溉和发电功能。工程大坝已于 1997 年完成截流，2001 年全部完工投入使用
"三北"防护林工程	"三北"防护林工程是指在中国"三北"（西北、华北和东北）地区建设的大型人工林业生态工程。为改善生态环境，于 1978 年决定把这项工程列为国家经济建设的重要项目。"三北"防护林体系总面积 406.9 万 km^2，占中国陆地面积的 42.4%
农村危房改造工程	从 2005 年开始，结合灾后恢复重建开始推进减灾安居和危房改造工程。截至 2008 年初，全国需要改造、新建农村困难群众住房涉及 692.99 万户 2210.38 万间。中央和地方已投入资金 175.35 亿元，完成改造、新建农村困难群众住房 580.16 万间，受益群众 649.65 万人。2008~2009 年，中央财政投入 100 亿元在全国实施危房改造工程

6.5.4　灾害保险分担

灾害保险是为了应对特定的灾害事件或事故灾难，通过签订合同的方式，收取费用建立专项基金，从而实现灾损补偿或赔付的一种经济活动形式。保险本身的经济补偿、资金运用和防灾防损三项功能，决定了保险事业在应对灾害事件中具有重要的意义和作用：一是通过经济手段补偿灾害损失，可以保障整个社会经济生活稳定；二是单位和个人通过参保，使原来各自承担的风险得以转嫁和分散；三是有了保险的灾后补偿，就可以减轻国家财政在救灾救济方面的负担；四是保险事业的发展，还有利于国际贸易、调节金融和促进新技术的推广应用。

灾害保险是应对巨灾的有效手段之一，保险可以分散灾害风险，起到社会"稳定器"和"减震器"的作用。

（1）巨灾保险，一般是指政府运用保险机制，通过制度性安排，将因发生地震、台风、海啸、洪水等自然灾害可能造成的巨大财产损失和严重人员伤亡的风险，通过保险形式进行风险分散和经济补偿。推动巨灾保险发展的因素有四：一是自然灾害发生的频率和造成的冲击不断增强这一宏观背景；二是国家经济的发展，财富的积累；三是政府理念的转变；四是保险公司和保险行业的不断成长。

（2）指数保险，是指保险的赔偿并不基于被保险人的实际损失，而是基于预先设定的、触发巨灾的参数（如连续降水量、台风等级等）作为支付赔偿的依据。当上述参数达到一定阈值（触发值）时，则由保险公司按照合同向地方政府支付相应的保险赔付金额，无须经查勘定损，赔付金额视巨灾参数所对应的等级而定，从本质上来说是将理赔工作前置。指数保险的核心是指数编制。其中，大数据起到关键的作用。以台风指数为例，需要依据数据模型平台结合过往历史数据，根据客户的实际情况、需求，确定一个区域、起赔风速和对应的赔付金额。

6.5.5　社区志愿者组织

减灾救灾志愿服务是减灾救灾工作体系的重要组成部分。在近年来的减灾救灾活动中，志愿服务在防灾减灾宣传、受灾群众救助、灾后恢复重建等方面发挥了非常重要的作用。

1. 基本原则

开展减灾救灾志愿服务坚持政府倡导、自愿参与、因地制宜、稳妥推进的原则。积极宣传志愿精神，充分尊重志愿者本人意愿，鼓励公众自愿参与减灾救灾志愿服务活动，建立完善评价、激励、保障等相关政策，创造有利于志愿服务发展的环境。根据本地区自然灾害特点和志愿者组织发展状况，科学组建志愿者队伍并加强培训，逐步建立减灾救灾志愿服务工作机制，稳步推进减灾救灾志愿服务。

2. 主要任务

灾前，减灾救灾志愿服务侧重于开展防灾减灾知识宣传普及、自救互救技能培训，配合政府部门或专业机构排查公共设施、设备和居民住房等存在的灾害隐患，制定和落实相关预防措施。灾中，救灾应急志愿服务侧重于协同开展受灾或受灾害威胁人员转移安置、救灾物资运送和发放、心理援助以及参与开展救灾捐赠活动等。灾后，减灾救灾志愿服务应侧重于协助开展过渡期生活救助、集中安置点服务和管理、帮助灾区群众重建家园等工作。

志愿服务施援方和受援方要做到职责清晰、分工明确，施援方提供志愿者队伍能力、服务时限等信息，组织安排队伍到达灾区；灾区民政部门要提供志愿服务实施建议、灾区状况等信息，与施援方共同管理好志愿者队伍，保障志愿服务有序开展。

3. 场景演练

志愿者的防灾培训是灾害风险治理的重要组成部分，合适的救灾研判对减少损失和人员伤亡有很大帮助。以地震灾害为例，按照时间的推移设定不同的场景，并对损失、灾情等做简单的梳理。在此基础上将设定的具体情况提示给大家。要求大家对损失进行预测，讨论该采取何种救灾措施，并进行总结。然后分组发言，最后由教师做评论，或者解释说明标准的对应方式。表 6-12 显示的是由防灾志愿者负责人实施的演习场景，包括对情景的预设与讨论。

表6-12 防灾志愿者演练中对情景预设的与救灾研判

场景设定	情景预设	救灾研判
感受到巨大的晃动	- 设想工作日的下午7时左右，你正在家中和家人吃饭，突然听到巨大的声响，感受到剧烈的晃动 - 起初是激烈的上下晃动，而后是剧烈的左右摇晃，让人有种生不如死的感觉 - 剧烈的晃动甚至让人无法躲到餐桌、书桌的下面去	- 你觉得你家房子会遭受多大程度的损失 - 地震发生后的20分钟内，你觉得自己可以做些什么
调查周围的受灾情况	- 比较幸运的是，你家的房子只坍塌了一半 - 碗橱、衣柜、置物架等由于事先没有做过固定处理，都倾倒了，其中的物品散落一地 - 幸运的是你的家人仅被玻璃片划破，受了一点轻伤 - 过了片刻，屋外出奇地安静 - 过了20分钟左右，你终于恢复了平静，决定出去看看周围的情况	- 当你想了解周围的受灾情况时，你会采取何种调查方法 - 你认为受损情况如何？具体地点在哪里
巧遇施救现场	- 调查周围的受灾情况时，你发现别人家的房子已经完全倒塌，邻居们已经集合到一起，设想你当时正好在场 - 这个地区很多人家的房子都已经完全倒塌，而警察、消防队员们却无法赶到现场 - 邻居们用手电照着已经完全坍塌的房子说，"有人被活埋了，如果我们不施救的话，它们就没有生还的希望了，快想办法吧" - 被活埋者的家属哭喊着恳求着周围的人，"我的家人就在这里，请大家快救救他们吧"	- 如何从坍塌的房屋中救人？需要哪些器材？施救需要多少人 - 如何获取施救所需要的器材？如何将实施施救的人员集中到一起？你认为周围的邻居会提供帮助吗

桑枣中学避险案例

2008年5月12日中国汶川8级特大地震瞬间夺去了许多人的生命，这次灾难中，很多伤亡都是面临天灾时人类表现出的脆弱和不知所措造成的，如果平时有训练有素的疏散，就可以避免很多不必要的伤亡。位于地震极重灾区的安县桑枣中学，在这次大地震中创造了奇迹，全校2200多名学生，上百名老师无一伤亡。

发生地震那天，地震波一来，老师喊：所有人趴在桌子下！学生们立即趴下去。老师们把教室的前后门都打开，怕地震扭曲了房门。震波一过，学生们立即冲出了教室。学生们正是按照平时学校要求、他们也练熟了的方式进行疏散的。由于平时的多次演习，地震发生后，全校师生，2200多名学生，上百名老师，从不同的教学楼和不同的教室中，全部冲到操场，以班级为组织站好，用时1分钟36秒。

这所在大地震中没被"震倒"的学校全靠一位名叫叶志平的校长加固了"豆腐渣"教学楼，其四年来坚持组织学生开展紧急疏散演习。

20世纪80年代中，叶志平校长还只是安县桑枣中学的一名普通老师，那时，学校正在盖一栋实验教学楼，却没有找正规的建筑公司施工，该实验教学楼断断续续地盖了两年多。到后来，没有人敢为这栋楼验收。后来，叶志平当了学校领导，他下决心一定要修好这栋"豆腐渣"教学楼。

1997 年，叶校长把与这栋新楼相连的一栋厕所楼拆除了。因为叶校长发现，厕所楼的建筑质量很差，污水锈蚀了钢筋。叶校长怕建筑质量不高的厕所楼牵连同样质量可疑的新楼，要求施工队重新在一楼的安全处搭建了厕所，这样，虽然高层教室上课的同学上厕所不太方便，但是学生们安全了。

1998 年，叶校长发现新楼的楼板缝中填的不是水泥，而是水泥纸袋。叶校长生气，找正规建筑公司，让其重新在板缝中老老实实地灌注了混凝土。

1999 年，叶校长将已经不太新的楼原来华而不实、却又很沉重的砖栏杆拆掉，换上轻巧美观结实的钢管栏杆。接着，叶校长又对这栋楼动了"大手术"，将整栋楼的 22 根承重柱子，按正规要求，从 37cm 直径的三七柱，重新灌水泥，加粗为 50cm 以上的五零柱，每根柱子直径加粗了 15cm。

这栋实验教学楼，建筑时才花了 17 万元，光加固就花了 40 多万元。对于新建的楼，叶校长的要求更是严。对于楼外立面贴的大理石面，叶校长不放心，怕掉下来砸到学生，他让施工者每块大理石板都打四个孔，然后用四个金属钉挂在外墙上，再粘好。用建筑外檐装修的术语讲，这叫"干挂"。因此，即使是"5·12"大地震，教学楼的大理石面，也没有一块掉下来。

桑枣中学成功避险，另一个很重要的原因是避险意识早已根植于全校的每名师生头脑当中。避险意识，重在"避险"，关键在没险的时候能够增强规避的意识，而不是艰险灾难临头才想起来规避。增强避险意识，很重要的是要有避险行动，并做到持之以恒。

叶校长从 2005 年开始，每学期要在全校组织一次紧急疏散的演习。会事先告知学生，本周有演习，但学生们具体不知道是哪一天。等到特定的一天，课间操或者学生休息时，学校会突然用高音喇叭喊："全校紧急疏散！每个班的疏散！"对于"每个班的疏散"，学生们事先还被告知：在 2 楼、3 楼教室里的学生要跑得快些，以免堵塞逃生通道；在 4 楼、5 楼的学生要跑得慢些，否则会在楼道中造成人流积压。学校紧急疏散时，叶校长让人记时，不比速度，只讲评各班级存在的问题。刚搞紧急疏散时，学生当是娱乐，大半孩子除了觉得好玩外，还认为多此一举，有反对意见，但叶校长坚持。后来，学生老师都习惯了，每次疏散都井然有序。每周二都是学校规定的安全教育时间，让老师专门讲交通安全和饮食卫生等。

叶校长管得严，集体开会时，叶校长不允许学生拖着自己的椅子走，要求大家必须平端椅子——因为拖着的椅子会绊倒人，后面的学生看不到前面倒的人，还会往前涌，所有的踩踏都是这样出现的。正因为平时有这样严格的要求，才使桑枣中学全校师生的避险意识大大增强，并逐步养成了科学规范避险的习惯。

汶川地震发生时，桑枣中学的 8 栋教学楼部分坍塌，全部成为危楼。叶校长的学生，11～15 岁的学生们，都挨得紧紧地站在操场上，老师们站在最外圈，四周是教学楼。叶校长最为担心的那栋他主持修理了多年的实验教学楼，没有塌，那座楼上的教室里，地震时坐着 700 多名学生和他们的老师。

桑枣中学成功避险，很重要的是避险意识早已根植于学校领导的头脑当中，并且把避险意识传到了全校的每位师生头脑当中，并通过定期举办避险演练来加以深化和理解。

扩展阅读　报道自然灾害时，记者应当追问的十个问题

对于记者来说，调查自然灾害时，一个很好的起点是摒弃灾害仅仅是因为"自然"导致的观念。相反，记者应该将其视为危险事件和人类行为所结合的结果，然后追踪一层层线索：资金、人员、未预见到的需求、应当为此负责任的官员。这样的自然灾害调查报道，可能成为第一个揭露真相的报道，更有可能在未来挽救更多生命。

1. 救援资金去哪里了？阻碍资金到达受灾者的瓶颈是什么？

自然灾难发生后，通常会有数百万美元的援助、重建补助和赈灾支援。除了贪腐丑闻外，记者过去也经常揭露令人震惊的调配失误和发放拨款的系统性失败，这些问题会导致资金被挪用或没有及时到达最需要的地方。

尼泊尔调查新闻中心在 2015 年尼泊尔地震后，对重建资金的阻塞进行了一项出色的调查报道，显示在 21 个月后，只有 3% 的资金帮助到了流离失所的幸存者。追踪资金的关键问题有："分配链条中的关键人物是谁——谁来监督？""紧急救援物资或食品是否被盗或转移到黑市中？""如何选择私营服务提供商，他们是否履行了合同？"

2. 人为因素有没有加深灾难的影响——不论是事件发生之前还是之后？

这个问题本身可以延伸出许多调查角度——从规划失败和沟通失误的快新闻，到气候变化的长期影响。除了少数外，自然灾害通常是可以预见的，且能透过有效的规划、资源分配，以及及时的公共警报（如在飓风吹袭、火山爆发和海啸等情况）来缓减整体影响。通过有效且协调的政府动员，伤亡和损失可以得到有效控制，正如新西兰在 2010 年成功应对在坎特伯雷的 7.1 级地震一样，那次灾害仅造成一人死亡。

3. 自然灾害是否导致了附近出现泄漏事件或有毒物质污染？

2011 年日本海啸引发的福岛核灾难以及所涉及的技术和通信中断是最知名的例子。地震、洪水和海啸很可能引发连锁反应，如炼油厂受损、军事基地和化工厂的污染，这些通常需要记者深入调查才能揭示。

4. 贪腐和任人唯亲等现象是否加剧了伤亡？

根据《自然》杂志的一项研究，近几十年来，因地震导致的倒塌建筑物死亡案例中，有 83% 发生在腐败横行的国家。豆腐渣工程是让自然灾害中死伤人数激增的罪魁祸首。在一些案例中，不负责任的领导将无能的亲信安排在关键的应急响应岗位上，而腐败和非法挪用救援资金则导致了更多的人员伤亡，就像 2022 年巴基斯坦水灾之后出现的情况一样。

5. 数据如何反映了应急管理机构存在的问题，或救灾援助的差异？

2021 年，《华盛顿邮报》数据记者 Andrew Ba Tran 深入挖掘政府数据库，发现美国联邦紧急事务管理局（FEMA）的援助批准率从 2010 年的 63% 暴跌至 2021 年的仅 13%。该团队还比较了援助数据与人口普查数据中的种族类别，揭示美国"深南部"（Deep South）的非裔灾难幸存者被系统性地被排斥在救助体系之外。

6. 如何以合乎伦理的方式报道灾难幸存者之间出现的抢掠和违法行为？

要小心自己的刻板印象和偏见。正如研究员 Nadia Dawisha 在分析 2005 年美国卡特里娜飓风灾难的新闻报道时的发现一样，非裔幸存者经常会被描述为无法无天的暴徒，而白人幸存者则被描述为积极寻求帮助的人。记者应注意避免重复这类极为不公的刻板印象，并按每个受影响社区所面对的实际情况去报道这类事件。

7. 我们可以从"新型救援者"那里得到什么？

《新人道主义》（The New Humanitarian）执行主编 Josephine Schmidt 向全球深度报道网表示，灾难应对和"价值 300 亿美元的人道主义援助产业"已不再专属于政府、联合国和大型援助机构；他们现已包括个人、在线社群，甚至自费前往灾区现场的志愿消防员。这些应急救援人员可以提供重要且可信的独立事实、有价值的受访资源，甚至可以充当揭发真相的吹哨人。

8. 灾难可能会引发什么公共卫生危机？

灾害导致的新状况——尤其是饮用水受污染和卫生设施的故障——往往会在灾害发生后造成新一波的疾病死亡。此外，记者需要仔细检查灾难对关键的日常卫生服务的影响（从结核病药片到产前护理和呼吸机）。

9. 谁在发灾难财？

过去的灾难中出现了令人震惊的各种机会主义者——从虚假信息散布者到腐败官员，以至冒充受害者在网上骗取捐款的不法之徒。2010 年海地地震几周后，太子港受损的国际机场一位休班官员试图勒索记者和私人飞行员，以换取他们离开的权利，最后导致飞行员不得不驾驶飞机远离那位官员所召集的暴力团伙。

10. 我们还漏掉了什么？

从缺乏重建项目所需的熟练专业人员，到被忽视而可能会导致更大生存威胁的贫困社群，灾难之后的问题如此之多，采编团队需要定期展开讨论和思考。

如果你想要分享任何相关想法，请随时联络我们，我们会将它们整合到我们正在编写的灾难调查报道指南中。

作者 Rowan Philp 是全球深度报道网的资深记者，也是南非媒体 Sunday Times 的前首席记者。作为一名驻外记者，他曾在全球 20 多个国家报道新闻、政治、腐败和冲突。

学 习 要 点

理解恢复重建和综合减灾全过程进行整体研究、综合策划和减灾措施。关注中国灾后关注自然界各种要素间复杂的内在联系。理解中国灾后从恢复重建政策、恢复重建规划、重建资金筹集、灾后心理援助等综合减灾的基本含义和主要内容。

2008 年"5·12"中国汶川地震安县桑枣中学成功避险经验总结中，理解公众减灾意识普及对于减少灾害损失的重要性。

问题与思考

1. 灾后恢复重建工作包括哪些具体环节？灾后心理援助工作如何适度开展？
2. 通过哪些活动可以提高公民的防灾减灾意识？
3. 新闻媒体如何在救灾工作中更好地发挥影响？
4. 收集资料，练习制作简单的灾害风险区划。

参 考 文 献

奥尔特温·雷恩，伯内德·罗尔曼．2007．跨文化的风险感知．赵延东，张虎彪，译．北京：北京出版社．

白京翔．2008．震后心理援助五个阶段．大庆社会科学，（3）：160．

陈隅，史培军．2007．自然灾害．北京：北京师范大学出版社．

丁欲国，江志红．2009．极端气候研究方法导论．北京：气象出版社．

方建，陶凯，牟莎，等．2023．复合极端事件及其危险性评估研究进展．地理科学进展，42（3）：587-601．

高荣，邹旭恺，王遵娅．2012．中国极端天气气候事件图集．北京．气象出版社．

郭强．2004．灾害意识的概念和构成．中国减灾，（1）：35-37．

郭增建，秦保燕，郭安宁．1996．天气耦合与天灾预测．北京：地震出版社．

国家减灾委办公室，民政部国家减灾中心．2013．灾害信息员培训教材．北京：中国社会出版社．

国家科委国家计委国家经贸委自然灾害综合研究组．1998．中国自然灾害区划研究进展．北京：海洋出版社．

何树红，邹丽华．2017．巨灾风险经济损失研究方法综述．灾害学，32（3）：120-124．

黄崇福．2012．自然灾害风险分析与管理．北京：科学出版社．

金菊良，魏一鸣，付强，等．2002．改进的层次分析法及其在自然灾害风险识别中的应用．自然灾害学报，11（2）：20-24．

黎健．2006．对美国灾害应急管理体系的考察与思考．气象与减灾研究，29（1）：38-43．

李华．2009．基于突发事件分期管理的公用移动通信网应急阶段模型研究．现代电信科技，（9）：63-69．

李立国，陈伟兰．2007．灾害应急处置与综合减灾．北京：北京大学出版社．

李学举，杨衍银，袁曙宏．2005．灾害应急管理．北京：中国社会出版社．

梁茂春．2012．灾害社会学．广州：暨南大学出版社．

刘博文．2014．基于突发公共事件下应急物资库模型研究．衡阳：南华大学硕士学位论文．

刘红旭．2018．灾害社会学的研究脉络与主要议题．重庆大学学报，24（4）：28-38．

刘燕华，葛全胜，吴文祥．2005．风险管理——新世纪的挑战．北京：气象出版社．

刘智勇．2018．社会安全与危机管理研究．北京：人民日报出版社．

民政部紧急救援促进中心．2008．改编自重大自然灾害及其紧急应对．北京：中国广播电视出版社．

邱柏淞，张亮泉，毛晨曦．2017．结构地震易损性分析．山西建筑，49（16）：42-44．

石蜜蜜，杨赛霓，李双双，等．2016．社会资本视角下自然灾害管理研究进展．灾害学，31（3），153-156．

史培军．1996．再论灾害研究的理论与实践．自然灾害学报，5（4）：6-17．

史培军．2005．四论灾害系统研究的理论与实践．自然灾害学报，14（6）：1-7．

史培军．2008．巨灾风险防范的中国范式具有世界意义．https://www.gov.cn/jrzq/2009-05/content_1310319.htm［2021-2-20］．

史培军．2009．五论灾害系统研究的理论与实践．自然灾害学报，18（5）：1-9．

唐波，刘希林，尚志海．2012．城市灾害易损性及其评价指标．灾害学，27（4）：6-11．

唐桂娟 . 2011. 城市自然灾害应急能力综合评价研究 . 哈尔滨：哈尔滨工业大学博士学位论文 .

王军，李梦雅，吴绍洪 . 2021. 多灾种综合风险评估与防范的理论认知：风险防范 "五维" 范式 . 地球科学进展，36（6）：553 -563.

王子平 . 1998. 灾害社会学 . 长沙：湖南人民出版社 .

王子英，王博远，薛廿禧，等 . 2023. 基于 IDA 的 RC 框架结构地震易损性分析 . 山西建筑，49（16）：42-44.

韦艳华，张世英 . 2008. Copula 理论及其在金融分析上的应用 . 北京：清华大学出版社 .

魏一鸣 . 1998. 自然灾害复杂性 . 地理科学，18（1）：25-31.

吴绍洪，潘韬，刘燕华 . 2017. 中国综合气候变化风险区划 . 地理学报，72（1）：3-17.

许树柏 . 1998. 实用决策方法：层次分析法原理 . 天津：天津大学出版社 .

薛澜，张强，钟开斌 . 2003. 危机处理：转型期中国面临的挑战 . 北京：清华大学出版社 .

姚清林，等 . 1998. 灾害管理学 . 长沙：湖南人民出版社 .

张卫星，史培军，周洪建 . 2013. 巨灾定义与划分标准研究 ———基于近年来全球典型灾害案例的分析 . 灾害学，28（1）：15-22.

章诗芳，王玉芬，贾蓓，等 . 2017. 中国 2005—2016 年地质灾害的时空变化及影响因素分析，地质灾害成因分析 . 地球信息科学学报，19（12）：1567-1574.

中国气象局气候变化中心 . 2023. 中国气候变化蓝皮书 2023. 北京：科学出版社 .

中华人民共和国国家质量监督检验检疫总局，中国国家标准化管理委员会 . 2006. 气象干旱等级（GB/T 20481—2006）. 北京：中国标准出版社 .

中华人民共和国生态环境部 . 2023. 中国应对气候变化的政策与行动 2023 年度报告 . 北京 .

钟开斌 . 2019. 放权与协调：我国应急管理体制 70 年发展主线 . 中国减灾，12-15.

周洪建 . 2015. 全球十大灾害损失评估系统 . 中国减灾，（2）：50-60.

周利敏 . 2020. 从经典灾害社会学、社会脆弱性到社会建构主义 . https：//wenku. baidu. com/view/b40a43df5b010202074be1e650e52ea5418ce97？_wkts_ = 1729304324245&needEwlcomeRecommand = 1［2021-2-20］.

周扬 . 2014. 中国县域自然灾害社会脆弱性时空格局演变研究 . 北京：北京师范大学博士学位论文 .

祝燕德，胡爱军，何逸，等 . 2008. 重大气象灾害风险防范——2008 湖南冰灾启示 . 北京：中国财政经济出版社 .

邹铭，袁艺，廖永丰，等 . 2011. 综合风险防范：中国综合自然灾害救助保障体系 . 北京：科学出版社 .

左雄 . 2011. 突发气象灾害应急管理研究与实践 . 北京：气象出版社 .

Nick Carter W. 1993. 灾害管理手册 . 许厚德译 . 北京：地震出版社 .

Paul Slovic. 2007. 风险的感知 . 赵延东等译 . 北京：北京出版社 .

Alexander D E. 2002. Principles of Emergency Planning and Management. Oxford ：Oxford University Press.

Bollin C，Cardenas C，Hahn H，et al. 2003. Natural Disaster Network：Disaster Risk Management by Communities and Local Governments. Washington DC：Inter-American Development Bank.

Cutter S L. 1996. Vulner to environmental hazads. Progress in Human Geography，20（4）：529-539.

Cutter S L，Barnes L，Berry M，et al. 2008. A place- based model for understanding community resilience to natural disasters. Global Environmental Change，18：598-606.

FEMA. 2000. Prestandard and Commentary for the Seismic Rehabilitation of Building. Washington DC：ASCE.

Fink S. 1989. Crisis Management：Planning for the Inevitable Washington DC：AMACOM.

Heath R. 1998. Crisis Management for Managers and Executives. Boston：Harvard Business Press.

International Risk Governance Council（IRGC）. 2005. Risk Governance：Towards and Integrative

Approach. Geneva，Switzerland：IRGC.

Kreps G A，Drabek T E. 1996. Disasters as non-routine social problems. International Journal of Mass Emergencies and Disasters. 14：129-153.

Mileti D S. 1999. Disasters by Design：A Reassessment of Natural Hazards in the United States . Washington DC：John Henry.

Minamoto Y. 2010. Social capital and livelihood recovery：Post tsunami Sri Lanka as a case. Disaster Prevention and Management，19（5）：458-564.

Mitroff I. 1994. Crisis management and, environmentalism：A natural fit. California Management Review，36：101-113.

National Research Council. 2006. Facing Hazards and Disasters：Understanding Human Dimension. Washington，DC：The National Academies Press.

National Oceunie and Atmospheric Administration（NOAA）. 2015. Budget Estimates Fiscal Year 2015. Washington，DC：NOAA.

Pelling M. 2003. Natural Disaster and Development in a Globalizing World. London：Routledge.

Perry R W，Quarantelli E L. 2005. What is a Disaster：New answers to old questions. https：//www. semanticscholar. org/papre/What-Is-A-Disaster%3A-New-to-Old-Questions-Perry-Quarantelli//29d37d708d4ddaf6029dd1393d40 466928db46b2. London：Replica Books［2023-10-21］.

Sellnow T L，Ulmer R R，Seeger M V，et al. 2009. Effective Risk Communication. Berlin：Springer Press.

Smith D I. 1994. Flood damage estimation-a review of urban stage-damage curves and loss functions. Water SA，20：231-238.

Walter Gillis Peacock. 2010. Advancing the resilience of coastal localities：developing, implementing and sustaining the use of coastal resilience indicators：A final report. Hazard Reduction and Recovery Center，（12）：1-148.

Watts M J，Bohle H G. 1993. The space of vulnerability：The causal structure of hunger and famine. Progress in Human Geography，（17）：43-67.

Wu J，Li N，Shi P. 2014. Benchmark wealth capital stock estimations across China's 344 prefectures：1978 to 2012. China Economic Review，31：288-302.